Les mystères de l'apiculture expliqués

M. Quinby

Writat

Cette édition parue en 2024

ISBN : 9789361464263

Publié par
Writat
email : info@writat.com

Contenu

PRÉFACE.

Avant que le lecteur décide que des excuses sont nécessaires pour introduire un autre ouvrage sur les abeilles en présence de ceux qui sont déjà devant le public, on espère qu'il aura la patience d'en examiner le contenu.

L'auteur des pages suivantes a commencé l'apiculture en 1828, sans aucune connaissance du métier pour l'aider, à l'exception de quelques instructions sur la ruche, le fumage au soufre , etc. Presque toutes les informations disponibles étaient tellement mêlées de caprices et d'idées erronées, qu'il fallait une longue expérience pour séparer les points essentiels et cohérents. Il était *impossible* de se procurer un ouvrage donnant les informations nécessaires à la pratique. Depuis cette époque jusqu'à nos jours, aucun guide suffisant n'est apparu pour les inexpérimentés. Les ouvrages européens, réédités ici, ont peu de valeur. Weeks, Townley , Miner et d'autres, écrivains de ce pays, en quelques années, nous ont donné des traités, précieux dans une certaine mesure, mais ont entièrement négligé plusieurs chapitres, très importants et essentiels pour le débutant. L'élevage d'abeilles *a* été et est aujourd'hui considéré par la majorité comme une entreprise dangereuse. Les ravages du papillon avaient été si grands et les pertes si fréquentes que l'on n'a accordé que peu d'attention à ce sujet pendant longtemps. M. Weeks a perdu la totalité de ses actions trois fois en quinze ans. Mais peu de temps après que fut promulguée la découverte selon laquelle le miel pouvait être extrait d'un stock sans détruire les abeilles, une attention supplémentaire se manifesta, devenant une rage en de nombreux endroits. Il semble facile de comprendre que *le profit* doit accompagner le succès dans cette branche du capital du fermier ; dans la mesure où les « abeilles travaillent pour rien et se retrouvent ». Cet intérêt pour les abeilles devrait être encouragé jusqu'à ce qu'il en reste suffisamment pour collecter tout le miel actuellement gaspillé ; ce qui, comparé aux collections actuelles, ferait plus de mille livres pour un. Mais réussir, c'est là toute la difficulté. Il y a environ dix-huit ans, après une saison propice, un ami âgé et estimé me dit : « Il ne faut pas s'attendre à ce que vous ayez toujours une telle chance ; vous devez vous attendre à ce qu'ils finissent par s'épuiser au bout d'un certain temps. J'ai toujours remarqué : quand les gens ont une chance de premier ordre pendant un certain temps, que les abeilles prennent généralement un tour et disparaissent au bout de quelques années.

Je n'en suis pas sûr, mais les remarques ci-dessus peuvent être attribuées à la cause de mon succès ultérieur. Cela m'a stimulé à l'observation et à l'enquête. J'ai vite découvert que les bonnes saisons étaient les « chanceuses » et que beaucoup perdaient dans une saison défavorable tout ce qu'ils avaient gagné auparavant. De plus, les familles fortes étaient les seules sur lesquelles je pouvais compter pour me protéger contre le papillon. Cela a incité à rechercher les causes tendant à diminuer la taille des familles et à appliquer des remèdes. Que le succès ait accompagné mes efforts ou non, le lecteur pourra en juger après avoir lu l'ouvrage.

Il est temps que le mot « *chance* », appliqué à l'apiculture, soit abandonné. L'opinion dominante selon laquelle les abeilles prospéreront pour une personne plus que pour une autre, dans les mêmes circonstances, est fausse. Cela pourrait tout aussi bien s'appliquer au mécanicien et à l'agriculteur. Le fermier négligent et ignorant peut parfois réussir à faire pousser une récolte avec une mauvaise clôture ; mais il serait susceptible, à tout moment, de le perdre en intrusant du bétail. Il se peut qu'il ait un sol convenable au début, mais s'il ne sait pas comment appliquer correctement le fumier, il risque de ne pas produire ; à moins qu'une candidature *fortuite ne* soit correcte.

Mais avec l' agriculteur *intelligent*, le cas est différent : les clôtures en ordre, les engrais judicieusement appliqués, et avec des saisons propices, il en est sûr. Appelez-le « *chanceux* », s'il vous plaît ; ce sont ses connaissances et ses soins qui le rendent ainsi. Ainsi, en apiculture, l'homme prudent est le « chanceux ». Il ne peut y avoir d'effet sans cause préalable. Si vous perdez un stock d'abeilles, il y a une ou plusieurs causes à l'origine de cette perte, aussi certaine que l'échec d'une récolte chez un agriculteur peu économe, qui peut être attribuée à une mauvaise clôture ou à un sol infructueux. Vous pouvez être assuré qu'un rail est hors de votre gestion quelque part, ou que les demandes appropriées n'ont pas été faites. En ce qui concerne les abeilles, ces choses ne sont peut-être pas aussi évidentes, mais néanmoins vraies. Pourquoi y a-t-il tellement plus d'incertitude dans la science apicole que dans d'autres exploitations agricoles ? Il faut l'attribuer au fait que parmi les milliers de personnes qui s'occupent et ont étudié l'agriculture, il n'y en a peut-être pas un seul qui ait consacré son énergie à la nature et aux habitudes des abeilles. Si la connaissance est obtenue dans la même proportion, nous devrions avoir mille fois plus de lumière sur un sujet que sur l'autre, et pourtant il y a certaines choses, même dans l'agriculture, qui peuvent encore être apprises.

Beaucoup supposent que nous possédons déjà toutes les connaissances qu'offre le sujet des *abeilles* . Cela n'est pas surprenant ; une personne qui n'a jamais reçu un traité complet pourrait arriver à de telles conclusions. À moins que sa propre expérience n'approfondisse, il ne peut avoir aucun moyen de juger ce qui est encore derrière lui.

Dans une conversation relative à cet ouvrage, avec une personne possédant des connaissances scientifiques considérables, il remarqua : « Vous ne voulez pas du tout raconter l'histoire naturelle des abeilles ; celle-ci est déjà suffisamment comprise. » Et comment est-ce compris ? comme le dit Huber, ou selon certains de nos propres écrivains ? Si nous prenons Huber comme guide, nous trouvons de nombreux points récemment contredits. Si nous comparons les auteurs de notre époque, nous les trouvons en contradiction les uns avec les autres. On recommande une ruche singulièrement construite, comme étant exactement la chose adaptée à leur nature et à leurs instincts. Si un seul point est conforme à leur nature, il s'efforce de tordre tous les autres à son dessein, même si cela peut impliquer un principe fondamental impossible à concilier. Quelqu'un d' autre réussit sur un autre point et recommande quelque chose de tout à fait différent. Les affirmations fausses et contradictoires sont faites soit par ignorance, soit par intérêt. L'intérêt peut aveugler le jugement, et une fausse histoire peut tromper.

C'est une folie d'espérer réussir dans l'apiculture pendant un certain temps, sans une connaissance correcte de leur nature et de leurs instincts ; et cela, nous n'obtiendrons jamais la voie suivie jusqu'à présent. Comme une grande partie de leur travail s'effectue dans l'obscurité et est difficile à observer, cela a donné lieu à des conjectures et à de faux raisonnements, conduisant à de fausses conclusions.

Quand *je* dis qu'une chose *est telle* ou qu'elle ne l'est *pas* , quelle preuve le lecteur a-t-il qu'elle est prouvée ou démontrée ? On ne s'attend pas à ce que *mes* simples affirmations soient préférées à celles d'autrui ; d'une telle preuve, nous en avons plus qu'assez. La plupart des gens n'ont pas le temps, la patience ou la capacité de s'asseoir tranquillement, d'observer attentivement et d'étudier le sujet de manière approfondie. C'est pourquoi il s'est avéré plus facile de recevoir l'erreur pour la vérité que de faire l'effort nécessaire pour la réfuter ; d'autant plus qu'il n'existe aucun guide pour diriger l'enquête. Je suivrai donc une voie différente ; et pour chaque *affirmation*, efforcez-vous de donner un test, afin que le lecteur puisse s'appliquer et se satisfaire, et ne faire confiance à personne. Quant aux théories, j'essaierai de les séparer des faits et de présenter toutes les preuves dont je dispose, soit pour, soit contre elles. Si le lecteur dispose d'autres preuves qui présentent la question sous un autre jour, il exercera bien entendu son droit à une divergence d'opinion.

Je pourrais donner un ensemble de règles pratiques et être très bref, mais cela ne serait pas satisfaisant. Lorsqu'on nous dit qu'une chose *doit être faite* , la plupart d'entre nous, comme le « Yankee curieux », ont le désir de savoir *pourquoi* c'est nécessaire ; et puis j'aime savoir *comment* faire. Cela nous donne la certitude que nous avons raison. Je m'efforcerai donc de donner, autant que possible, la partie pratique, en rapport aussi étroit avec l'histoire naturelle, qui le dicte.

Cet ouvrage contiendra plusieurs chapitres entièrement nouveaux pour le public : le résultat de ma propre expérience, qui sera de la plus haute valeur pour tous ceux qui désirent tirer le meilleur parti possible de leurs abeilles.

Les ajouts aux chapitres déjà partiellement discutés par d'autres contiendront beaucoup de matière originale que l'on ne trouve pas ailleurs. Lorsque de nombreux stocks sont conservés, le chapitre sur "La perte des reines", à lui seul, permettra, avec attention, d'économiser à quiconque, pas dans le secret, suffisamment en une saison pour valoir plus en valeur que plusieurs fois le coût de cet ouvrage. . On pourrait dire la même chose de ceux qui se nourrissent de couvain malade, d'essaims artificiels, d'abeilles hivernantes et bien d'autres.

Si une telle œuvre avait pu être confiée à mes mains il y a vingt ans, j'aurais gagné des centaines de dollars grâce à cette information. Mais au lieu de cela, ma démarche a été de subir d'abord une perte, puis de trouver le remède ou le moyen préventif ; dont le lecteur peut être exempté, car je peux recommander en toute confiance ces directions.

Une autre nouveauté réside dans le fait que les tâches de chaque saison sont tenues séparément, en commençant par le printemps et en terminant par la gestion de l'hiver.

Dans mon désir d'être compris par toutes les classes de lecteurs, je suis conscient d'avoir donné une importance secondaire à la construction et à l'agencement élégants des phrases ; donc à juste titre critiquable. Mais pour le lecteur, dont l'objet est l'information sur ce sujet, cela ne peut avoir que peu d'importance.

CHAPITRE I.

UNE HISTOIRE BRÈVE.

TROIS TYPES D'ABEILLES.

Chaque essaim ou famille d'abeilles prospère doit contenir une reine, plusieurs milliers d'ouvrières et, une partie de l'année, quelques centaines de faux-bourdons.

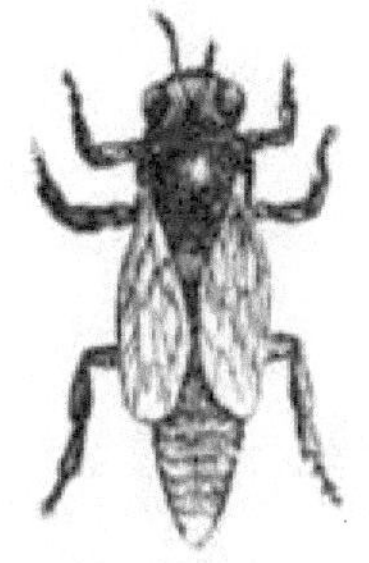

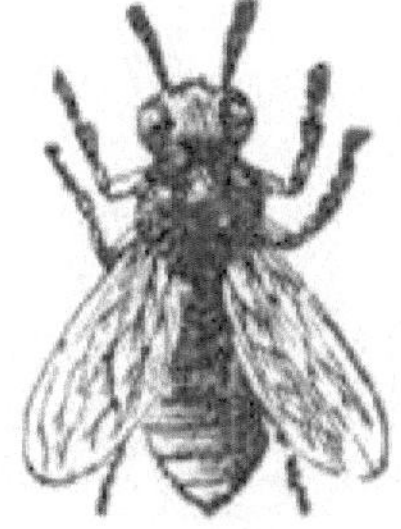

REINE.   **OUVRIER.**   **DRONE.**

REINE DÉCRITE.

La reine est la mère de toute la famille ; son devoir semble être uniquement de déposer les œufs dans les cellules. Son abdomen prend sa taille complète très brusquement là où il rejoint le tronc ou le corps, puis se rétrécit progressivement jusqu'à un point. Elle est plus longue que les drones ou les ouvriers, mais sa taille, à d'autres égards, se situe entre les deux. Par sa forme, elle ressemble plus à l'ouvrier qu'au drone ; et, comme l'ouvrier, il a un aiguillon, mais ne l'utilisera pas pour quoi que ce soit au-dessous de la royauté. Elle est presque dépourvue de duvet ou de poils ; on peut voir très peu de choses sur sa tête et son tronc. Cela lui donne une apparence sombre et brillante sur la face supérieure – certaines sont presque noires. Ses jambes sont un peu plus longues que celles d'un ouvrier ; les deux faces postérieures et la face inférieure sont souvent d'une couleur cuivrée brillante. Chez certains d'entre eux, une bande jaune entoure presque l'abdomen au niveau des articulations et se rejoint sur le dos. Ses ailes sont à peu près les mêmes que celles des ouvrières, mais comme son abdomen est beaucoup plus long, elles n'atteignent qu'environ les deux tiers de sa longueur. Durant les premiers jours après avoir quitté la cellule, sa taille est bien inférieure à celle qu'elle avait après avoir assumé ses fonctions maternelles. Elle quitte rarement, peut-être jamais, la ruche, sauf lorsqu'elle mène un essaim, et lorsqu'elle n'est âgée que de quelques jours, pour rencontrer les faux-bourdons, dans les airs, en vue de la fécondation. La manière dont la reine a été fécondée est encore un point controversé et personne n'en a probablement jamais été témoin. La majorité des observateurs attentifs, je crois, sont d'avis que les faux-bourdons sont des mâles et que les rapports sexuels ont lieu dans les airs · accomplissant leurs amours en vol, comme le bourdon et quelques autres insectes. Il semble qu'une fécondation soit opérante au cours de sa vie, car on ne voit plus ensuite de vieilles reines sortir dans ce but.

DESCRIPTION ET DEVOIR DES TRAVAILLEURS.

Comme tout le travail incombe aux ouvriers, ils reçoivent un sac ou un sac pour le miel. Des cavités en forme de panier se trouvent sur leurs pattes, où ils emballent le pollen des fleurs en petites boulettes, pratiques à rapporter à la maison. Ils sont également pourvus d'un dard et d'un poison virulent, bien qu'ils ne l'utilisent pas à l'étranger lorsqu'ils ne sont pas inquiétés, mais, s'ils sont attaqués, ils se défendront généralement suffisamment pour s'échapper. Ils parcourent les champs pour récolter du miel et du pollen, sécrètent de la cire, construisent des rayons, préparent la nourriture, allaitent les jeunes, apportent de l'eau pour l'usage de la communauté, obtiennent de la propolis pour boucher toutes les crevasses de la ruche, montent la garde et empêchent les intrus d'entrer. voleurs, etc., etc.

DESCRIPTION DES DRONES.

Lorsque la famille est nombreuse et que le miel est abondant, une couvée de faux-bourdons est élevée ; le nombre dépend probablement du rendement en miel et de la taille de l'essaim, plus que toute autre chose. À mesure que le miel se raréfie, ils sont détruits. Leurs corps sont grands et plutôt maladroits, couverts de poils courts ou de soies. Leur abdomen se termine très brusquement, sans la symétrie de la reine ou de l'ouvrière. Leur bourdonnement, lorsqu'ils sont en vol, est plus fort et tout à fait différent des autres. Ils semblent avoir la moindre valeur dans la ruche. Peut-être qu'il n'y en a pas plus d'un sur mille qui soit appelé à accomplir la tâche pour laquelle il a été conçu. Pourtant, ils contribuent, dans certaines occasions, à maintenir la chaleur animale nécessaire dans l'ancienne ruche après le départ d'un essaim.

LE PLUS COUVE AU PRINTEMPS.

Au printemps et au début de l'été, lorsque presque tous les rayons sont vides et que la nourriture est abondante, ils élèvent le couvain plus intensivement qu'à toute autre période (vers l'automne, davantage de rayons sont remplis de miel, laissant moins de place au couvain). se remplit d'abeilles et des cellules royales sont construites dans lesquelles la reine dépose ses œufs. Lorsque certaines de ces jeunes reines sont suffisamment avancées pour être scellées, l'ancienne et la plupart de ses sujets partent vers un nouvel endroit (appelé essaimage). Elles se rassemblent bientôt en grappe et, si elles sont placées dans un ruche vide, recommencent leurs travaux ; construire des rayons, élever du couvain et stocker du miel, pour être abandonné l'année suivante pour un autre immeuble. Une personne sur cent peut le faire au cours de la même saison, si la ruche est à nouveau remplie et bondée à temps pour le justifier. Seuls les grands essaims précoces le font.

LEUR INDUSTRIE.

L'industrie appartient à leur nature. Lorsque les fleurs donnent du miel et qu'il fait beau, elles n'ont besoin d'aucune impulsion de l'homme pour remplir leur rôle. Lorsque leur immeuble est pourvu de tout ce qui est nécessaire pour atteindre une autre source, ou que leur entrepôt est plein, et qu'il n'y a aucune nécessité ni place pour un agrandissement, et que nous leur fournissons plus d'espace, ils peinent assidûment à le remplir. Plutôt que de perdre du temps dans l'oisiveté , lors d'une abondante récolte de miel, on les voit déposer leur surplus dans des rayons à l'extérieur de la ruche, ou sous le stand. Cette habitude naturelle de travail est à la base de tous les avantages de l'apiculture ; par conséquent nos ruches doivent être construites dans ce but ; et en même temps ne pas interférer avec d'autres points de leur nature ; mais ce sujet sera abordé dans le chapitre suivant. Ces traits particuliers de leur nature, mentionnés ici, seront discutés plus en détail dans différentes parties de cet ouvrage, à mesure qu'ils semblent être nécessaires, et où des preuves seront offertes pour soutenir les positions supposées ici, qui ne sont encore rien de plus. que de simples affirmations.

CHAPITRE II.

URTICAIRE.

RUCHES À ÊTRE COMPLÈTEMENT RÉALISÉES.

Les ruches doivent être construites avec de bons matériaux, des planches de bonne épaisseur, exemptes de défauts et de fissures, bien ajustées et soigneusement clouées.

Le moment de leur fabrication n'est pas très précis, à condition qu'il soit fait en saison. Il ne faut certainement pas attendre la période d'essaimage pour les réaliser comme on le souhaite, car s'ils doivent être peints ; cela doit être fait le plus longtemps possible à l'avance, car l'odeur fétide de l'huile et de la peinture qui vient d'être appliquée pourrait être offensante pour les abeilles.

Mais quel genre de ruche faut-il faire ?

En réponse, moins d'un millier de formulaires ont été remis. Les avantages de l'apiculture dépendent autant de la construction des ruches que de toute autre chose ; pourtant il n'existe aucun sujet à leur sujet sur lequel il y ait une telle variété d'opinions, et j'ai peu d'espoir de concilier tous ces points de vue, opinions, préjugés et intérêts contradictoires.

DIFFÉRENTES AVIS À VOTRE SUJET.

L'un est en faveur de la vieille boîte et de la pratique cruelle de tuer les abeilles pour obtenir le miel, comme seul moyen d'obtenir la « chance » ; "ils sont sûrs de s'épuiser s'ils s'en mêlent." Un autre se précipitera à l'extrême opposé et défendra toutes les fantaisies extravagantes du vendeur de brevets ambulant, comme le *nec plus ultra* de toutes les ruches, alors qu'elles vaudraient peut-être plus pour le bois de chauffage que pour le rucher.

L'AUTEUR N'A AUCUN BREVET À RECOMMANDER.

Pour écarter de l'esprit du lecteur toute appréhension que je veuille condamner un brevet pour en recommander un autre, je dirais au début que je n'ai *aucun brevet à vanter, aucun intérêt à tromper*, et j'espère qu'aucun préjugé ne m'influencera. en préconisant ou en condamnant *un* système. Je souhaite rendre l'apiculture claire, simple, économique et rentable ; de sorte que lorsque nous additionnons le bénéfice, « il ne se retrouvera pas dans l'autre poche ».

C'est un principe reconnu par notre statut, selon lequel aucune personne ne peut être juré si elle est biaisée par des intérêts ou des préjugés. Or, ce n'est pas à moi de dire si je suis un juriste impartial : mais je souhaite discuter du sujet avec équité. J'espère que quelques-uns pourront voir leur propre intérêt : en tout cas, rejeter les préjugés, autant que possible, pendant que nous examinons en quoi *une classe* de la communauté n'est pas rentable pour les apiculteurs.

LES SPÉCULATEURS SONT SOUTENUS ASSEZ LONGTEMPS.

Nous soutenons fidèlement depuis longtemps une multitude de spéculateurs sur nos affaires ; souvent, ils ne se soucient pas du tout de notre succès, après avoir empoché les frais d'une « fumisterie » réussie. A peine l'un est parti que nous sommes assaillis par un autre, avec quelque chose de complètement différent, et bien sûr le summum de la perfection.

PRÉFIXE DU BREVET UNE MAUVAISE RECOMMANDATION.

Cela a été fait jusqu'à ce que le préfixe même de brevet ou de prime attaché à une ruche rende presque certain qu'il doit y avoir quelque chose de nuisible pour le rucher ; soit en termes de dépenses de construction, soit en termes de gestion complexe et déroutante, exigeant un ingénieur pour gérer et un architecte habile pour construire.

Que sait des principes de la chimie le sauvage américain, qui peut sans difficulté traquer la panthère ou le loup ? Que sait le Chimiste à suivre une trace dans la forêt, quand seules des feuilles fanées peuvent le guider ? Chacun comprend les principes, les *détails* dont l'autre n'a jamais rêvé.

IGNORANCE DES OFFICIERS ET DES COMITÉS.

Il en va ainsi de l'octroi de brevets et de primes, si nous considérons ce qui a été breveté et loué par nos comités et nos officiers comme une amélioration de la culture apicole. Ces hommes peuvent être capables, intelligents et bien adaptés à leur domaine, mais en matière d'abeilles, à peu près aussi capables de juger que le Hottentot le serait des mérites d'une machine à vapeur complexe. La connaissance et l'expérience sont les seules qualifications compétentes pour décider.

OPPOSITION À LA SIMPLICITÉ.

Je suis conscient que parmi les milliers de personnes dont l'intérêt direct s'oppose à ma façon simple et directe de vivre, beaucoup seront prêts à lutter contre moi pour tout écart par rapport à leurs ruches brevetées, améliorées ou premium, selon le cas.

EN GAGNEANT UN POINT, PRODUISEZ UN AUTRE MAL.

Je pense qu'il sera facile de montrer que tout écart par rapport à la simplicité pour gagner *un* point s'accompagne dans un autre d'un mal correspondant, qui dépasse souvent l'avantage obtenu. Que nous avons fait de grands progrès dans les arts et les sciences, et dans tous les domaines des affaires humaines, personne ne le niera ; par conséquent, on suppose que nous devons nous améliorer en conséquence dans une ruche ; oubliant que la nature a fixé des limites à l'instinct de l'abeille, au-delà desquelles elle ne dépassera pas !

Il sera nécessaire de signaler les avantages et les inconvénients de ces prétendues améliorations, et alors nous verrons si nous ne pouvons pas éviter les objections *et conserver les avantages, sans la dépense* , par une simple addition à la ruche commune ; parce que si nous voulons encourager l'apiculture, ils doivent avoir plus de succès qu'un de mes voisins, qui a dépensé cinquante dollars pour des abeilles et un brevet, et a tout perdu en trois ans ! La plupart des apiculteurs sont des agriculteurs ; très peu sont des ingénieurs suffisants pour les mettre en œuvre avec succès. Je dirais à tous ceux qui ne comprennent pas la nature des abeilles, adhérez à la simplicité jusqu'à ce que vous y parveniez, et alors je suis sûr que vous n'aurez aucune envie de changement.

PREMIÈRE illusion.

La première illusion dans la lignée des brevets est probablement née de l'idée que pour obtenir un surplus de miel, il était absolument nécessaire d'avoir une ruche à chambre. Pour se débarrasser des déprédations des souris, la ruche suspendue a été imaginée. Le panneau inférieur incliné a ensuite été ajouté pour évacuer les vers. Pour éviter que les peignes ne glissent, l'extrémité inférieure a été contractée.

Le principe selon lequel les abeilles élevaient des reines à partir des œufs d'ouvrières lorsqu'elles étaient démunies a donné naissance à la ruche divisée sous plusieurs formes. Le peigne, lorsqu'il est utilisé plusieurs années, devient épaissi et noir et doit être changé ; d'où les ruches modifiables, les non-essaimeurs ont été introduits pour éviter les risques et les problèmes. Ruches anti-mites pour prévenir les ravages des vers, etc., etc.

Ruche de chambre.

La ruche à chambre est composée de deux appartements ; la partie inférieure et la plus grande est destinée à la résidence permanente des abeilles, la partie supérieure ou chambre aux boîtes. Ses mérites sont les suivants : la chambre offre toute la protection nécessaire aux boîtes en verre ; considéré comme une couverture, il n'est jamais perdu. Ses inconvénients sont les inconvénients de manipulation ; il occupe plus de place s'il est placé dans la maison en hiver ; si des boîtes en verre sont utilisées, une seule extrémité peut être vue, et celle-ci peut être pleine alors que l'autre peut encore contenir quelques kilos, et nous ne pouvons pas le savoir tant qu'elle n'est pas retirée. Je sais qu'on nous dit de rendre ces boîtes lorsqu'elles ne sont pas pleines «

et les abeilles les finiront bientôt », mais cela dépendra du rendement en miel du moment ; s'il est abondant, il sera rempli ; sinon, ils seront très susceptibles de comprendre un indice et de supprimer en dessous ce qu'il y a dans la boîte ; tandis que si la chambre était séparée de la ruche, et n'était pas une chambre mais un couvercle lâche pour couvrir les boîtes, elle pourrait être soulevée à tout moment sans déranger une seule abeille, et l'heure précise du remplissage des boîtes serait vérifiée (cela c'est-à-dire quand ils sont en verre.)

MME. LA RUCHE DE GRIFFITH.

Mme Griffith, du New Jersey, aurait inventé la ruche à chambre suspendue avec plateau inférieur incliné. On pourrait supposer que c'était suffisamment peu pratique à utiliser et difficile et coûteux à construire.

SEMAINES D'AMÉLIORATION.

Pourtant M. Weeks apporte une modification, l'appelle une amélioration, la dépense n'est qu'un peu plus élevée ; il suffit d'être sanctionné par un brevet. D'avant en arrière, le bas est environ trois pouces plus étroit que le haut, légèrement en forme de coin ; il a le mérite d'empêcher les peignes de glisser, lorsqu'ils *sont* fabriqués, d'avoir les bords soutenus. Les objections sont que la saleté des abeilles ne tombera pas aussi facilement au fond que si chaque côté était perpendiculaire, et cela entraînerait une difficulté supplémentaire dans la construction.

LES FONDS INCLINÉS NE JETENT PAS TOUS LES VERS.

Les fonds inclinés constituent la base d'un ou deux brevets, réputés utiles pour dérouler les vers. Je peux imaginer un pois rouler sur une telle planche ; mais on ne trouve pas souvent un ver en état de roulement. La plupart d'entre nous savent que lorsqu'un ver tombe des rayons, il ressemble à une araignée, avec un fil attaché au-dessus. La seule façon dont je peux imaginer qu'une personne soit jetée par ces planches, c'est qu'elle soit morte lorsqu'elle la heurte, ou si froide qu'elle ne peut pas filer un fil, et qu'elle s'enroule pour secouer la planche jusqu'à ce qu'elle roule. Les objections à ces planches sont liées à la ruche suspendue, avec laquelle elles sont généralement reliées.

OBJECTIONS AUX RUCHES SUSPENDUES.

Toutes ruches suspendues *doivent être répréhensibles* à quiconque souhaite connaître à tout moment le *véritable état de ses abeilles*. Pensez seulement à la peine de décrocher la planche inférieure, et de vous mettre sur le dos, ou de vous tordre le cou jusqu'à en avoir le vertige, pour regarder parmi les peignes, et alors ne rien voir de satisfaisant faute de lumière ; ou pour soulever la ruche de ses supports et la retourner. L'opération est trop redoutable pour un homme indolent ou qui a bien d'autres affaires. L'examen serait très probablement reporté jusqu'à ce qu'il soit sûr qu'il ne se produira plus, et parfois quelques jours après, lorsque vous constaterez très souvent que vos abeilles ne peuvent plus guérir.

VOIR SOUVENT LES ABEILLES.

« *Voyez souvent vos abeilles* », est une recette de choix : elle vaut cinq cents dollars avec intérêt, même lorsque vous avez peu de stocks. Il est donc nécessaire que nous disposions de toutes les facilités nécessaires à une inspection minutieuse et minutieuse. Combien plus facile de monter une ruche qui repose simplement sur un support. Parfois, il est nécessaire de retourner la ruche, même de bas en haut, et de laisser passer les rayons du soleil directement entre les rayons, pour en voir *tous* les détails. Par cette inspection minutieuse, j'ai souvent découvert la cause de quelque difficulté et j'y ai apporté un remède, sauvant ainsi un bon nombre de choses qui, en peu de temps, auraient été perdues ; pourtant, avec un peu d'aide, ils étaient aussi précieux que n'importe quel autre d'ici un an.

LE BREVET DE HALL.

M. Hall a ajouté une section inférieure à sa ruche, d'environ quatre pouces de profondeur, avec deux planches à l'intérieur, comme le toit d'une maison, pour évacuer les vers, etc. ; mais comme ces panneaux gêneraient une inspection minutieuse, ils sont répréhensibles. Plusieurs autres variantes de fonds inclinés et de ruches suspendues ont été imaginées pour obtenir un brevet, mais les objections présentées s'appliqueront à la plupart d'entre elles. Je ne fatiguerai pas le lecteur en notant en détail *chaque* ruche brevetée ; Je pense que si je remarque les *principes de chaque genre* , cela mettra suffisamment à l'épreuve sa patience.

LE BREVET DE JONES.

La ruche divisée de Jones a probablement été suggérée par ce principe instinctif de l'abeille, à savoir : lorsqu'un cep, par accident, perd sa reine et que les rayons contiennent des œufs ou de très jeunes larves , ils en élèvent une autre. Or, si une ruche est construite de manière à diviser les rayons à couvain, il semblerait bien certain que la moitié sans reine en élèverait une ; et nous pourrions multiplier nos stocks sans essaims, sans ennuis de ruche, sans risquer qu'ils aillent dans les bois, etc.

UNE EXPÉRIENCE.

Il y a plusieurs années, je pensais avoir obtenu un principe qui allait révolutionner tout le système de gestion des abeilles. En 1840, j'ai construit de telles ruches et j'y ai installé des abeilles pour tester par des expériences réelles l'utilité de ce qui semblait si plausible en théorie. Il semblerait que ce principe ait suggéré la même idée à M. Jones ; peut-être avec cette différence : je pense qu'il n'a pas attendu de tester le plan à fond, pour obtenir son brevet en '42. Un vendeur de droits a affirmé que 63 stocks étaient constitués en un an sur trois ; mais d'une manière ou d'une autre, un grand nombre de ceux qui ont obtenu ces droits n'ont pas répondu à leurs attentes. D'après mes expériences, je pense pouvoir deviner certaines des raisons.

M. A. — "Eh bien, quelles sont les raisons ? donnez-nous votre expérience, s'il vous plaît, je suis intéressé ; j'avais droit à une telle ruche, et j'en ai fait faire beaucoup sur commande, cela a finalement coûté plus cher." que je ne paierai plus jamais pour quoi que ce soit concernant les abeilles. »

Ne soyez pas trop pressé, mon ami, je pense pouvoir vous demander d'élever les abeilles selon des principes conformes à leur nature, ce qui est très simple, de sorte que si vous pouvez être amené à réessayer, nous aurons les *ruches* à peu de frais. à tout prix.

RAISONS DE L'ÉCHEC DE LA DIVISION DES RUCHES.

La plus grande difficulté pour diviser les ruches semblait être ici. Il doit être construit avec une cloison ou une division pour garder les rayons de chaque appartement séparés ; sinon, on fait un travail de déchirement dans la division. Lorsque les abeilles sont placées pour la première fois dans de telles ruches, à moins que l'essaim ne soit très grand et que le miel soit abondant, un appartement sera rempli jusqu'au fond avant qu'on commence à commencer dans l'autre.

Mr. A. — « Qu'est-ce que cela peut faire ? Il faut avoir la ruche pleine ; si elle ne peut pas être remplie en totalité à la fois, pourquoi les laisser en remplir une partie.

La différence est la suivante. Les premiers rayons construits par un essaim sont destinés au couvain, et les rayons sont ensuite stockés, selon les besoins ; un appartement sera presque rempli de tous les rayons à couvain, et l'autre de rayons de magasin et de miel. Or, entre les deux sortes de cellules, il y a une grande différence ; ceux destinés à l'élevage mesurent près d'un demi-pouce de longueur, tandis que ceux destinés au stockage mesurent parfois deux pouces ou plus ; totalement impropre à la reproduction; jusqu'à ce que les abeilles les coupent à la longueur convenable, ce qu'elles ne feront pas, à moins d'y être obligées par manque de place, par conséquent ce côté des rayons de magasin n'est que peu utilisé pour le couvain. Lorsqu'une telle ruche est divisée, les chances ne sont pas plus d'une sur quatre que cet appartement contienne des jeunes abeilles en âge de pouvoir élever une reine ; sinon, et que la vieille reine se trouve dans la partie du rayon à couvain, où elle sera quatre-vingt-dix-neuf fois sur cent, la moitié de la ruche est perdue faute de reine.

M. A. — « Ah ! Je crois comprendre maintenant comment j'ai perdu la moitié de presque toutes les ruches que j'ai divisées. J'en ai aussi perdu quelques-unes en hiver ; il y avait beaucoup d'abeilles ainsi que du miel ; pouvez-vous dire le à cause de ça ?"

Je suppose qu'ils sont morts de faim.

M. A. — « Affamé ! eh bien, j'ai dit qu'il y avait beaucoup de miel.

Je l'ai compris, mais j'en suis néanmoins assez sûr.

M. A. — « Je voudrais que cela soit clair ; je ne comprends pas comment ils ont pu mourir de faim quand il y avait du miel !

Cause de la faim dans de telles ruches.

J'ai dit qu'un appartement serait rempli de rayons à couvain ; celui-ci sera occupé, au moins partiellement, par le couvain tant que durera la production de miel ; par conséquent, il n'y aura que peu de place pour ranger ici, mais l'autre côté sera peut-être plein partout. Les abeilles prendront leurs quartiers d'hiver parmi les rayons à couvain. Supposons maintenant que le miel de cet appartement soit épuisé lors d'un temps très froid, que peuvent faire les abeilles ? Si l'on quittait la messe et allait s'approvisionner dans les rayons gelés, son sort serait aussi certain que la famine. Sans de fréquents intervalles de temps chaud pour faire fondre tout le givre sur les rayons et permettre aux abeilles d'aller chercher du miel dans l'autre appartement, elles *doivent* mourir de faim.

Le coût de la construction est une autre objection à cette ruche, car le travail fourni à une ruche est supérieur à ce qui en terminerait deux, ce serait bien mieux.

AVANTAGES DE LA RUCHE MODIFIABLE CONSIDÉRÉS.

La valeur des ruches changeantes repose sur le principe suivant : chaque jeune abeille, lorsqu'elle sort de l'œuf, n'est ni plus ni moins qu'un ver ; lorsqu'il reçoit la nourriture nécessaire, les abeilles le scellent ; elle va alors filer un cocon, ou tapisser sa cellule d'une couche de soie, moins épaisse que le papier le plus fin : celle-ci reste après que l'abeille l'ait quittée. Il est donc évident qu'après que quelques centaines ont été élevées dans une cellule, et que chacun a quitté son cocon, cette cellule doit être quelque peu diminuée, bien que l'épaisseur d'une douzaine de cocons ne puisse être mesurée ; et cette vieille cellule doit être enlevée, afin que les abeilles puissent la remplacer par une nouvelle. Mais comment procéder ? C'est un exploit pour faire preuve d'ingéniosité. Un homme ordinaire pourrait s'y prendre d'une manière très sensée et simple, pourrait éventuellement retourner la ruche et couper les vieux rayons si nécessaire, sans savoir peut-être que le vendeur de brevets pourrait *vendre* un reçu pour faire la chose *scientifiquement* . dont l'avantage serait plusieurs fois sur le principe d'un chirurgien vous coupant la tête, pour avoir une bonne chance de ligaturer une petite artère selon le système ; ou vous montrerait un chemin détourné d'une demi-douzaine de milles pour accomplir ce que ferait le même nombre de cannes. Si nous n'avions pas eu une démonstration oculaire de ce fait, nous ne pourrions pas supposer qu'on puisse inventer autant de variantes pour le même but. Mais si nous récompensons l'ingéniosité, elle sera stimulée à de grands efforts. Peut-être que si nous décrivons les mérites d'un ou deux membres de cette classe, nous comprendrons l'utilité de ce principe.

VARIATION DE CES RUCHES.

Tout d'abord, la ruche sectionnelle de différents modèles a été brevetée ; il se compose généralement d'environ trois cases superposées ; le dessus de chacun a un grand trou, ou plusieurs petits, ou barres transversales, d'environ un pouce de large et espacés d'un demi-pouce ; ces trous ou espaces permettant aux abeilles de passer d'une loge à l'autre. Quand tous sont pleins, celui du haut est retiré et celui du bas placé vide ; ainsi tout est changé, et les peignes renouvelés en trois ans ; très facilement et silencieusement. C'est dans la mesure où le vendeur de brevet souhaite que le sujet fasse l'objet d'une enquête ; et certains de ses clients n'ont pas dépassé ce point. Pour compenser ces avantages, nous examinerons d'abord le coût d'une telle ruche.

DÉPENSES DE CONSTRUCTION DE RUCHES MODIFIABLES.

C'est autant de travail que de construire chaque section séparée, comme une ruche commune ; par conséquent, c'est trois fois la dépense au départ. Elle est répréhensible pour les abeilles hivernantes, sur le même principe que la ruche diviseuse. Je m'y oppose sur un autre point : notre surplus de miel ne sera jamais pur, car chaque section doit être utilisée pour l'élevage, et chaque alvéole ainsi utilisée contiendra des cocons correspondant au nombre d'abeilles élevées.

LE SURPLUS DE MIEL CONTENRA DU PAIN D'ABEILLE.

De plus, le pollen, ou pain d'abeille, est toujours stocké à proximité du jeune couvain ; une partie restera mélangée au miel, pour plaire au palais avec sa *saveur exquise* . La majorité préférera probablement tout le miel excédentaire stocké dans des rayons purs, où il sera bien géré.

Je vais donner ici une description complète d'une ruche basée sur ce principe, telle que j'ai la description d'un de ses partisans, dans le journal Dollar de Philadelphie : appelée Cutting's Patent Changeable Hive.

DESCRIPTION DE LA RUCHE MODIFIABLE DE COUPE.

"La taille de la ruche variable la plus utilisée dans cette section a une coque extérieure, faite de planches en pouces, d'environ deux pieds de haut et seize pouces et demi carrés, avec une porte accrochée à l'arrière. À l'intérieur se trouvent trois boîtes ou les tiroirs, qui peuvent contenir environ mille pouces cubes chacun, et lorsqu'ils sont remplis de miel, pèsent généralement environ trente-cinq livres, ce qui est une quantité de miel suffisante pour hiverner un grand essaim. Les côtés de ces tiroirs sont faits de planches d'environ 1 000 pouces cubes. un demi-pouce d'épaisseur ; le dessus et le bas des tiroirs inférieurs et les extrémités des tiroirs supérieurs doivent mesurer trois quarts de pouce, et les tiroirs doivent avoir quatorze pouces de haut, quatorze pouces d'avant en arrière et six et trois quarts. pouces de largeur. Deux de ces tiroirs se tiennent côte à côte, le troisième étant placé à plat sur les deux, avec une libre communication d'un tiroir à l'autre, au moyen de trente trous de trois quarts de pouce sur le côté de chaque tiroir, et de vingt-quatre pouces. quatre dans le fond du tiroir supérieur, et des trous dans le haut et le bas des tiroirs inférieurs, pour correspondre, et des glissières pour couper la communication lorsque l'occasion l'exige. Ainsi, nous voyons que notre ruche peut être une seule ruche, avec une communication suffisamment libre partout, ou que nous pouvons avoir trois ruches combinées. Les tiroirs sont munis de tubes (pour le passage et le passage des abeilles), qui sont faits pour passer par la face avant de la ruche. L'arrière des tiroirs est constitué de portes avec du verre placé à l'intérieur. Ces tiroirs, placés au fond de la ruche, reposent sur des pièces de bois étroitement ajustées de manière à ménager un espace sous les tiroirs pour la *terre*, *les abeilles mortes* et *l'eau* qui s'accumulent au fond des ruches. en hiver; entre les tiroirs et l'extérieur se trouve un espace d'air d'environ un tiers de pouce.

Ces ruches, lorsqu'elles sont bien faites et peintes, dureront de nombreuses années, et ceux qui travaillent beaucoup dans le commerce trouveront un avantage à disposer de quelques tiroirs supplémentaires. Après vous avoir donné une idée de la construction de la ruche variable, je vais passer en revue quelques-unes des raisons les plus importantes pour lesquelles je préfère cette ruche à toutes celles que j'ai jamais vues. D'abord parce que la ruche, étant construite sur le principe changeant, de sorte qu'en retirant un tiroir plein et en plaçant un tiroir vide à sa place, notre rayon est toujours maintenu neuf, c'est pourquoi la taille de l'abeille est préservée et conservée dans un état ou une condition plus sain ou plus prospère que lorsqu'on est obligé de rester et de continuer à se reproduire dans le vieux rayon, lorsque les cellules sont devenues petites. Deuxièmement, parce que de petits essaims tardifs peuvent facilement s'unir. Troisièmement, parce que les grands essaims peuvent être facilement divisés. Quatrièmement, parce que, si tardive qu'un essaim puisse se détacher, il peut être facilement approvisionné en miel pour l'hiver, en prenant dans une ruche pleine un tiroir en surplus et en le plaçant dans la ruche de l'essaim tardif. Cinquièmement, parce qu'une colonne d'air entre les tiroirs et l'extérieur de la ruche est non conductrice de chaleur et de froid, empêchant la fonte du rayon et protégeant les abeilles du gel et du froid.

Voici maintenant une description complète d'une ruche peut-être aussi bonne que n'importe quelle ruche de sa classe ; il est accordé à ceux qui souhaitent parcourir des kilomètres au lieu de cannes à pêche ; ils peuvent connaître la route, d'autant plus qu'ils peuvent avoir le privilège en la payant : pour moi, j'aimerais plutôt être excusé, — eh bien, la lecture de la description a presque épuisé ma patience ; que dois-je faire si j'essaie d'en créer un ?

PREMIÈRE OBJECTION, COÛT DE CONSTRUCTION.

Le premier obstacle sur le chemin (une fois le droit obtenu) est la construction. Voyons; nous voulons des planches en pouces pour fabriquer la coque, des planches de trois quarts de pouce pour le haut et le bas des tiroirs, un demi-pouce pour les côtés, des charnières pour accrocher une porte, du verre pour le dos des tiroirs, des tubes pour la sortie des abeilles et des glissières pour couper la communication. Il faudra se procurer un mécanicien, et un ouvrier aussi. Ces 108 trous qui doivent être percés *doivent correspondre* , sinon cela ne sert à rien de les faire. Mais peu d'agriculteurs auraient les outils nécessaires, et encore moins les compétences et la patience nécessaires pour le faire. Quel pourrait être le coût au moment où une ruche serait prête à recevoir les abeilles, je ne pourrais pas le dire ; mais je suppose que cela pourrait coûter environ trois ou quatre dollars.

LES RUCHES PEUVENT ÊTRE FABRIQUÉES À MOINS DE FRAIS.

Celui que je recommanderai, sans peinture, ne coûtera pas, ou n'aura pas besoin, plus de 37 1/2 cents, avec couvercle, etc. Or, si nous souhaitons des ruches pour l'ornement, il suffit de dépenser quelque chose à cet effet ; mais il est bon de ne pas trop le raffiner, car il y a des limites qui, si elles sont dépassées, le rendront impropre aux abeilles. Par conséquent, lorsque le profit est un objectif, la dépense supplémentaire sera ou devra être compensée par les abeilles, en échange d'un domicile coûteux . Mais le feront-ils ? Les mérites de celui considéré sont pleinement exposés. "Premièrement, en retirant un tiroir plein et en y mettant un vide à sa place, les peignes restent toujours neufs et les alvéoles de pleine taille." Or, cette crainte que les abeilles ne deviennent naines parce qu'elles ont été élevées dans des cellules trop petites, a fait plus de mal aux abeilles et aux poches de leurs propriétaires que si ce fait n'avait jamais été pensé ou entendu parler.

Les vieilles cellules reproductrices dureront longtemps.

Ces vieilles cellules n'ont pas besoin d'être renouvelées deux fois moins souvent qu'on l'a représenté. C'est l'intérêt de ces vendeurs de brevets de vendre des droits ; soit cet intérêt les aveugle sur les faits, soit il endormit le moniteur interne du droit, tandis que l'esprit d'acquisition est satisfait. Les mêmes cellules peuvent être utilisées pour la reproduction pendant six ou huit ans, peut-être plus longtemps, et personne ne peut faire la différence par la taille des abeilles ; J'ai deux stocks maintenant dans leur dixième année sans renouvellement de peigne. Un de mes voisins a gardé un stock pendant douze ans dans les mêmes rayons ; cela s'est avéré aussi prospère que n'importe quel autre. J'ai entendu parler de leur durée de vingt ans et je suis enclin à le croire.

CELLULES PLUS GRANDES QUE NÉCESSAIRES AU DÉBUT.

Les abeilles semblent prévoir cette situation d'urgence, les feuilles de rayons sont plus espacées que nécessaire au début, le diamètre de la cellule est également un peu plus grand que ne l'exige la taille de la jeune abeille. *Nous en sommes certains* : un grand nombre de jeunes abeilles *peuvent* être élevées dans une cellule et ne pas diminuer en taille, suffisamment pour être détectées. Le fond se remplit plus vite que les côtés, et ce faisant, les abeilles s'allongent un peu, jusqu'à ce que les extrémités de ces alvéoles sur deux rayons parallèles se rapprochent trop près pour permettre aux abeilles de passer librement ; avant quoi il n'est pas nécessaire d'enlever le peigne car il est vieux.

FRAIS DE RENOUVELLEMENT DES PEIGNES.

Un élément important doit être pris en compte à cet égard par ceux qui sont si avides de nouveaux peignes. Il est peu probable qu'une personne sur 500 ait jamais pensé aux dépenses liées au renouvellement du peigne. Je le trouve estimé par un écrivain, [2] ces vingt-cinq livres. de miel a été consommé pour élaborer environ une demi-livre de cire. Il s'agit sans doute d'une surestimation, mais personne ne niera qu'une partie est utilisée.

MIEUX UTILISER DE VIEUX PEIGNES TANT QUE ILS RÉPONDRONT.

Je suis convaincu de ce point, par expérience réelle, que chaque fois que les abeilles doivent renouveler leurs rayons à couvain dans une ruche, elles gagneraient de dix à vingt-cinq livres. dans des boîtes, j'en déduis donc que leur temps peut être employé de manière plus rentable qu'à construire des rayons à couvain *chaque année* . Je suggérerais également que lorsque les rayons ont été utilisés autrefois pour la reproduction, c'est le meilleur usage auquel ils peuvent être appliqués, car les cocons les rendent impropres à autre chose qu'un peu de cire.

MÉTHODE DE TAILLE SI NÉCESSAIRE.

Mais lorsque les rayons ont réellement besoin d'être enlevés, je préfère la méthode de taille suivante, plutôt que de chasser complètement les abeilles, comme cela a été recommandé. Cela peut être fait en une heure environ. Comme nous comparons les mérites des différentes méthodes pour se débarrasser des vieux peignes, je donnerai ici la mienne, même si elle peut paraître un peu déplacée.

Le meilleur moment est un peu avant la nuit. Le premier mouvement est de souffler sous la ruche de la fumée de tabac (le meilleur moyen de les charmer que j'aie jamais trouvé) ; les abeilles, privées de toute disposition à piquer, se retirent dans les rayons pour échapper à la fumée ; maintenant, soulevez la ruche du support et retournez-la soigneusement de bas en haut, en évitant tout pot, car certaines des abeilles qui se trouvaient dans le haut lorsque la fumée a été introduite et qui n'ont pas goûté, viendront maintenant au fond pour vérifier le cause du dérangement ; ceux-ci devraient recevoir une part, et ils reviendront immédiatement au sommet, parfaitement satisfaits. Lorsqu'il y a tellement d'abeilles dans la ruche qu'elles gênent l'élagage (ce qui, s'il n'y en a pas, n'en vaut pas la peine), prenez une ruche vide de la taille de l'ancienne et placez-la dessus en bouchant les trous. ; Maintenant, frappez la ruche inférieure avec un marteau ou un bâton, légèrement et rapidement, pendant cinq ou dix minutes, lorsque presque toutes les abeilles seront dans la ruche supérieure, et placez-la sur le support. Il n'y a plus rien sur le chemin, à l'exception de quelques abeilles dispersées, que je garantirai *de ne pas piquer, à moins que vous ne les pinciez ou ne les attrapiez rapidement* .

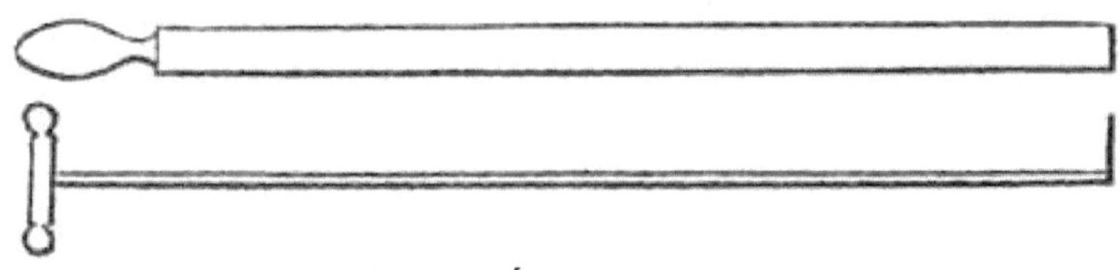

OUTILS POUR DÉCOUPER LE PEIGNE.

La plus large est très facilement fabriquée à partir d'un morceau d'une vieille faux, d'environ 18 pouces de long, par n'importe quel forgeron, en enlevant simplement le dos et en formant une tige pour un manche au niveau du talon. L'extrémité doit être meulée d'un seul côté et d'équerre comme un ciseau de charpentier. C'est pour couper les côtés de la ruche ; le niveau le maintiendra fermé sur toute la longueur, lorsque vous souhaiterez retirer tous les peignes ; étant carré au lieu d'être pointu ou arrondi, on n'aura aucune difficulté à le guider, car il est très mince ; aucun rayon n'est écrasé par la foule.

L'autre outil sert à couper les peignes en haut ou à tout autre endroit. Il s'agit simplement d'une tige d'acier de trois huitièmes de pouce de diamètre, d'environ deux pieds de long, avec une fine lame à angle droit, d'un pouce et demi de long et d'un quart de pouce de large, les deux bords tranchants, le dessus biseauté , le dessous. plat, etc. Vous trouverez ces outils très pratiques ; assurez-vous de les obtenir par tous les moyens, le coût ne peut être comparé aux avantages.

Maintenant, avec les outils qui viennent d'être décrits, procédez au retrait des rayons à couvain du centre de la ruche. Les rayons situés près du sommet et à l'extérieur sont peu utilisés pour la reproduction et sont généralement remplis de miel ; ceux-ci devraient être laissés comme un bon début pour le remplissage, mais retirez tout ce qui est nécessaire pendant que vous y êtes ; puis retournez les ruches, en plaçant celle contenant les abeilles sous l'autre ; le lendemain matin, tout le monde est debout ; maintenant, mettez-le sur le stand, et ce travail est fait sans un centime de dépense supplémentaire pour un brevet pour vous aider, et les abeilles se portent bien mieux pour le miel qui reste, qui doit être retiré avec tous les plans de brevet que j'ai vus , et cela, comme on l'a remarqué, ne vaut pas grand-chose, occupé qu'il est de quelques cocons et de pain d'abeille. Cela vaut bien plus pour les abeilles, et elles nous donneront en échange des rayons purs et du miel.

USAGE DE LA FUMÉE DE TABAC.

"Je ne le ferais pas pour cinquante dollars, les abeilles me piqueraient à mort." Arrêtez-vous un instant, si vous n'avez jamais essayé l'efficacité de la fumée de tabac, vous ne connaissez rien d'un agent puissant ; c'est le grand secret du succès ; sans cela, j'avoue que ce serait quelque peu hasardeux ; mais avec cela, je l'ai fait à maintes reprises sans recevoir une seule piqûre et sans aucune protection, ni pour les mains ni pour le visage.

Mais n'y a-t-il aucune difficulté avec notre ruche sectionnelle ou modifiable, lorsque cet exploit doit être réalisé ? Les rayons seront fabriqués dans les deux tiroirs semblables à la ruche diviseuse, les rayons à couvain d'un côté et les rayons de stockage de l'autre. Nous souhaitons bien sûr supprimer celui qui a des rayons à couvain (car c'est celui où les rayons sont épais et mauvais, etc.). Où sera la reine ? Avec le rayon à couvain, là où son devoir est le plus susceptible d'être ; eh bien, c'est celui que nous voulons, et nous le retirons. Comment va-t-elle revenir ? Il faut qu'elle reparte, ou nous avons trois chances sur quatre de perdre le stock ; mais sa majesté restera parfaitement à l'aise, ainsi qu'une partie des ouvriers, partout où vous poserez le tiroir.

D'autres objections à une ruche sectionnelle.

Je ne vois pas d'autre moyen que de casser la boîte, de la rechercher et d'aider la chose sans défense à rentrer chez elle (les risques de se faire piquer peuvent également être là.) Maintenant, pendant un certain temps au moins, ils doivent utiliser l'autre tiroir pour reproduction, où la plupart des cellules sont inaptes. Il y a tout à fait une trop grande proportion de cellules de faux-bourdons ; ceux-ci, ainsi que les autres dimensions, seront presque tous beaucoup trop longs et devront être coupés à la longueur appropriée, ce qui représente un gaspillage de cire et de travail. Une autre chose pourrait être établie par désavantage de la ruche de M. Cutting ; La tâche consistant à introduire un essaim dans une telle ruche, à première vue, ne serait, à mon avis, pas souhaitable pour beaucoup. Maintenant, lorsque nous trouvons l'équilibre, en mettant d'un côté les dépenses, les difficultés et les perplexités, et de l'autre la simplicité et l'économie, cela apparaît comme un « grand cri pour peu de laine ». Mais arrêtez-vous un instant, quatre autres avantages sont énumérés en sa faveur : le deuxième, le troisième et le quatrième sont empruntés à la ruche commune, ou sont tous disponibles ici en cas de besoin. Mais cinquièmement, il permet qu'une « colonne d'air entre les tiroirs et à l'extérieur de la ruche soit non conductrice de chaleur et de froid », etc. C'est un avantage que ne possède pas la ruche commune ; la ruche commune n'offre pas non plus de tels avantages au papillon, en offrant aux vers un endroit si confortable pour tisser leurs cocons, alors qu'ils ne peuvent être détruits sans beaucoup de peine.

NON-SWARMERS.

Ici, je m'efforcerai d'être bref; J'ai hâte d'en finir avec cette partie désagréable, où chaque mot que je prononce entre en conflit avec les intérêts ou les préjugés de quelqu'un. Le mérite de cette ruche est d'obtenir avec peu de peine un surplus de miel, qui réussit souvent à convaincre les gens de son utilité. La principale objection se situe sur le plan du profit. Supposons que nous commencions avec un seul, appelons-le valant cinq dollars au début, au bout de dix ans, il ne vaut plus, probablement pas autant (les chances de son échec, avant ce délai, nous ne prendrons pas en compte les chances de son échec). le compte ;) nous pourrions obtenir annuellement, disons, pour cinq dollars de surplus de miel, ce qui équivaut à cinquante dollars.

CONTRASTE DU PROFIT.

La ruche grouillante, nous supposons, rejettera un essaim par an et nous rapportera un dollar de miel en surplus (nous ne compterons pas le rendement du premier essaim, qui est souvent plus que celui des anciens stocks), environ un dollar. tiers de la moyenne dans les bonnes saisons. La deuxième année, ils seront deux à faire de même ; si l'on prend ce taux pendant dix ans, nous avons 512 stocks, l'un ou l'autre valant autant que celui qui ne pullule pas, et environ un millier de dollars de surplus de miel. Appelons ces actions une valeur de cinq dollars chacune, ce qui fait 2 560 dollars, le tout additionné fera la petite somme d'environ 3 500 dollars, contre

55 dollars. Il ne faut pas s'attendre à ce que l'un d'entre nous réalise des bénéfices d'une telle ampleur, mais c'est une illustration frappante des avantages de la ruche grouillante par rapport à celle qui ne l'est pas.

PRINCIPE DE L'ESSAMAGE NON COMPRIS.

Mais beaucoup de ces non- essaimeurs , dit-on, peuvent être remplacés par des essaimeurs pour convenir au confort du rucher – celui de Colton en est un. On prétend qu'on peut le faire pulluler en deux jours à tout moment, simplement en enlevant les six boîtes ou tiroirs très ingénieusement attachés ; à mesure que cela rétrécit la pièce, les abeilles sont chassées. Maintenant, je vais avouer franchement que je n'ai jamais pu faire fonctionner cette chose du tout. De cela, je suis tout à fait sûr qu'il (M. Colton) soit ignore les préparations nécessaires et régulières que les abeilles font avant l'essaimage, soit suppose que les autres le savent. M. Weeks a préconisé le même principe : il dit : « Il n'y a pas de reine à aucun stade de l'existence, dans l'ancienne souche, immédiatement après que le premier essaim l'a quitté. » J'ai examiné cette question jusqu'à ce que je sois convaincu que je ne risque que peu en affirmant audacieusement que pas un stock sur cinquante ne jettera un essaim moins d'une semaine après le début des préparatifs. Cette opinion sera adoptée par quiconque prendra la peine d'enquêter par lui-même. (Le chapitre sur l'essaimage donnera les indications nécessaires pour examiner ce point, si vous le désirez.)

NE PAS DÉPENDRE.

on ne peut pas toujours compter sur ces non- grouilleurs en tant que tels. Ils rejettent parfois des essaims lorsqu'il y a suffisamment de place dans la ruche ainsi que dans les caisses.

LES RUCHES PAS TOUJOURS PLEINES AVANT L'ESSAISEMENT.

Je sais que Weeks, Colton, Miner et d'autres nous disent que la ruche *doit être pleine* avant que nous puissions nous attendre à un essaim ; mais l'expérience est contre eux. Les abeilles jettent parfois un essaim avant de remplir la ruche. Après une observation attentive, je constate que lorsqu'une ruche est très grande, disons 4,000 pouces cubes, et qu'elle est remplie de rayons, dès la première saison, de tels essaims sont rares, sauf dans les très bonnes années.

TAILLE DES RUCHES NÉCESSAIRES.

Mais si une telle ruche n'est qu'à moitié pleine, ou 2,000 pouces, il est très courant qu'elles pullulent sans ajouter de nouveaux rayons ; prouvant de manière très concluante qu'une ruche de cette taille suffit à tous leurs besoins pendant la saison de reproduction. Quand environ 1,200 pouces seulement avaient été remplis la première année, je les ai vu ajouter des rayons jusqu'à ce qu'ils en aient rempli environ 1,800, puis jeter un essaim, prouvant également qu'un peu moins de 2,000 suffisaient pour la reproduction. J'ai testé le principe de laisser de la place pour éviter l'essaimage, un peu plus loin.

UNE EXPÉRIENCE.

Au printemps 47, j'ai placé sous cinq ruches pleines, contenant 2 000 pouces solides ou cubes, autant de ruches vides, de même dimension, sans le dessus. J'en ai eu un essaim de chacun ; mais deux avaient ajouté un nouveau peigne, et ceux-ci étaient peu nombreux. Si ces ruches avaient été remplies jusqu'au fond de rayons au printemps, il est très douteux que l'une ou l'autre aurait essaimé. Le seul endroit où nous pouvons constituer un bon stock et ne pas nous attendre à ce qu'il pullule pendant les bonnes saisons, c'est à l'intérieur d'un bâtiment, où il fait parfaitement noir, et même ici, quelques-uns ont été connus pour le faire. Si nous parvenions à avoir *une très grande ruche* remplie de rayons, ce serait peut-être un moyen préventif aussi efficace qu'un autre. Toutes les abeilles qui pourraient être élevées en une seule saison auraient suffisamment de place dans les rayons tout faits pour leur travail, et leur émigration ne serait pas nécessaire. "Mais que deviennent toutes les abeilles élevées au cours de plusieurs années ?" A cette question, je ne pourrai probablement pas donner de réponse satisfaisante à l'heure actuelle.

LES ABEILLES N'AUGMENTENT PAS, SI PLEINES, APRÈS LA PREMIÈRE ANNÉE, DANS LA MÊME RUCHE.

Je remarquerai seulement que les abeilles disparaissent d'une manière ou d'une autre, et qu'il n'y a pas plus au bout de cinq ans qu'au bout d'un. Un cheptel d'abeilles peut en contenir 6,000 le premier mai, et en élever 20,000 dans le cours de l'année ; d'ici le premier mai prochain, en général, on n'en trouvera plus aucun, même lorsqu'aucun essaim n'est sorti.

LE SYSTÈME DE GILLMORE A DOUTE.

Or, ce fait n'est pas connu d'un récent breveté de l'État du Maine (sinon, il suppose que d'autres ne le savent pas), car il recommande de placer les abeilles dans une maison et de vider les ruches en relation avec celle contenant les abeilles, et dans quelques années tout sera plein. Il a découvert un mélange pour nourrir les abeilles, (à remarquer ci-après) ; cela peut expliquer qu'une quantité inhabituelle soit stockée par une famille de taille ordinaire. Il a dit autre chose, c'est-à-dire que chacune de ces ruches ajoutées contiendrait une reine ! Cela semblerait expliquer la première difficulté de l'augmentation continue du nombre d'abeilles, et ce serait le cas si elle ne tombait pas dans une autre également erronée ; une erreur n'en a jamais rendu une autre vraie. Cette idée selon laquelle les abeilles élèvent une reine, simplement parce qu'elles ont une loge latérale à la ruche principale, est contraire à toute mon expérience et à l'expérience de tous les auteurs (sauf lui-même) que j'ai consultés. Si le principe est correct, pourquoi ne pas parfois élever une reine dans une boîte sur le dessus ou sur le côté pour nous ? Je n'ai jamais découvert un seul cas où deux reines parfaites s'acquittaient tranquillement de leurs tâches liées à une même ruche. L'hostilité mortelle des reines est connue de tous les ruchers observateurs . N'ayant pas la moindre foi dans le principe, je le quitterai.

L'utilité des ruches antimites est douteuse.

Quant aux ruches anti-mites, je n'ai pas grand-chose à dire, car je n'ai pas la moindre confiance en l'une d'elles. Quand je parlerai de cet insecte, je montrerai, je pense, de manière concluante, qu'aucun endroit où les abeilles sont autorisées à entrer n'est à l'abri d'elles.

Plusieurs autres *ruches parfaites* pourraient être mentionnées ; pourtant je crois avoir remarqué les principes de chacun. N'en ai-je pas dit assez ? Ceux qui ne sont pas satisfaits actuellement ne le seraient pas si je remplissais un volume. Notre vision des choses est le résultat de mille causes diverses ; le plus puissant est l'intérêt ou le préjugé.

On dit qu'en Europe, la même ingéniosité est déployée pour tordre et torturer l'abeille, pour adapter son instinct naturel à des logements contre nature ; les immeubles ont été inventés non pas parce que l'abeille en a besoin, mais parce que c'est un moyen disponible pour un peu de changement. Les "hommes des brevets" ont trouvé les gens généralement trop ignorants de la science apicole. Mais espérons que leurs jours de prospérité dans ce domaine sont à peu près comptés.

LES INSTINCTS DE L'ABEILLE TOUJOURS LES MÊMES.

Comprenons pleinement que la nature de l'abeille, quelle que soit la condition, le climat ou la circonstance, est la même. Les instincts implantés pour la première fois par la main du Créateur ont traversé des millions de générations, intacts, jusqu'à nos jours, et resteront inchangés dans tous les temps futurs, jusqu'à ce que la dernière abeille quitte la terre. Nous pouvons, nous devons, pour satisfaire leur désir d'acquérir, les forcer à travailler sous tous les désavantages ; oui, nous les avons obligés à sacrifier leur industrie, leur prospérité, et même leur vie a été cédée , mais jamais leur instinct. Nous pouvons détruire la vie, mais nous ne pouvons pas l'améliorer ou lui enlever la nature. Les lois qui les régissent sont fixes et immuables comme l'Univers.

Le printemps revient à sa tâche annuelle ; dissout le gel, réchauffe les pouvoirs endormis de la nature. Les fleurs, avec un sourire de joie, élargissent leurs délicats pétales en remerciement reconnaissant, tandis que les étamines soutiennent sur leurs pointes effilées les anthères couvertes de pollen fertilisant, et que le pistil jaillit d'une coupe de nectar liquide, conférant à chaque brise qui passe un délicieux parfum. invitant l'abeille comme avec mille langues au somptueux banquet. Elle n'a pas besoin d'un stimulus artificiel de la part de l'homme pour l'inciter à participer au festin ; sans son aide ou son assistance, elle visite chaque tasse de douceur gaspillée et en retient la petite goutte, tandis que la farine surabondante, délogée des anthères hochant la tête, recouvre son corps, pour être brossée et pétrie en pain. Tout ce dont elle a besoin des mains de l'homme, c'est d'un entrepôt approprié pour ses trésors. Dans les bonnes saisons, sa nature incitera à rassembler pour son propre usage un excédent d'approvisionnement . Cet homme excédentaire peut s'approprier pour son propre usage, sans préjudice pour ses abeilles, à condition que sa gestion soit conforme à leur nature.

PROFITEZ DE L'OBJET.

Donner aux abeilles tous les avantages nécessaires et obtenir le plus grand profit possible avec le moins de dépenses possible, telle est ma préoccupation depuis des années. Je pourrais garder quelques actions pour m'amuser, même si cela ne rapportait aucun profit en dollars ni en cents, mais le nombre serait *très petit* ; J'avouerai alors honnêtement que le *profit* est pour moi le principe directeur. Je soupçonne fortement que la majorité des lecteurs ont des motivations similaires. Je suis donc sûr que nous tous, partageant ces vues, trouverons dommage, lorsqu'un stock produit pour cinq dollars de miel excédentaire, d'être obligé d'en payer trois ou quatre pour des brevets et autres fixations inutiles.

Ruche commune recommandée.

Je n'échangerais pas la ruche que j'ai utilisée au cours des dix dernières années contre un brevet que j'ai jamais vu, s'il était fourni gratuitement. Je garantirai qu'il permet d'obtenir du miel en surplus, autant en quantité et de toute manière que la fantaisie peut dicter, que ce soit en bois ou en verre, et qui plus est, cela ne coûtera rien pour le privilège de l'utiliser.

TAILLE IMPORTANTE.

Après avoir décidé quel type de ruche nous voulons, le prochain point important est la taille. Le Dr Bevan, un auteur anglais, recommande une taille de « onze pouces et trois huitièmes carrés, sur neuf de profondeur en clair », ce qui fait seulement environ 1,200 pouces, et si peu de livres nécessaires à l'hivernage des abeilles, que lorsque je l'ai lu, Je me suis demandé si les pouces et les livres anglais étaient les mêmes que les nôtres.

LES PETITES RUCHES PLUS SUSPECTES AUX ACCIDENTS.

Quoi qu'il en soit, je le trouve trop petit pour nos abeilles Yankee, où que ce soit. Nous devons nous rappeler que la reine a besoin d'espace pour tous ses œufs et que les abeilles ont besoin d'espace pour stocker leurs provisions d'hiver ; pour les raisons évoquées précédemment, cela devrait être dans un seul appartement. Si ce montant est trop faible, les conséquences seront que leur réserve de nourriture hivernale risque de s'épuiser. Les essaims de ces espèces seront plus petits et le stock beaucoup plus sujet aux accidents, qui les achèveront bientôt.

APTE À TROMPER.

Pourtant j'imagine comment on peut se laisser tromper par une si petite ruche, et je la recommande vivement ; surtout s'il est breveté. Supposons que vous localisiez un grand essaim dans une ruche proche de la taille de celle du Dr Bevan ; les abeilles occuperaient presque toute la pièce avec des rayons à couvain ; maintenant, si vous mettez des boîtes, et dès qu'elles sont remplies, vous mettez des boîtes vides, la quantité de miel en surplus serait grande ; très satisfaisant pour le premier été, mais dans un an ou deux votre petite ruche a disparu. Ce résultat sera proportionnel à mesure que nous agrandirons nos ruches, jusqu'à arriver à l'extrême opposé.

NON RENTABLE SI TROP GRAND.

S'ils sont trop gros, plus de miel sera stocké que ce qui est nécessaire pour leur utilisation hivernale. Il est évident qu'une partie aurait pu être prise si elle avait été stockée dans des boîtes. Les essaims ne seront pas proportionnellement grands lorsqu'ils émettent, ce qui est rare, mais ils ont cet avantage qu'ils durent longtemps et ne rapportent que peu de profit en surplus de miel ou d'essaims.

TAILLE CORRECTE ENTRE DEUX EXTRÊMES.

Entre les deux extrêmes, comme dans la plupart des autres cas, se trouve la bonne place. Une ruche de douze pouces carrés, dans chaque sens, à l'intérieur, a été recommandée comme étant de taille correcte. Voici 1 728 pouces cubes. Ceci, je pense, est suffisant pour de nombreux endroits, car la reine a probablement toute la place nécessaire pour déposer ses œufs ; et comme les essaims sont plus nombreux et presque aussi grands que ceux des ruches beaucoup plus grandes ; en outre, il y a suffisamment de place pour le miel pour permettre aux abeilles de passer l'hiver, au moins dans de nombreuses régions au sud de 40 degrés de latitude, où l'hiver est quelque peu court.

TAILLE POUR LES LATITUDES CHAUDES.

Cette taille fera également l'affaire sous cette latitude (42 degrés) dans certaines saisons, mais pas du tout dans d'autres. [3] Pas un essaim sur cinquante ne consommera vingt-cinq livres. de miel pendant l'hiver, c'est-à-dire du fin *septembre* au premier avril (six mois). La perte moyenne pendant cette période est d'environ dix-huit livres ; mais le moment critique est plus tard ; vers la fin mai ou le premier juin, dans de nombreux endroits.

UNE PLUS GRANDE RUCHE PLUS SÛRE POUR LES LONGS HIVERS OU LE PRINTEMPS ARRIÈRE.

Vers le premier avril, ils commencent à récolter du pollen et à élever leurs petits ; à la mi-mai, tous les bons plants occuperont presque, sinon la totalité, leurs rayons à couvain à cet effet, mais *on obtient peu de miel* avant l'apparition des fleurs des fruits ; quand ceux-ci ont disparu, on n'en obtient plus jusqu'à ce que le trèfle apparaisse, soit une dizaine de jours plus tard. (Je parle maintenant particulièrement de cette section ; je suis conscient qu'elle est très différente dans d'autres endroits, où différentes fleurs existent.) Maintenant, si cette saison de fleurs de fruits doit être accompagnée de vents violents ou d'un temps froid et pluvieux, mais peu de miel est obtenu; et nos abeilles ont sous la main un couvain nombreux qu'il *faut nourrir* . Dans cette situation d'urgence, si l'on ne dispose pas du miel de l'année précédente, une famine s'ensuit ; ils détruisent leurs faux-bourdons, peut-être une partie de leur couvain, et pour autant que je sache, ils mettent les vieilles abeilles au chômage. Ce que je sais, c'est que toute la famille est effectivement morte de faim à cette saison ; parfois dans de petites ruches. Cela dépend bien sûr de la saison ; lorsque cela est favorable, rien de tel ne se produit. La prudence dicte donc la nécessité de prévoir cette urgence, en agrandissant un peu la ruche pour les latitudes septentrionales, car un peu plus de miel sera stocké pour les accompagner dans cette période critique. À partir d'une série d'expériences étroitement observées.

2 000 POUCES SÉCURISÉS POUR CETTE SECTION.

Je suis convaincu que 2 000 pouces en clair constituent la taille appropriée pour la sécurité dans cette section et, par conséquent, pour le profit. En moyenne, les essaims de cette taille sont aussi grands que les autres.

Les dimensions doivent être uniformes dans tous les cas, quelle que soit la taille choisie. C'est une folie que d'associer à chaque essaim une ruche de taille correspondante ; une très petite famille cette année, peut être très nombreuse l'année suivante, et une très grande famille, très petite, etc. Une reine appartenant à un petit essaim sera capable de pondre autant d'œufs qu'une autre appartenant à un tonneau plein. On peut s'attendre à ce qu'une petite famille, capable de passer l'hiver et le printemps, soit aussi nombreuse qu'une autre année.

TYPE DE BOIS, LARGEUR DE LA PLANCHE, ETC.

Parmi les espèces de bois pour les ruches, le pin est préférable, d'autres essences encore feront l'affaire ; Je ne crois pas que les abeilles préfèrent une espèce à une autre et sont moins susceptibles de partir pour cette raison. La pruche est moins chère et très utilisée; lorsqu'ils *sont parfaitement sains,* ils sont aussi bons que n'importe quoi, mais ils sont très sujets à se fendre, même après que les abeilles y ont passé un certain temps. Il ne doit être utilisé que lorsqu'il est impossible d'obtenir un meilleur bois. Le bois de tilleul, lorsqu'il est utilisé pour les ruches, doit *toujours être peint* , car il sera alors très susceptible de se déformer à cause de l'humidité provenant des abeilles à l'intérieur. Lorsqu'elle n'est pas peinte à l'extérieur et qu'elle est mouillée, ne serait-ce que pendant quelques heures, une telle quantité d'humidité est absorbée qu'elle se plie vers l'extérieur, se détache des peignes et les fissure. Quelques jours de temps sec soulageront l'extérieur de l'eau et l'intérieur maintenu humide par les abeilles, la courbure sera inversée et les rayons pressés vers l'intérieur, gardant les abeilles fixant ce qui ne « restera pas fixe ». Il existe peut-être du bois aussi approprié, voire meilleur, que le pin, mais il n'est pas aussi courant.

FORME SANS CONSÉQUENCE.

Des planches doivent être sélectionnées, si possible, qui auront la largeur appropriée pour rendre la ruche à peu près carrée et de la bonne taille. Disons douze pouces carrés, à l'intérieur, sur quatorze de profondeur. Je préfère cette forme à toute autre, mais ce n'est pas si important. J'en ai eu environ dix pouces carrés sur vingt de longueur ; ils avaient l'air gauche, mais c'était tout, je ne pouvais découvrir aucune différence dans leur prospérité. Aussi, je les ai fait faire douze pouces de profondeur sur treize carrés, avec le même résultat. Par conséquent, si nous évitons les extrêmes et donnons l'espace requis, la forme ne peut faire que peu de différence.

Il a été recommandé de raboter les planches des ruches « à l'intérieur et à l'extérieur » ; mais les abeilles, lorsqu'elles sont placées pour la première fois dans une telle ruche, ont beaucoup de difficulté à tenir bon jusqu'à ce qu'elles aient commencé leurs rayons, ce problème est donc pire qu'inutile.

INSTRUCTIONS POUR FAIRE DES RUCHES.

Si l'on ne souhaite pas que les ruches soient construites le moins cher possible, l'extérieur peut être raboté et peint ; mais il est douteux qu'une stricte économie l'exige. Pourtant, une ruche peinte semble tellement meilleure qu'elle devrait être faite, d'autant plus que la peinture ajoute presque suffisamment à sa durabilité pour payer la dépense. La couleur peut être celle que dicte votre fantaisie ; le papillon ne sera probablement pas attiré par une couleur plus que par une autre. Le blanc est le moins affecté par le soleil par temps chaud. La chaux est utilisée chaque année par de nombreuses personnes comme badigeon de chaux, pour se protéger contre les insectes.

Lorsque les ruches ne sont pas peintes, le grain ne doit jamais être transversal, la largeur des planches formant la hauteur ; non que les abeilles les détestent, mais les clous ne tiennent pas fermement, ils s'arrachent au bout de quelques années. La taille, la forme, les matériaux et la manière d'assembler sont maintenant suffisamment compris pour ce que je veux. Les bâtons d'un demi-pouce de diamètre doivent se croiser dans chaque sens à travers le centre pour aider à soutenir les peignes. Un trou d'environ un pouce de diamètre sur la face avant, à mi-chemin vers le haut, est très pratique pour les abeilles qui rentrent lourdement chargées.

Il reste maintenant à fabriquer le dessus, le couvercle et les boîtes (le plateau inférieur sera décrit dans un autre chapitre). Les dessus doivent être tous pareils ; les planches de quinze pouces carrés ont juste la bonne taille ; trois quarts de pouce sont la meilleure épaisseur, (un pouce fera l'affaire ;) rabotez la face supérieure, feuillure autour du bord de la face supérieure d'un pouce de largeur et trois huitièmes de profondeur ; cela laissera le haut à l'intérieur de la feuillure, à seulement treize pouces.

TAILLE DU CAPUCHON ET DES BOÎTES.

Une boîte pour couvercle ou capuchon, de cette taille à l'intérieur, conviendra à n'importe quelle ruche. La hauteur de cette boîte doit être de sept pouces. Bien sûr, d'autres tailles feront l'affaire, mais il est préférable de commencer par une taille à laquelle nous pouvons adhérer uniformément, et aucun problème ne surviendra si les couvertures ne s'ajustent pas exactement, etc. Je pense que cette taille est la plus correcte possible ; nous voulons toute la place dans les boîtes que demande la majorité de nos stocks pour stocker dans un rendement de miel, [4] en même temps, il ne sera pas nécessaire de donner trop d'espace en hauteur. Ils commenceront à travailler dans une boîte de cinq pouces de hauteur, bien avant sept ou huit. Pour donner l'espace requis et avoir les boîtes à moins de cinq pouces de hauteur, il faudrait plus de treize pouces sur le dessus, ce qui rendrait la ruche trop déformée ; cela semblerait très lourd.

LA RUCHE DU MINEUR.

La ruche équilatérale du mineur a un capuchon d'un diamètre légèrement plus petit que celui-ci ; par conséquent, si nous avons la place nécessaire, il faut qu'elle soit en hauteur. Mais en agrandissant un peu son capuchon et en y apportant quelques modifications insignifiantes, cela ferait très bien l'objet d'un brevet. Et si quelqu'un *doit* avoir une ruche brevetée, mon conseil est de l'obtenir ; cela ne coûte que deux dollars pour le droit d'usage, et c'est plus proche de ce que nous voulons pour les abeilles que tout ce que j'ai jamais vu. Je préfère feuillure autour du bord du dessus, au lieu de clouer sur une fine planche de la taille de l'intérieur du couvercle, avec de la place pour une glissière en dessous ; c'est un endroit trop agréable pour que les vers puissent tisser leurs cocons. De plus, sans feuillure, l'eau peut pénétrer sous le capuchon et passer par le haut jusqu'à ce qu'un trou la laisse passer parmi les abeilles. Quant aux slides, je ne les approuve pas du tout ; en coupant les communications, il est presque certain d'écraser quelques abeilles. Cela les rend irritables pendant une semaine ; ils sont inutiles pour moi, du moins. Nous allons maintenant terminer la ruche.

INSTRUCTIONS POUR FAIRE DES TROUS.

Une fois le haut sorti comme indiqué, tracez une ligne passant par le centre , à trois pouces et quart de celui-ci, faites-en une autre de chaque côté, mesurez maintenant sur l'une des dernières lignes, deux pouces et demi pour le premier trou, deux pouces pour le suivant, et ainsi de suite jusqu'à ce que cinq soient marqués sur celui-ci, et le même nombre de l'autre côté, dix en tout ; ces trous doivent avoir environ un pouce de diamètre, un motif de trois pouces et quart de large et treize de longueur, avec des emplacements pour les trous marqués dessus, permettra de gagner du temps lorsqu'on en fera beaucoup. Lorsque ce sommet est cloué, la ruche est prête. Un nombre inférieur de trous est souvent utilisé, et certains pensent qu'un seul est suffisant ; l'expérience m'a convaincu que plus les abeilles ont de place pour entrer dans les loges, moins elles hésitent à y commencer leur travail ; mais voici un autre extrême à éviter : lorsque les trous sont beaucoup plus grands, ou plus nombreux, ou même un très grand, la reine a très tendance à entrer dans les loges et à y déposer ses œufs, ce qui rend le rayon coriace et sombre. , etc., le pain d'abeille est également stocké près du couvain. Les ruches à barres transversales du Dr Bevan et de Miner sont à cet égard répréhensibles, elles offrent un accès trop libre aux boîtes ; nous voulons toute la salle qui répondra, et pas plus.

UNE SUGGESTION.

La ruche à barres transversales de M. Miner est destinée à obliger les abeilles à construire des rayons entièrement droits, et elle y parviendra probablement. Mais l'inconvénient du pain d'abeille et du couvain dans les caisses ne sera pas compensé par des rayons droits.

Pour le bénéfice de ceux à qui on a fait croire que les rayons droits *étaient importants* , et qui ont peut-être acheté le droit de fabriquer la ruche, en ont fait construire et ont trouvé du pain d'abeille dans leur surplus de miel, je suggérerais une amélioration (c'est-à-dire, si l'on pense que les rayons droits seront payants. Si vous n'avez pas le droit pour la ruche à barres transversales et que vous souhaitez l'utiliser, je dirais, achetez le droit et supprimez tout motif de plainte auprès de lui.) Installez les barreaux et ruchez vos abeilles comme il le demande. Une fois tous les peignes démarrés, au lieu de placer les boîtes à fond ouvert (qui sont également impropres à l'envoi au marché) directement sur les barres comme il le recommande, enlevez le tissu et, avec des vis, fixez-le sur un dessus à dix trous, que je je viens de décrire ; et alors vous aurez les rayons droits, et le surplus de miel dans les caisses pur.

BOÎTES EN VERRE PRÉFÉRÉES.

Après avoir expliqué comment je fabrique une ruche, je vais maintenant donner quelques raisons pour lesquelles je préfère un type particulier de boîtes. J'ai apporté de grandes quantités de miel au marché, présentées dans tous les styles, comme des gobelets, des bocaux en verre, des caisses en verre, des caisses en bois avec des extrémités en verre et des caisses tout en bois. J'ai trouvé les boîtes carrées en verre les plus rentables ; le miel y apparaît le mieux possible, à tel point que la plupart des acheteurs préfèrent payer la caisse au même tarif que le miel, plutôt que la caisse en bois, et se faire accorder la tare. Ce rythme de vente des caisses paie toujours le prix, alors que nous ne recevons rien pour le bois. Un autre avantage de ce genre de boîtes est que, pendant le remplissage, on peut suivre le progrès et connaître précisément l'heure à laquelle elles sont terminées, quand il faut les enlever, car chaque jour qui reste après cela souille la pureté des rayons.

BOÎTES EN VERRE—COMMENT FAIRE.

Instructions pour la fabrication. —Sélectionnez des planches d'un demi-pouce de pin ou d'autres bois clairs et tendres, coupez la longueur de douze pouces et trois quarts, la largeur de six pouces et trois huitièmes, réduisez l'épaisseur à trois huitièmes ou moins, deux morceaux pour une boîte, le dessus et en bas, dans le bas, percez cinq trous au centre pour correspondre à ceux du haut de la ruche (le motif utilisé pour marquer le haut des ruches est juste celui pour les marquer). Ensuite, sortez les poteaux d'angle, de cinq huitièmes de pouce carré et de cinq pouces de longueur ; avec une scie assez épaisse pour s'adapter au verre, coupez un canal dans le sens de la longueur sur deux côtés, à un quart de pouce de profondeur, à un huitième du coin, pour le verre. Un petit clou de latte dans chaque coin du bas dans les poteaux les maintiendra ; il est maintenant prêt pour le verre - 10 × 12 est la bonne taille à obtenir - faites-les couper au centre dans le sens le plus long pour les côtés, et ils ont raison, et encore dans l'autre sens, cinq et cinq huitièmes de long pour le prend fin. Ceux-ci peuvent maintenant être glissés dans les rainures des poteaux, le haut cloué comme le bas, et la boîte est prête.

PEIGNES-GUIDES NÉCESSAIRES.

On trouvera un grand avantage, avant de clouer sur le dessus, d'y coller fermement quelques morceaux de peignes-guides dans la direction où l'on veut que les abeilles travaillent. Ils les incitent également à commencer plusieurs jours plus tôt que s'ils devaient commencer eux-mêmes les peignes ; [5] un morceau d'un pouce carré fera l'affaire ; il est bon de commencer chaque peigne que vous voulez dans la boîte ; deux pouces de distance est à peu près la bonne distance pour bien paraître. Pour que ces pièces tiennent fermement, faites fondre un bord près du feu ou d'une bougie, ou faites fondre de la cire d'abeille, trempez-y un bord et appliquez-le avant de le refroidir ; avec un peu de pratique vous pourrez les faire coller sans difficulté.

Pour vous procurer de tels rayons, conservez tous les morceaux vides, propres et blancs que vous pouvez lorsque vous retirez les rayons d'une ruche.

Si vous avez un moyen supérieur à celui-ci pour fabriquer des boîtes en verre, tant mieux, faites-le ainsi par tous les moyens : « Le meilleur moyen est aussi bon qu'un autre. » Je donne ma méthode à utiliser uniquement lorsque mieux ne convient pas. Si vous vendez du miel, je pense que vous trouverez un avantage à faire fabriquer des boîtes en verre d'une manière ou d'une autre. Deux de cette taille, une fois pleins, pèsent 25 livres. Si l'on préfère, quatre boîtes de six pouces et trois huitièmes carrés peuvent être utilisées pour une ruche au lieu de deux ; la dépense de fabrication est un peu plus élevée pour le même nombre de livres, mais, lorsqu'elle sera sur le marché, quelques clients préféreront cette taille.

CAISSES EN BOIS.

Pour la consommation domestique, la caisse en bois répondra également bien à toutes les fins d'obtention du miel, mais ne donnera aucune chance d'observer la progression des abeilles, à moins qu'un verre ne soit inséré à cet effet, et il lui faudra alors une porte pour gardez-le dans l'obscurité ou recouvrez-le d'un couvercle comme celui des boîtes en verre. Les caisses en bois sont généralement réalisées avec un fond ouvert et placées sur le dessus de la ruche. Un passage pour les abeilles hors de la loge vers l'air libre est inutile, et pire qu'inutile. Ils aiment stocker leur miel le plus loin possible de l'entrée. À moins qu'ils soient entassés pour gagner de la place, ils n'y stockeront pas grand-chose lorsque de telles entrées seront faites.

Que nous ayons l'intention de consommer ou non notre surplus de miel, il est préférable que les ruches et les couvertures soient fabriquées de manière à pouvoir utiliser du verre, alors que nous en avons probablement en réserve. Je n'en suis pas sûr, mais cela serait payant de fabriquer des ruches de cette manière, même si les boîtes en verre n'étaient jamais utilisées ; les feuillures empêchent la lumière ainsi que l'eau de passer sous le couvercle ; imaginez un coffret posé sur une planche unie clouée en guise de dessus, sans feuillure ; la déformation ou la courbure laisse passer la lumière et l'eau, surtout lorsque les ruches sont exposées aux intempéries (et je ne recommanderai aucune autre façon de les conserver.)

COUVERTURE POUR LES RUCHES.

J'ai appelé le capuchon ou la boîte une couverture ; mais celui-ci doit également être recouvert d'une planche posée, au moins. Un bon toit pour chaque ruche peut être réalisé en attachant deux planches ensemble comme le toit d'un bâtiment ; que ce soit environ 18 pouces sur 24 ; étant ample, il peut être changé selon la saison ; au printemps, laissez le soleil frapper la ruche ; mais par temps chaud, laissez l'extrémité la plus longue dépasser du côté sud, etc. Vous pouvez orner cette ruche, si vous le désirez, par des moulures ou des dentaires, sous le dessus, là où il fait saillie sur le corps de la ruche, aussi le chapeau peut avoir le dessus un peu en saillie et recevoir le même ajout.

POTS ET GOBELETS—COMMENT PRÉPARÉS.

Lorsqu'on emploie des bocaux, des gobelets ou autres récipients tous en verre, il est *absolument nécessaire* d'attacher autant de morceaux de peignes qu'on veut en faire, dans le haut, pour commencer, ou d'y attacher un morceau de bois ; car ils commencent rarement à construire sur du verre, sans un début.

Certains d'entre vous ont peut-être vu défiler dans nos foires, ou dans les lieux publics de certaines de nos villes, des ruches contenant des gobelets, les uns bien remplis, les autres vides, et cette maigre phrase écrite dessus, *à ne pas remplir* ! Faire semblant de gouverner les abeilles, comme le jongleur fait parfois ses tours, par de mystérieuses incantations ! J'ai rencontré un jour un agent de cette fumisterie, et je lui ai modestement suggéré que j'avais un contre-sort : que je pourrais mettre un gobelet sur sa ruche et qu'il serait rempli si les autres l'étaient, même s'il pouvait l'interdire par des charmes écrits ! Il vit d'un coup d'œil où en étaient les choses ; Je n'étais pas le client qu'il souhaitait et j'ai laissé entendre que le spectacle était uniquement destiné à l'extrême verdance de la plupart des visiteurs. Cela l'a sans doute aidé à démontrer ses connaissances approfondies en matière de gestion des abeilles, qu'il souhaitait établir, car il avait un petit ouvrage sur le sujet à vendre, ainsi que des ruches et des abeilles. Le lecteur devinera sans doute comme moi que la raison pour laquelle ces gobelets n'étaient pas remplis était qu'aucun peigne n'était mis dedans pour commencer.

Ruche d'observatoire parfaite décrite.

Il y a beaucoup de choses concernant les abeilles qui ne peuvent pas être correctement examinées et comprises sans une sorte de ruche en verre. Pourtant, une ruche d'observation parfaite ne contenant qu'un seul rayon n'est pas une ruche parfaite pour les abeilles. Nous pouvons très bien voir ce que font les abeilles, mais ce n'est pas un logement qu'elles choisiraient si elles étaient laissées à elles-mêmes. Cela les oblige à un travail contre nature, ne convient pas aux abeilles hivernantes et ne rapporte que peu de profit. Si la satisfaction d'assister à certaines de leurs opérations plus parfaitement que dans des ruches en verre d'un autre type ne nous paie pas, il est douteux que nous l'obtenions. Je vais décrire le plus brièvement possible. Deux cadres ou châssis d'environ deux pieds et demi carrés, contenant du verre, sont attachés ensemble de manière à ne laisser place qu'à un seul peigne entre eux, espacés d'environ un pouce et trois quarts. Un peigne de cette taille ne se soutiendra pas par le dessus et les bords ; par conséquent, il est nécessaire d'installer de nombreuses barres transversales pour aider à le soutenir. À l'extérieur de la vitre se trouvent des portes qui maintiennent l'obscurité totale et que nous pouvons ouvrir lorsque nous souhaitons inspecter les débats. Sous le fond se trouve une planche ou un cadre pour le maintenir en position verticale, etc. Il est probable que rares sont ceux qui seront incités à en créer un. J'en décrirai donc un autre ; une ruche qui, je pense, paiera mieux.

UNE COMME LA RUCHE COMMUNE PRÉFÉRÉE.

Si nous voulons savoir ce que font les abeilles dans les ruches ordinaires, nous devons en avoir une semblable en tous points, par la taille, la forme, le nombre d'abeilles, etc. La construction des cellules royales sera suivie par la plupart des observateurs avec le plus grand intérêt ; maintenant, ceux-ci se trouvent généralement sur un bord des peignes. Les abeilles laissent un espace d'un demi-pouce ou plus entre les bords des rayons et un côté de la ruche, près de la moitié de la longueur de celle-ci, apparemment dans le seul but d'avoir de la place pour ces cellules, comme les autres bords de la même les rayons sont généralement attachés à la ruche au fond.

CE QUE PEUT ÊTRE VU.

Maintenant, au lieu d'avoir un morceau ou une vitre sur le côté de plusieurs ruches, je recommanderais d'en avoir une ou plusieurs avec du verre de chaque côté ; parce que nous pourrions l'avoir sur trois côtés, et non sur le quatrième ; et cela pourrait contenir toutes les cellules royales, et nous manquerions un spectacle important. Il y a bien d'autres choses à voir dans une telle ruche. On voit souvent la reine en train de déposer ses œufs ! Nous pouvons voir les ouvrières détacher les écailles de cire de leur abdomen et les appliquer sur les rayons pendant le processus de construction, les voir déposer le pollen de leurs pattes, stocker leur miel, nourrir la reine, les unes les autres, leurs jeunes couvains, les phoques. sur les cellules contenant du couvain, du miel, etc. Il est également utile comme guide pour placer des boîtes sur d'autres ruches (c'est-à-dire, si elle est bonne, ce qu'elle devrait être) ; nous pouvons facilement déterminer si nos abeilles gagnent ou perdent.

INSTRUCTIONS POUR LA FABRICATION DE LA RUCHE EN VERRE.

Ma méthode de fabrication est la suivante : Le dessus est comme ceux des autres ruches, quinze pouces carrés, adapté aux boîtes et au couvercle. Cette ruche, nous voulons qu'elle soit aussi rentable qu'une autre, en nous donnant des surplus de miel, et des essaims comme les autres. On sort alors quatre poteaux de deux pouces carrés et treize de longueur ; il faut veiller à ce que les extrémités soient parfaitement carrées.

Un cadre doit ensuite être fabriqué, d'à peine quatorze pouces carrés à l'extérieur, pour le fond ; les morceaux ont un pouce d'épaisseur, sur deux de largeur, coupés en deux aux coins. Une marque de jauge est ensuite faite autour du dessous du dessus, à un demi-pouce du bord, un poteau est ensuite placé à l'intérieur de chaque coin de cette marque, et soigneusement cloué, le fond est cloué avec les poteaux même avec le coins extérieurs. Quatre pièces d'un pouce d'épaisseur et d'un pouce et demi de largeur sont placées entre les poteaux, même avec la marque de jauge sur le dessus. Seize bandes, d'environ un quart de pouce sur un demi-pouce, sont sorties, huit pour faire dix et huit pour douze pouces de long.

Un repère à un pouce des poteaux, du bas, etc., est l'endroit où clouer ces bandes ; de très petits clous ou punaises les retiendront. Les vitres doivent reposer contre elles, qui sont maintenues en place par de petits morceaux d'étain ou des attaches parisiennes. Les portes ont la taille du verre, 10 × 12, et environ trois quarts de pouce d'épaisseur ; ces portes sont coupées un peu trop courtes, et les pièces, pour éviter de se déformer, sont clouées aux extrémités ; ceux-ci sont accrochés à un poteau d'un côté et sécurisés par un bouton de l'autre. Sur deux côtés opposés, à l'intérieur des poteaux, à mi-hauteur, sont clouées deux bandes d'un demi-pouce sur trois quarts, percées de trous pour les traverses ; un seul sens suffit, si l'on a pour commencer des peignes-guides, comme ceux recommandés pour les boîtes, afin que les feuilles soient à angle droit avec elles ; sinon, laissez les bâtons se croiser dans les deux sens, il en faudra environ trois dans chaque sens, car le verre sur les bords n'est pas un aussi bon support que le bois.

Le capuchon peut être constitué de planches d'un demi-pouce ; le dessus dépassant comme la ruche, ou qu'il soit d'un peu plus d'un demi-pouce, il admettra une moulure plus lourde , qui devra l'entourer ici, ainsi qu'au sommet de la ruche, ou si on préfère , les produits dentaires peuvent être utilisés et sont tout aussi beaux : lorsqu'aucun ornement n'est nécessaire, omettez-le. Mais la peinture semble nécessaire pour de telles ruches, afin d'éviter la déformation et le gonflement des portes par temps humide ; celles-ci veulent s'ouvrir et se fermer sans frotter ni coller, sinon on dérange les abeilles à chaque fois qu'on remue une porte. Il ne faut pas utiliser de mastic pour maintenir le verre, car les abeilles le recouvriront de propolis au bout de quelques années ; il faut alors l'enlever, le gratter, le nettoyer et le rendre, alors que, s'il était fixé avec du mastic, ce serait difficile ; le temps froid est le moment idéal pour cette opération. Je suis conscient qu'une ruche peut être construite de manière plus substantielle que celle décrite ici ; mais j'ai essayé d'en fabriquer un aussi bon marché que possible, et s'il est correctement fabriqué, je répondrai. Le coût sera bien inférieur à celui de nombreux brevets, et la satisfaction sera bien plus grande, du moins pour beaucoup. Lorsque notre ruche contient un essaim d'abeilles et qu'elles fonctionnent à fond, il ne faut pas les laisser s'évanouir par le fond de tous côtés, comme on leur permet fréquemment de le faire dans d'autres ruches ; car, si l'on sort un peu excité à la suite d'un léger choc, accidentellement donné à la ruche, en ouvrant la porte ou par tout autre moyen, et qu'on trouve notre visage à un pied de leur maison, regardant par la fenêtre parmi leurs ouvrages , cela nous donnerait très probablement *une douce indication* que c'était une marque de basse éducation, que nous n'étions pas du tout recherchés là-bas et que ce qu'ils faisaient ne nous regardait pas. Pour éviter cela autant que possible, un panneau inférieur, quelque peu différent du panneau commun, est nécessaire. Quatre poteaux en châtaignier ou autre bois durable, d'environ deux pouces carrés, sont enfoncés dans la terre sous la forme d'un carré, suffisamment éloignés les uns des autres pour passer sous les coins de la planche inférieure (quinze pouces) et suffisamment hauts pour plus de commodité. en regardant dans la ruche. Les extrémités de ces poteaux doivent être parfaitement de niveau et sur lesquelles le bas doit être solidement cloué. La ruche devant être parfaitement rapprochée de la planche, il faudra y faire un passage, ainsi que des moyens d'aération par temps chaud, sans surélever la ruche à cet effet. Il faut une planche d'environ quinze pouces carrés, rabotée et lisse, dont les extrémités sont serrées pour éviter toute déformation ou fente ; une partie du centre est retirée, disons six pouces sur dix, et une toile métallique est clouée dessus, des punaises de quatre onces la retiendront, la fixeront juste assez pour empêcher les abeilles de passer à travers ; très probablement, il faudra l'enlever de temps en temps et le nettoyer de la propolis qui sera répandue dessus. C'est plus facile à faire par temps glacial.

Prenez un bord dans chaque main et secouez les fils plusieurs fois hors de l'équerre, et ils s'effondreront et tomberont facilement. Par temps chaud, il doit être ébouillanté ou brûlé. Pour fermer cet espace, un coulisseau mobile est fixé dans des rainures en sous-face, fixées aux poteaux ou à la planche. Le toboggan doit être déplacé selon le temps, lorsqu'il fait froid, le fermer, lorsqu'il fait chaud, le retirer et donner aux abeilles le plus d'air possible, sans surélever la ruche, l'ensemble de cet espace est aussi aéré que l'ordinaire. les ruches s'élevaient d'un pouce. (La toile métallique est nécessaire à d'autres fins, il est préférable de s'en procurer, même au prix de problèmes et de dépenses considérables.) Sur le côté de la planche destiné à l'avant, à deux pouces du bord de la toile métallique, un passage est découpé pour les abeilles mesuraient trois huit pouces de large sur onze de long. "Mais comment les abeilles peuvent-elles arriver à cet endroit si peu pratique qu'il faut quelque chose pour les aider ?" Bien sûr Monsieur; une planche de descente, large de onze pouces et longue d'environ deux pieds (non rabotée), est placée à un angle de quarante-cinq degrés, entre les deux poteaux avant de votre stand, l'extrémité supérieure passant sous le bas, assez en arrière. ; être juste à égalité avec l'arrière du passage pour les abeilles. Les abeilles se posent sur cette planche et montent sans difficulté dans la ruche. Quand les abeilles travaillent assez librement, et qu'une porte de cette ruche est ouverte, celles qui sont sur le point de partir auront beaucoup de chance de monter sur la vitre, au lieu de passer par l'ouverture du bas ; voyant la lumière à travers la vitre, ils tentent de s'échapper par la route la plus proche. Quand tant de gens se rassemblent ici pour empêcher une bonne vue, et que vous désirez observer plus loin, fermez la porte un instant et ils sortiront par leur propre passage, lorsque vous pourrez rouvrir votre porte, pour un court moment. Une fois la ruche remplie de rayons, le nombre de rayons attirés par le verre lors de l'ouverture d'une porte sera bien moindre.

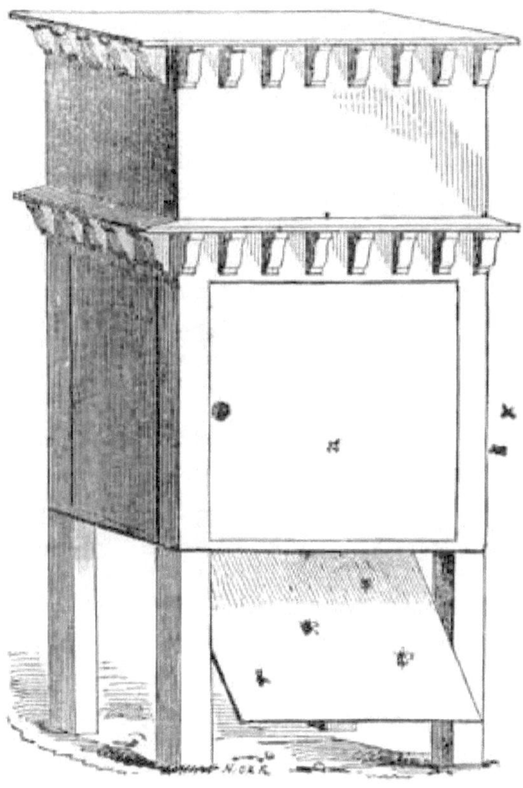

La planche de la page précédente représente une ruche en verre, son couvercle et son support. La ruche commune peut être également ornementale, si vous le souhaitez ; ce genre de stand leur est inutile. J'utilise ceux recommandés à la page 138.

CHAPITRE III.

REPRODUCTION.

IMPARFAITEMENT COMPRIS.

Le moment où les abeilles commencent à élever leur jeune couvain n'est qu'imparfaitement compris par la plupart des gens. Beaucoup de personnes qui les ont gardées pendant des années ont accordé si peu d'attention à ce point, qu'elles sont incapables de dire à quelle heure elles commencent, comment elles progressent et quand elles finissent. L'idée selon laquelle un essaim, et occasionnellement deux ou trois, sont élevés au cours du mois de juin, ou avant une partie de l'été, reflète l'étendue de leurs réflexions sur le sujet. Que ce soit les faux-bourdons qui déposent les œufs, ou qu'une partie des ouvrières soient des femelles, et que chacune élève un ou deux petits, ou que le « roi des abeilles » soit le type qui pond les œufs, c'est une question au-delà de leur capacité à répondre. Il y a seulement quelques années, un correspondant d'un Journal of Agriculture niait l'existence d'une reine des abeilles, donnant sans doute les meilleures raisons qu'il avait, c'est-à-dire qu'il n'en avait jamais vu. Mais les apiculteurs de cette classe sont si peu nombreux qu'il n'est pas nécessaire de perdre du temps pour les convaincre ; il suffit de dire qu'il existe une reine dans tout essaim prospère, et que tous les apiculteurs ayant de grandes prétentions scientifiques reconnaissent également le fait qu'elle est la mère de toute la famille.

La période à laquelle ils commencent à pondre leurs œufs dépend probablement de la force de la colonie, de la quantité de miel disponible, etc., et non du moment où ils commencent à récolter de la nourriture.

BON STOCK RAREMENT SANS COUGUAGE.

Une fois, le 10 janvier, j'ai retiré les abeilles d'une ruche et j'ai trouvé environ cinq cents couvains, scellés, et d'autres à tous les stades de croissance jusqu'à l'œuf.

Cette ruche était dans la maison et était gardée au chaud ; on supposera sans doute que le maintien au chaud en était la cause ; mais ce n'est pas un cas isolé. Un voisin a perdu une ruche le 14 février, par un temps assez froid pour boucher l'entrée avec de la glace et étouffer les abeilles. J'ai aidé à retirer les rayons et j'ai trouvé du jeune couvain en abondance, provenant de l'abeille parfaite, à tous les stades de croissance. Ce stock avait été au froid tout l'hiver. J'ai remarqué en outre, en balayant la litière sous les ruches au début du printemps, disons le premier mars, que les jeunes abeilles se trouvaient souvent sous les meilleurs plants. Il semble donc qu'il n'y ait que peu de temps, et peut-être même aucun, où nos meilleurs stocks n'aient pas de couvées. Cependant, les stocks, lorsqu'ils sont très faibles, ne démarrent que par temps chaud. Il semble qu'un certain degré de chaleur soit nécessaire pour parfaire le couvain, ce qu'une petite famille ne peut pas générer.

COMMENT COMMENCENT LES PETITS STOCKS.

Les premiers œufs sont déposés au centre de la grappe d'abeilles, en petite famille ; il se peut qu'il ne soit pas au centre de la ruche dans *tous* les cas ; mais le milieu du cluster est l'endroit le plus chaud, où qu'il se trouve. Ici, la reine commencera en premier ; quelques cellules, ou un espace pas plus grand qu'un dollar, sont d'abord utilisées, celles exactement opposées sur le même rayon sont ensuite occupées. Si la chaleur de la ruche le permet, que le temps doux la produise ou que la famille soit assez nombreuse pour produire ce qui est artificiel, cela ne semble faire aucune différence ; elle prendra ensuite les peignes suivants correspondant exactement au premier commencement, mais on n'utilise pas une place aussi grande que dans le premier peigne. Le cercle d'œufs dans le premier est alors agrandi, et d'autres sont ajoutés dans le suivant, etc., continuant à s'étendre jusqu'aux rayons suivants, en gardant la distance vers l'extérieur du cercle d'œufs, jusqu'au centre ou lieu de départ, à peu près égaux de tous les côtés, jusqu'à ce qu'ils occupent le peigne extérieur. Bien avant que le rayon extérieur ne soit occupé, les premiers œufs déposés mûrissent et la reine reviendra au centre et utilisera à nouveau ces cellules, mais cette fois-ci, elle n'est pas si particulière pour en remplir autant dans un ordre aussi précis qu'au début. C'est le processus général des familles de petite ou moyenne taille. J'en ai retiré les abeilles, à toutes les étapes de l'élevage, et j'ai toujours trouvé leurs procédures telles que décrites.

DIFFÉRENT AVEC LES PLUS GRANDS.

Mais dans le cas de familles très nombreuses, les procédures sont différentes : comme n'importe quelle partie de la grappe d'abeilles est suffisamment chaude pour la reproduction, il est moins nécessaire d'économiser de la chaleur, et ayant tous les œufs confinés dans un seul petit endroit, on trouvera des cellules inoccupées. parmi la couvée; quelques-uns contiendront du miel et du pain d'abeille.

COMMENT LE POLLEN EST STOCKÉ PENDANT LA SAISON DE REPRODUCTION.

Mais au plus fort de la saison de reproduction, un cercle de cellules presque entièrement en pain d'abeille, d'un pouce ou deux de large, bordera les feuilles de rayons contenant le couvain. Comme le pain d'abeille est probablement la principale nourriture de la jeune abeille, il est donc très pratique.

Lorsque le pollen est abondant et que l'essaim est dans un état prospère, il atteint rapidement les feuilles extérieures des rayons avec le couvain. A cette époque, où la ruche est presque pleine et où la reine est obligée de se rendre dans les rayons extérieurs pour trouver une place à ses œufs, il est intéressant d'assister à des opérations dans une ruche vitrée. Je l'ai vue plusieurs fois dans la même journée, sur le même morceau de peigne (à côté du verre). La lumière n'a aucun effet immédiat sur son « Altesse », car elle continuera tranquillement à vaquer à ses occupations, pas du tout gênée par les regards curieux à la fenêtre. Avant de déposer un œuf, elle entre tête première dans la cellule, probablement pour vérifier si elle est en état de le recevoir ; car une partie de cellule remplie de pain d'abeille ou de miel n'est jamais utilisée. Si la surface des rayons est petite, ou si la famille est petite et ne peut pas protéger un grand espace avec la chaleur nécessaire, elle en déposera souvent deux, et parfois trois, dans une seule cellule (les surnuméraires, je suppose, sont enlevés par les ouvriers). Mais dans des circonstances prospères, avec une ruche de taille convenable, etc., cette situation critique est évitée.

OPÉRATION DE POSE ET LES OEUFS DÉCRITS.

Lorsqu'une cellule est en état de recevoir l'œuf, en retirant sa tête, elle courbe aussitôt son ventre et l'y insère quelques secondes. Après l'avoir quitté, on peut voir un œuf attaché par une extrémité au fond ; environ un seizième de pouce de longueur, légèrement courbé, très petit, presque uniforme sur toute la longueur, brusquement arrondi aux extrémités, semi-transparent et recouvert d'un pelage très mince et extrêmement délicat, se brisant souvent au moindre contact.

Après que l'œuf ait passé environ trois jours dans la cellule, on peut voir un petit ver blanc enroulé au fond, entouré d'une substance laiteuse, qui est sans aucun doute sa nourriture. La façon dont cette nourriture est préparée n'est qu'une supposition. Je n'ai aucune objection à l'hypothèse qu'il soit principalement composé de pollen ; comme le prouvent suffisamment les quantités qui s'accumulent dans les ruches qui perdent leur reine et n'élèvent pas de couvain (c'est-à-dire lorsqu'il reste un nombre requis d'ouvrières). On peut voir les ouvriers entrer dans la cellule toutes les quelques minutes, probablement pour fournir cette nourriture. [6]

LE TEMPS DE L'ŒUF À L'ABEILLE PARFAITE.

Au bout de six jours environ, il est scellé avec un couvercle en cire convexe. Elle est maintenant cachée à notre vue pendant environ douze jours, puis elle arrache le couvercle et sort une abeille parfaite. La période depuis l'œuf jusqu'à l'abeille parfaite varie de vingt à vingt-quatre jours ; en moyenne environ vingt-deux pour les ouvriers, vingt-quatre pour les drones. La température de la ruche variera en fonction de l'atmosphère ; il est également régi par le nombre d'abeilles. Une température basse retarde probablement le développement, tandis qu'une température élevée le facilite. Vous avez peut-être vu des récits d'attentions assidues portées à la jeune abeille lorsqu'elle sort pour la première fois de la cellule : on dit qu'elles « la lèchent partout, la nourrissent de miel », etc., désespérées de leur nouvelle acquisition.

TRAITEMENT BRUT DE LA JEUNE ABEILLE.

Maintenant, si vous vous attendez à voir quelque chose de cela, vous devez regarder d'un peu plus près que moi. J'en ai vu des centaines en mordant pour sortir. Au lieu de soins ou d'avertissement, ils sont souvent traités assez brutalement : les travailleurs, occupés à autre chose, entreront parfois en contact avec une partie de la cellule, avec une force suffisante pour lui disloquer presque le cou ; pourtant ils ne s'arrêtent pas pour voir si du mal est fait, ni pour demander pardon. Le petit malade, après cette grossière leçon, recule aussitôt que possible ; il agrandit un peu la porte de la prison, et réessaye, avec peut-être le même succès : on fait souvent une douzaine d'essais avant de réussir. Lorsqu'il s'en va, il apparaît comme un étranger parmi une multitude, sans ami à conseiller ni mère à diriger. Il erre sans surveillance ni attention, et trouve rarement quelqu'un d'assez bienveillant pour lui accorder ne serait-ce que le nécessaire à la vie ; mais le fait parfois. C'est *généralement* contraint d'apprendre l'importante leçon de se prendre en charge, le jour où il quitte le berceau. On recherche une cellule contenant du miel, où tous ses besoins immédiats sont satisfaits.

DEVINEZ LE TRAVAIL.

Le temps avant qu'il soit prêt à quitter la ruche pour aller chercher du miel, je suppose, serait de deux ou trois jours. D'autres ont dit "il partirait *le jour où il quitterait la cellule* " ; mais je suppose qu'ils devinent à ce stade. Ils nous disent également qu'une fois que les abeilles ont scellé les cellules contenant les larves , "elles commencent immédiatement à tisser leurs cocons, ce qui prend environ trente-six heures". Je pense que c'est très probable ; mais quand je l'admets, je ne peux pas imaginer comment cela a été constaté ; je ne possède pas la faculté de regarder à travers une meule, et il faut à peu près la même pénétration optique pour regarder dans une de ces cellules après qu'elle ait été scellée. car tout est dans l'obscurité parfaite. Supposons que nous chassions les abeilles et que nous ouvrions la cellule pour voir l'intérieur : le petit insecte arrête son travail en un instant, probablement sous l'effet de l'air et de la lumière. Je n'ai jamais pu en détecter un pendant son travail. Supposons que nous ouvrions ces cellules toutes les heures après leur fermeture ; peut-on dire quelque chose de leur progression par l'apparition de ces cocons, voire même dire quand ils sont terminés ? L'épaisseur d'une douzaine ne dépasserait pas le papier à lettres ordinaire. Lorsqu'un sujet est obscur ou difficile à cerner, comme celui-ci, pourquoi ne pas nous dire comment ils ont découvert les détails ; et si on les devinait, soyez honnête et dites-le ? Lorsque l'abeille quitte la cellule, il reste un cocon, et c'est à peu près tout ce que nous en *savons* .

CONDITIONS APPLIQUÉES AUX JEUNES ABEILLES.

La jeune abeille, lorsqu'elle quitte l'œuf pour la première fois, est appelée larve, asticot, ver ou larve ; à partir de cet état, elle prend la forme de l'abeille parfaite, ce qui, dit-on, se produit trois jours après avoir terminé le cocon ; depuis ce changement jusqu'à ce qu'il soit prêt à quitter la cellule, les termes nymphe, chrysalide et chrysalide sont appliqués. Le couvercle de la cellule du faux-bourdon est un peu plus convexe que celui de l'ouvrière, et lorsque la jeune abeille l'enlève pour sortir, il reste presque parfait ; étant coupé sur les bords, un bon manteau ou une bonne doublure de soie le maintient entier ; tandis que le revêtement de la cellule de l'ouvrière est principalement constitué de cire et est assez bien coupé en morceaux au moment où l'abeille sort. Le revêtement de la cellule de la reine est comme celui du drone, mais de plus grand diamètre et plus épais, doublé d'un peu plus de soie.

DIFFÉRENCE DE TEMPS DANS L'ÉLEVAGE DU COUVAIN COMME DONNÉ PAR HUBER.

La plupart des écrivains nous indiquent le temps nécessaire pour perfectionner, à partir de l'œuf, les trois différentes espèces d'abeilles. Huber ouvre la voie, et les autres, *supposant qu'il a raison* , répètent en substance son récit comme suit : Que tout le temps nécessaire pour perfectionner une reine à partir de l'œuf est de seize jours, l'ouvrière de vingt et le bourdon de vingt-quatre jours. ; Huber (cité par Harpers) donne le temps de chaque étape de développement appartenant à chaque espèce d'abeille ; mais c'est plutôt malheureux en arithmétique ; les éléments, ou étapes, une fois additionnés, « ne prouvent pas », comme disent les écoliers ; c'est-à-dire qu'il gagne du temps en fabriquant son abeille progressivement. Il dit d'abord de l'ouvrière : « Il reste trois jours dans l'œuf, cinq jours à l'état de larve, il met trente-six heures à filer son cocon ; en trois jours il se change en nymphe, en passe six sous cette forme, et puis sort une abeille parfaite. » Comment les éléments s'ajoutent-ils ?

L'œuf, 3 jours. Larve, 5 " Cocon en rotation, 1-1/2 " Se transformant en nymphe, 3 " Sous cette forme, 6 " ——————- 18-1/2 jours.

Il manque une journée et demie. Nous verrons ensuite comment les figures avec l'insecte royal s'accordent ; rappelez-vous que seize jours, c'est tout ce qu'elle lui a permis ; puis, des différents stades, « trois jours dans l'œuf, font cinq un ver, quand les abeilles ferment sa cellule, et il commence aussitôt son cocon, qui se termine en vingt-quatre heures. Pendant onze jours, et même seize heures Le douzième, il reste dans un état de repos complet. Sa transformation en nymphe a alors lieu, état dans lequel se passent quatre jours et une partie du cinquième. Ajoutons maintenant les éléments :

L'œuf, 3 jours. Un ver, 5 " Tige un cocon, (24 heures), 1 " Repose onze jours et 16 heures, 11-2/3 " Une nymphe quatre jours, et une partie du cinquième, 4-1/3 " ——————- 25 jours.

Maintenant, lecteur, que pensez-vous d'une telle conjecture maladroite ? Une différence de neuf jours : le moindre écolier devrait le savoir ! Pouvons-nous nous fier à une telle histoire ? Cela ne prouve-t-il pas la nécessité de parcourir l'ensemble du sujet, d'appliquer un test à chaque affirmation et de réviser l'ensemble du sujet ? Mon objectif n'est pas de trouver des fautes, mais d'accéder aux *faits* . Quand je vois des conjectures comme celles-ci publiées dans le monde entier, à notre époque éclairée, et gravement racontées à la génération montante, comme une partie de l'histoire naturelle, j'estime qu'il est de mon devoir de ne pas résister à l'envie d'exposer l'absurdité.

LE NOMBRE D'ŒUFS DÉPOSÉS PAR LA REINE DEVINÉ.

Le nombre d'œufs qu'une reine déposera est souvent un autre point de conjecture. Lorsque l'estimation ne dépasse pas 200 per diem, je n'ai aucune raison de la contester ; ce chiffre sera probablement inférieur dans certains cas et supérieur à celui-ci dans d'autres. Certains auteurs supposent que ce nombre « ne produirait jamais d'essaim, puisque le nombre d'abeilles perdues quotidiennement atteint, ou même dépasse, ce nombre », et nous donnent au lieu de cela de huit cents à quatre mille œufs par jour, d'une seule reine. La seule façon de vérifier la question avec précision est de compter réellement, dans une ruche d'observation, ou dans une ruche avec suffisamment de rayons vides pour contenir *tous les œufs* qu'elle déposera pendant quelques jours, puis, en enlevant les abeilles et en comptant soigneusement, nous pourrions nous en assurer, et pourtant il faudrait en examiner plusieurs avant de pouvoir arriver à la moyenne. Le plus proche que j'ai jamais pu savoir à ce sujet s'est produit comme suit : un essaim est parti, et la reine, pour une raison quelconque, n'a pas pu se regrouper avec lui et a été trouvée, après quelques ennuis, dans l'herbe à quelques tiges de distance. Elle a été mise dans la ruche avec l'essaim vers 11 heures DU MATIN ; le lendemain matin, au lever du soleil, je trouvai sur le plateau inférieur, parmi les écailles de cire, 118 œufs qui avaient été déchargés pendant ce temps. Probablement quelques-uns ont échappé à l'attention, car la couleur est la même que celle des écailles de cire ; aussi, ils pouvaient déjà avoir des peignes qui en contenaient. J'en ai trouvé plusieurs fois le lendemain matin, sous les essaims installés la veille, mais jamais au-delà de trente, sauf dans ce cas précis. La raison pour laquelle cette reine n'était pas capable de bien voler pourrait être une charge inhabituelle d'œufs. Peut-être serait-il bon de mentionner ici que, dans tous les cas où l'on trouve des œufs de cette manière, il doit s'agir d'abord d'essaims accompagnés des vieilles reines.

Schirach estime que « le nombre d'œufs qu'une seule femelle pondra varie de 70 000 à 100 000 par saison ». Réaumer et Huber ne donnent pas une estimation aussi élevée. Un autre auteur estime qu'il y en aura 90 000 en trois mois. Quel que soit le nombre, il est probable que des milliers ne soient jamais parfaits. Durant les mois de printemps, dans les familles moyennes et petites, où les abeilles peuvent se protéger avec la chaleur animale mais avec quelques rayons, j'ai souvent trouvé des cellules contenant une pluralité d'œufs, deux, trois et parfois quatre, dans une seule cellule. Ces surnuméraires doivent être enlevés et se retrouvent souvent parmi la poussière du panneau inférieur.

UN TEST POUR LA PRÉSENCE D'UNE REINE.

Si vous soupçonnez que votre ruche a perdu une reine à cette saison, sa présence peut être constatée neuf fois sur dix par cette méthode. Balayez la planche et recherchez ces œufs un jour ou deux après. Faites attention à ce que les fourmis ou les souris n'aient aucune chance de les attraper ; ils pourraient vous tromper, étant aussi friands d'œufs au petit-déjeuner que n'importe qui. [7] Lorsqu'une ou plusieurs abeilles sont trouvées, ou des abeilles immatures, cela suffit, aucune autre preuve de la présence d'une reine n'est nécessaire.

Une autre portion d'œufs est gaspillée chaque fois qu'un approvisionnement en nourriture vient à manquer ; si l'on retire les abeilles d'un cheptel en période de disette, quand la ruche est légère, on aura très probablement des centaines d'œufs dans les alvéoles, et très peu d'œufs avançant de ce stade vers la maturité. Je l'ai ainsi constaté à l'automne, en juillet, et parfois au premier juin, ou à tout moment où la maturation du couvain risquait d'épuiser ses réserves, mettant ainsi en péril l'approvisionnement de la famille. Or, au lieu que la fertilité de la reine soit plus grande au printemps et au début de l'été qu'à d'autres moments (comme on nous le dit souvent), je suggérerais la probabilité qu'une plus grande abondance de nourriture à cette saison et un plus grand nombre de les cellules vides, peuvent être la raison du plus grand nombre d'abeilles matures.

QUAND LES DRONES SONT ÉLEVÉS.

Chaque fois que la ruche est bien approvisionnée en miel et en abondance d'abeilles, une partie des œufs est déposée dans les cellules des faux-bourdons, qui mettent trois ou quatre jours de plus à mûrir que l'ouvrière.

QUAND LES REINES SONT ÉLEVÉES.

Aussi, lorsque les rayons sont remplis d'abeilles et de miel en abondance, les préparatifs pour les jeunes reines commencent : comme premier pas vers l'essaimage, on commence d'une à vingt cellules royales ; lorsqu'elles seront à moitié terminées, la reine (si tout continue favorablement) y déposera des œufs, ceux-ci seront collés solidement par une extrémité comme ceux des ouvrières ; il n'y a aucun doute, mais ce sont exactement le même type d'œufs que ceux que produisent les autres abeilles. Une fois éclos, le petit ver recevra une surabondance de nourriture ; du moins, cela ressort du fait que plusieurs fois j'en ai trouvé une certaine quantité qui restait dans la cellule après le départ de la reine. La consistance de cet aliment est à peu près crémeuse, la couleur est un peu plus claire ou simplement teintée de jaune. S'il était mince comme de l'eau, ou même du miel, je ne peux pas imaginer comment il pourrait rester dans l'extrémité supérieure d'une cellule inversée de cette taille dans les quantités qu'on y met, car les abeilles la remplissent souvent à moitié pleine. Parfois, une cellule de ce type contient cette nourriture, mais aucun ver pour s'en nourrir. J'ai *deviné que* les abeilles avaient produit plus que ce dont leurs besoins actuels l'exigeaient, et qu'elles l'avaient stocké là pour qu'il soit prêt, afin que, étant là, tout le monde puisse savoir que c'était pour la royauté.

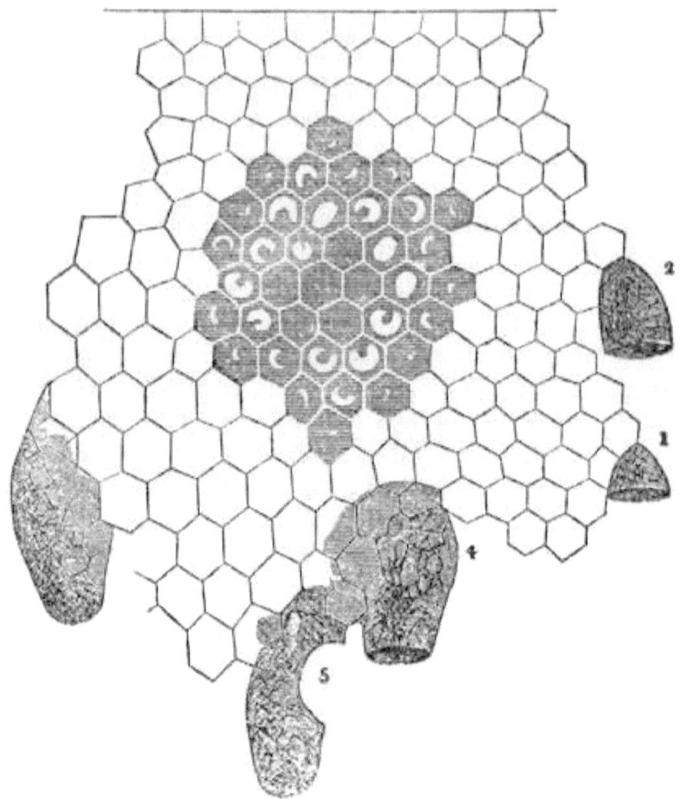

PLAQUE DES TROIS TYPES DE CELLULES.

On dit que le goût est « plus piquant » que la nourriture donnée à l'ouvrière, et la différence de nourriture fait passer l'abeille d'ouvrière à reine. Je n'ai rien à dire contre cette hypothèse ; il se peut qu'il en soit ainsi, ou bien la jeune abeille étant obligée de se tenir sur la tête peut provoquer ce changement, ou encore les deux causes combinées peuvent provoquer le changement. Je n'ai jamais goûté cette nourriture, ni trouvé de test à appliquer.

La planche précédente représente un morceau de peigne contenant toutes les différentes cellules, celles de gauche de la taille d'un bourdon. Au centre , quelques-unes semblent scellées, d'autres presque couvertes, d'autres encore la larve à différents stades de croissance, ainsi que les œufs. *La figure 1* représente une cellule royale qui vient de commencer. Ils sont généralement commencés dès la première saison, très souvent lorsque la ruche n'est pleine qu'à moitié ou aux deux tiers. *La figure 2* est une cellule suffisamment avancée pour recevoir l'œuf. *Fig. 3* : une étape terminée, l'étape du départ du premier essaim. *Fig. 4* lorsqu'une reine a été perfectionnée et laissée. *La figure 5* est une cellule où son occupant a été détruit par un rival et chassé par les ouvriers. On s'apercevra que chaque cellule de reine terminée contient autant de cire que cinquante faites pour les ouvrières.

RESPONSABILITÉ D'ÊTRE DÉTRUIT.

À n'importe quel stade, depuis l'œuf jusqu'à la maturité, ces insectes royaux sont susceptibles d'être détruits ; — si le miel manque pour une cause suffisante pour rendre l'existence d'un essaim quelque peu dangereuse, les préparations sont abandonnées et ces jeunes reines détruites ; (Je voudrais ici demander au lecteur de ne pas me condamner pour avoir dit plus que ce que je peux prouver, jusqu'à ce qu'il ait eu toute l'histoire ; pendant la saison d'essaimage, je donnerai des détails supplémentaires.)

LES DRONES DÉTRUITS LORSQUE LE MIEL EST RARE.

Lorsqu'un événement comme celui ci-dessus se produit, les drones tombent ensuite victimes du manque de miel. Ils n'ont qu'une brève existence ; ceux qui sont parfaits sont détruits sans pitié ; ceux qui sont à l'état de chrysalide sont souvent traînés dehors et sacrifiés aux nécessités de la famille. Ceux qui sont autorisés à éclore, au lieu d'être nourris et protégés comme ils le seraient si le miel était abondant, sont autorisés, bien qu'encore affaiblis par les effets de la faim, à s'éloigner de la ruche et à tomber par centaines à terre. Ces effets ne s'accompagnent que d'une pénurie en début de saison. Le massacre de juillet et septembre est tout autre. Les drones ont alors de l'âge et de la force : un effort est apparemment d'abord fait par les ouvriers pour les chasser sans aller jusqu'aux extrêmes ; ils sont harcelés parfois pendant plusieurs jours ; les ouvriers feignant seulement de piquer, ou bien ils ne le peuvent pas, comme je n'ai jamais réussi à en voir que très peu envoyés de cette manière ; Pourtant, il existe des preuves prouvant hors de tout doute que le dard a été utilisé. Des centaines seront souvent rassemblées dans un corps compact au fond de la ruche ; cette protection mutuelle leur offrant quelques heures de répit face à leurs bourreaux, qui ne cessent de les inquiéter. En quelques jours, ils sont partis, et il est difficile de dire ce qu'ils sont devenus, du moins la majorité. Si la ruche en septembre est bien approvisionnée en miel, une partie des faux-bourdons ont une durée de vie plus longue qui leur est donnée ; Je les ai vus jusqu'en décembre. À certaines saisons, lorsque les meilleures ruches sont mal approvisionnées, le printemps suivant, les abeilles n'élèveront plus de faux-bourdons, jusqu'à ce que les fleurs produisent une bonne quantité. J'ai connu une ou deux années où aucun drone n'est apparu avant la fin du mois de juin ; à d'autres moments, des milliers arrivent à maturité avant le premier mai.

La vieille reine part avec le premier essaim.

La vieille reine part avec le premier essaim ; dès que les cellules seront prêtes dans la nouvelle ruche, elle y déposera ses œufs, d'abord pour les ouvrières ;

le nombre perfectionné correspondra à l'apport de miel et à la taille de l'essaim. En cas de rupture d'approvisionnement avant de quitter l'ancien stock, elle *y reste* et continue de pondre tout au long de la saison ; mais les abeilles arrivées à maturité après le 20 juillet (dans cette section) ne sont pas plus que suffisantes pour maintenir le nombre. Autant meurent, ou se perdent au cours de leurs excursions, que les jeunes en remplaceront ; en fait, ils perdent souvent plutôt que gagnent ; de sorte qu'au printemps suivant, une ruche qui n'a pas produit d'essaim ne vaut pas mieux pour le cheptel qu'une ruche d'où est sorti un essaim. Nous sommes susceptibles d'être trompés par les abeilles qui se rassemblent à l'extérieur, vers la fin de la saison, et de supposer qu'il est difficilement possible pour elles toutes d'entrer, alors que cela peut être dû au temps chaud, aux magasins pleins, etc.

UNE JEUNE REINE PREND LA PLACE DE SA MÈRE DANS L'ANCIEN STOCK.

Dans des circonstances ordinaires, lorsqu'un essaim a quitté un troupeau, la plus âgée des jeunes reines est prête à sortir de sa cellule au bout de huit ou neuf jours environ ; si aucun deuxième essaim n'est envoyé, elle prendra la place de sa mère et commencera à pondre dans une dizaine de jours, ou un peu moins. Deux ou trois semaines est la seule période de toute la saison, mais quels œufs peut-on trouver dans toutes les ruches prospères. Chaque fois qu'une récolte abondante de miel se produit, des faux-bourdons sont élevés ; à mesure qu'ils se raréfient, ils sont détruits.

Le nombre relatif de faux-bourdons et d'ouvrières qui existent lorsqu'ils sont les plus nombreux dépend sans doute de la taille de la ruche, qu'elle soit d'un sur dix ou d'un sur trente.

Lorsqu'un essaim est créé pour la première fois, les premières cellules ont la taille nécessaire pour travailler ; si la ruche est très petite et les abeilles nombreuses, elle peut être remplie avant qu'elles ne s'en rendent pleinement compte, et peu de cellules de faux-bourdons sont construites ; par conséquent, peu de personnes peuvent être soulevées ; tandis que si la ruche est grande, bien avant qu'elle ne soit pleine, une quantité considérable de miel sera emmagasinée. Les cellules pour stocker le miel sont généralement de la taille d'un drone ; ceux-ci seront effectués dès que le nombre requis de travailleurs sera fourni. Une production abondante de miel pendant le processus de remplissage d'une grande ruche entraînerait donc la construction d'une grande proportion de ces cellules - la quantité de couvain de faux-bourdons étant régie par la même cause, est un argument fort contre les grandes ruches, car elles offrent place pour un trop grand nombre de ces cellules, où un nombre inutile de faux-bourdons sera élevé, entraînant une dépense inutile de miel, etc.

AUTRES THÉORIES.

Des théories qui diffèrent sensiblement des précédentes sont avancées par presque tous les auteurs. L'un d'eux dit : « Au printemps, la reine pond environ 2 000 œufs de mâles, elle recommence en août, mais pendant le reste des intervalles, elle pond exclusivement des œufs d'ouvrières. La reine doit avoir au moins onze mois avant de commencer à pondre. des mâles." M. Townley fait la même affirmation. Selon le Dr Bevan, "la grande ponte des œufs de faux-bourdons commence généralement vers la fin avril". Un autre auteur répète à peu près la même chose, et semble avoir approfondi ses recherches, puisqu'il a découvert que les œufs des deux espèces d'abeilles germent séparément, et que la reine sait quand chaque espèce est prête, ainsi que les ouvrières, etc. Maintenant, je demande la permission de différer un peu de ces auteurs. Ou bien il n'existe aucune différence dans les œufs germés, et tous, ou tous, produiront des faux-bourdons ou des ouvrières, au fur et à mesure qu'ils seront déposés et nourris ; ou bien les périodes de ponte des faux-bourdons sont beaucoup plus fréquentes qu'aucun écrivain que je connais n'a voulu le permettre.

SUJET NON COMPRIS.

Je ne cherche pas à établir une nouvelle théorie, mais à établir des faits. Si nous prétendons comprendre l'histoire naturelle, il est important que nous la comprenions correctement ; et si nous ne le comprenons pas, dites-le et laissez-le ouvert à une enquête plus approfondie. A mon avis, nous *savons* très peu de choses sur ce point. Je souhaite inciter à une observation plus approfondie et ne recommanderais aucune décision *positive* tant que tous les faits applicables n'auront pas été examinés. Que ces théories de l'œuf de drone aient été adoptées trop hâtivement, le lecteur peut décider ; Je vais présenter quelques faits supplémentaires, quelque peu difficiles à concilier avec eux.

Premièrement, par rapport au fait que la reine avait « onze mois » avant de pondre des œufs de faux-bourdons. Nous sommes *tous* d'accord, je crois, sur le fait que la vieille reine part avec le premier essaim, et qu'une jeune reste dans l'ancienne souche. Supposons maintenant que le premier essaim parte en juin et que l'ancien stock contienne encore une nombreuse famille. Les fleurs de sarrasin en août donnent une abondante récolte de miel. Ce vieux cheptel élève une grande couvée de faux-bourdons. N'est-il pas prouvé dans ce cas que la reine n'avait que deux mois, au lieu de onze ? Nous sommes en outre d'accord sur le fait que les jeunes reines accompagnent les deuxièmes ou suivants essaims. Lorsqu'ils sont grands et prospères, ils ne manquent jamais d'élever une couvée de faux-bourdons à cette saison. Quel âge ont ces derniers ? Je crois que cette théorie de onze mois est née dans des régions où il n'y a pas de récolte de sarrasin, ou en petites quantités. Le trèfle tombe généralement en panne en août, et mai ou juin d'une autre année arrive, avant qu'il y ait un rendement suffisant pour produire le couvain. Avec ces *seules* observations , est-il très rationnel de conclure que cela doit être une loi de leur nature, au lieu d'être régie par le rendement en miel et la taille de la famille ? Si les périodes de ponte des faux-bourdons sont limitées à seulement deux ou trois, il semblerait que toutes les reines devraient être prêtes avec ce genre d'œufs, à peu près à la même période de la saison, mais qu'en est-il des faits ?

Je voudrais savoir ce qu'il advient de la première série d'œufs de faux-bourdons, le dernier d'avril ou le premier mai, lorsque les stocks sont mal approvisionnés en miel, ou lorsqu'une famille est petite et peu de miel pendant l'été ? Aucun couvain de faux-bourdons n'est élevé dans ces cas-là. On ne prétend pas que la reine ait un quelconque contrôle sur la germination de ces œufs, mais d'une manière ou d'une autre, elle les prépare chaque fois que la situation de la ruche le justifie. Deux souches peuvent avoir un nombre égal d'abeilles le premier mai ; l'un peut avoir quarante livres de miel, l'autre quatre livres ; ce dernier n'a pas les moyens d'élever un drone, tandis que l'autre en aura des centaines. Que deux stocks n'aient que quatre livres chacun à tout moment de l'été lorsque le miel est rare, nourrissez maintenant l'un d'eux abondamment, et une couvée de faux-bourdons apparaîtra certainement, tandis que l'autre n'en produira pas. Chaque fois que les stocks de miel sont bien stockés et remplis d'abeilles, le premier mai trouvera des cellules de faux-bourdons contenant du couvain. Si les fleurs continuent à produire un approvisionnement complet, ces cellules peuvent être examinées chaque semaine à partir de cette période jusqu'aux premières feuilles de l'essaim, et j'affirmerai que le couvain de faux-bourdons peut être trouvé à tous les stades depuis l'œuf jusqu'à la maturité ; et l'ouvrier couve la même chose. Vingt-quatre jours après le départ des premiers essaims, les derniers œufs de faux-bourdons laissés par la vieille reine seront presque arrivés à maturité. Lorsque je transfère des abeilles d'anciennes ruches vers de nouvelles, je le fais généralement environ vingt et un ou vingt-deux jours après le premier essaim (c'est le moment d'éviter de détruire le couvain d'ouvrières ; les détails seront donnés ailleurs). J'en ai transféré un grand nombre, et *je n'ai jamais manqué* de trouver quelques faux-bourdons prêts à quitter les rayons. Que l'essaim soit parti fin mai ou mi-juillet, cela ne faisait aucune différence, ils étaient là.

Un essaim très précoce, dans les bonnes saisons, remplira souvent la ruche et émettra un problème en quatre à six semaines : la quantité habituelle de couvain de faux-bourdons peut être trouvée dans ces cas. La circonstance suivante semblerait indiquer que tous les œufs sont pareils, et s'ils sont pondus dans des cellules de faux-bourdons, les abeilles donnent la nourriture appropriée et font des faux-bourdons ; s'ils sont dans des cellules ouvrières, des ouvrières, tout comme ils font une reine à partir d'un œuf ouvrier, lorsqu'ils sont placés dans une cellule royale.

Dans une ruche en verre, une feuille de rayons à côté du verre, et parallèlement à celui-ci, était en pleine grandeur ; environ les trois quarts de cette feuille étaient constitués de cellules ouvrières, le reste étant constitué de cellules drones. La famille était plutôt petite, mais elle s'est maintenant transformée en un essaim complet ; quelques faux-bourdons avaient mûri au milieu de la ruche. C'était vers le milieu de juin 1850, que j'ai découvert les abeilles sur cette feuille extérieure, la préparant, comme je le pensais, au couvain, en coupant les alvéoles à la bonne longueur. Ils avaient été utilisés pour stocker le miel et étaient beaucoup trop longs, mesurant environ un pouce et demi de profondeur. Un jour ou deux après, j'ai vu quelques œufs dans les cellules des ouvrières et des faux-bourdons ; quatre ou cinq jours après, en ouvrant la porte, je trouvai sa « majesté » occupée à déposer des œufs dans les cellules des faux-bourdons. Presque chacun contenait déjà un œuf ; elle en examina la plupart, mais ne les utilisa pas ; six ou huit, semblait-il, étaient tout ce qui restait inoccupé ; dans chacune d'elles, elle déposa immédiatement un œuf. Elle a continué à chercher d'autres cellules vides et, ce faisant, elle est arrivée à la partie du peigne contenant des cellules ouvrières, où elle en a trouvé une douzaine ou plus vides, dans chacune desquelles elle en a posé une. Pendant tout ce temps, peut-être trente minutes. Requête? Sa série d'œufs de faux-bourdons était-elle épuisée à ce moment-là ? Si tel est le cas, il semblerait qu'elle n'en ait pas eu conscience, car elle a examiné plusieurs cellules de faux-bourdons après y avoir déposé la dernière, avant de quitter cette partie du peigne, et a agi exactement comme si elle les aurait utilisées si elles n'avaient pas été trouvées. préoccupé. Les cellules ouvrières ont-elles reçu des œufs qui auraient produit des faux-bourdons, s'ils n'avaient pas été déposés dans les cellules ouvrières ? Je sais qu'on nous dit qu'un œuf peut être transféré d'une cellule d'ouvrière à une cellule de faux-bourdons, ou qu'un œuf prélevé d'une cellule de faux-bourdons et déposé dans une cellule d'ouvrière ; que l'échange ne fera aucune différence, l'abeille sera exactement ce que le premier dépôt lui aurait apporté . Comment la connaissance de cette affirmation a été obtenue, nous ne sommes pas informés, du moins de la partie pratique. Qu'un œuf ait jamais été détaché du fond d'une cellule en toute sécurité et déposé avec succès dans une autre, sans le casser ni le blesser de quelque manière que ce soit, pour que les abeilles le refusent, permettez-moi pour le moment d'en douter.

NÉCESSITÉ D'OBSERVATIONS SUPPLÉMENTAIRES.

Ne peut-on pas instituer des expériences, réalisables par tous, qui jetteraient plus de lumière sur ce sujet ? La vieille hypothèse consistant à limiter la ponte des faux-bourdons à deux ou trois périodes est évidemment erronée.

DEUX CÔTÉS DE LA QUESTION.

Si nous supposons que les œufs sont tous semblables et que le traitement ultérieur produit soit des ouvrières, soit des faux-bourdons, soit des reines, et que nous cherchons à trouver un support par analogie, nous trouverons beaucoup de contre, ainsi que pour. Par exemple, nous trouvons dans presque tous les domaines de la nature animée que le sexe du germe d'un être futur est décidé avant d'être séparé du parent, comme les œufs de poules, etc. Autre fait, certaines reines (en moyenne une sur soixante ou quatre-vingts) pondent des œufs qui ne produisent que des faux-bourdons, [8] que ce soit dans des cellules d'ouvrières ou de drones, ce qui prouve que le sexe est ici décidé au-delà de toute controverse. Il semblerait donc raisonnable que si le sexe était décidé par les ovaires de la reine, dans un cas, il le serait dans un autre.

Permettre aux abeilles le pouvoir de fabriquer trois sortes d'abeilles à partir d'une seule sorte d'œufs, ce qui constituerait virtuellement un troisième sexe, une anomalie peu fréquente. Les faux-bourdons étant des mâles et les ouvrières des femelles imparfaites dont les organes génitaux ne sont pas développés, rend inutile l'anomalie du troisième sexe. D'un autre côté, on pourrait répondre : Si la nourriture et le traitement pouvaient créer ou produire des organes de génération chez la femelle, en transformant en reine un œuf destiné à une ouvrière (un fait que tous les apiculteurs admettent), pourquoi ne pas la nourriture et les soins font le drone ? La difficulté de développer *un* type d'organes sexuels est-elle plus grande qu'un autre ?

Concernant l'anomalie des œufs de certaines reines ne produisant que des faux-bourdons, la question pourrait être posée : est-ce plus une anomalie que celle des reines ordinaires dont on dit qu'elles font germer des œufs en séries distinctes ? Tout cela sort des sentiers battus habituels. D'autres animaux ou insectes produisent généralement les sexes de manière confuse. Comme nous ignorons de toute façon les causes qui déterminent le sexe, nous devons reconnaître que le mystère appartient ici aux deux côtés de la question. La pierre d'achoppement de plus de deux sexes, qu'il semble si nécessaire de préciser, n'est pas plus grande ici que chez certaines espèces de fourmis, qui ont, comme on nous dit, un roi, une reine, un soldat et un ouvrier. Quatre corps distincts et de formes différentes, appartenant tous à un même nid et descendant d'une même mère. Nous ne pouvons pas dire s'il existe quatre sortes distinctes d'œufs qui les produisent, ou si le pouvoir est donné aux travailleurs de développer ceux qu'ils désirent, à partir d'une seule espèce. Si nous faisons deux sortes d'œufs, cela n'aide pas beaucoup. Il y a encore une anomalie. Il n'y a qu'une seule femelle parfaite dans un nid pour faire germer des œufs, et les myriades produites (plus de 80 000 en vingt-quatre heures, selon certains historiens) montrent que la fécondité de notre reine des abeilles n'est en aucun cas un cas parallèle. Et pourtant, ils sont semblables, en ce sens qu'ils subviennent à leur progéniture sans aucun effort de leur part.

Je laisse cette question pour le moment, en espérant que *quelque chose de concluant* puisse se produire au cours de mes expériences ou de celles d'autres. À l'heure actuelle, j'ai tendance à penser que les œufs sont tous pareils, mais je ne suis pas pleinement satisfait.

Je suis conscient que cette question n'a que peu de valeur ou d'intérêt pour beaucoup, mais moi-même et quelques autres avons une « curiosité yankee » assez bien développée et aimerions savoir *comment* cela *a été* géré.

Quant aux ouvrières qui se révèlent occasionnellement fertiles, je n'ai que peu de choses à dire. Après des années d'observation attentive dirigée sur ce point, je n'ai pu rien découvrir qui puisse établir cette opinion. Je n'ai pas non plus retrouvé les abeilles noires décrites par certains auteurs. Il est vrai qu'au milieu ou à la fin de l'été, une partie sera beaucoup plus sombre que d'autres, et peut-être plutôt plus petite, et certains d'entre eux auront les ailes quelque peu usées, probablement le résultat d'un travail continu, d'une nourriture particulière ou de quelque circonstance fortuite. .

J'ai trouvé à plusieurs reprises sous la ruche un bourdon qui était entré et qui, ne trouvant pas facilement le chemin de la sortie, était rapidement dépouillé de ses belles « mèches », et par conséquent de sa force, c'est-à-dire de chaque particule de poil, jusqu'en bas. Les plumes, les poils ou tout ce dont il avait été recouvert ont été complètement enlevés par les abeilles, qui n'avaient aucun égard pour ses belles rayures alternées de jaune et de brun ; ce qui lui laissait l'image même des ténèbres.

CHAPITRE IV.

PÂTURAGE D'ABEILLES.

À certaines saisons, la terre se couvre de neige beaucoup plus tard que d'autres. Lorsque cela se produit, un plus grand nombre de jours chauds sont nécessaires pour le faire fondre et démarrer les fleurs que autrement.

REMPLACEMENT DU POLLEN.

Durant ces journées chaudes, en attendant les fleurs, les abeilles ont hâte de faire quelque chose. Il est alors intéressant de les observer, et de voir ce qui va servir de substitut au pollen et au miel. Dans de tels moments, j'en ai vu des centaines s'affairer sur un tas de sciure, rassemblant les minuscules particules en petites boulettes sur leurs jambes, semblant très satisfaites de l'acquisition. Le bois pourri, une fois réduit en poudre et sec, est également collecté. J'ai vu que la farine, lorsqu'elle était dispersée près de la ruche, était absorbée en quantités considérables. Certains apiculteurs en ont donné à manger à leurs abeilles à cette époque et considèrent cela comme un grand avantage ; Je ne l'ai pas suffisamment testé pour donner un avis. Un substitut au miel est la sève de quelques espèces d'arbres, mais cela ne représente que très peu. Toutes ces sources contre nature sont abandonnées dès l'apparition des fleurs.

MANIÈRE DE L'EMBALLER.

La manière particulière d'obtenir le pollen n'a été observée que par très peu de personnes, car il est généralement brossé sur leur corps et emballé sur leurs jambes, pendant qu'ils sont en vol, empêchant ainsi toute possibilité d'inspecter les opérations. Lorsqu'ils ne collectent que du pollen, ils se posent sur les fleurs, passant rapidement sur les étamines, détachant une partie de la poussière, qui se loge sur la plupart d'entre elles, pour être brossée ensemble et emballée en boulettes lorsqu'elle est de nouveau en vol. Ainsi, ils continuent alternativement de voler et de se poser jusqu'à ce qu'une charge soit obtenue, puis ils retournent immédiatement à la ruche ; chaque abeille apporte plusieurs chargements par jour. Le miel, au fur et à mesure qu'il est collecté, est déposé dans l'abdomen et gardé hors de vue jusqu'à ce qu'il soit stocké dans la ruche.

L'AULNE REND LE PREMIER.

La première matière récoltée à partir des fleurs est le pollen. Bougie-aulne (*Alnus Rubra*) [9] donne la première réserve. La période de floraison varie du 10 mars au 20 avril. Le montant accordé est également variable. Le temps froid et glacial détruit fréquemment une grande partie de ces fleurs après leur sortie. Ces fleurs staminées sont presque parfaites la saison précédente, et quelques jours chauds au printemps les feront ressortir, avant même l'apparition des feuilles. Lorsque le temps reste beau, de grandes quantités de farine sont obtenues.

Le moment où les abeilles commencent leur travail ne détermine en aucun cas le temps d'essaimage ; cela dépend de la météo en avril et mai. Ces remarques s'appliquent particulièrement à cette section, Green County, New York, à environ 42 degrés de latitude. Dans d'autres endroits, on peut trouver de nombreux arbres, arbustes et herbes différents, produisant du miel et du pollen qui existent à peine ici, produisant des résultats très différents.

Nos marais produisent plusieurs variétés de saules (salix) qui fleurissent très irrégulièrement. Certains de ces buissons sont un mois plus tôt que d'autres, et certains bourgeons d'un même buisson sont une semaine ou deux plus tard que les autres. Ceux-ci ne fournissent également que du pollen, mais sont beaucoup plus dépendants que les aulnes, car un changement de temps froid ne peut à aucun moment en détruire plus d'une petite partie. Vient ensuite le tremble, (*Populus Tremuloïdes*); nous en avons plus que ce qui est nécessaire à quelque fin que ce soit. Ce n'est pas un favori particulier des abeilles, car comparativement, peu de personnes le visitent. Il est suivi très vite d'une abondance d'érable rouge (*Acer Rubrum*), qui leur convient mieux, mais celui-ci, comme les autres, se perd souvent par le gel. Le premier miel obtenu est celui du saule doré (*Salix Vitellina*); il ne produit aucun pollen et est rarement endommagé par le gel. Les groseilles à maquereau, les groseilles, les cerises, les poiriers et les pêchers ajoutent une part de miel et de pollen. L'érable à sucre (*Acer Saccharinum*) déploie désormais ses dix mille pompons soyeux, beaux comme l'or. Les fraises ouvrent modestement leurs pétales en guise d'invitation, mais, comme les « vertus obscures », sont souvent négligées au profit du pissenlit, plus remarquable, et de l'apparence voyante et des fleurs flagrantes des pommiers, qui ouvrent maintenant leurs magasins, offrant à leur acceptation un véritable récolte.

FLEURS FRUITIÈRES IMPORTANTES PAR BEAU TEMPS.

Par beau temps, parfois un gain de vingt livres. s'ajoute à leurs magasins, en cette période de floraison des pommiers. Mais nous avons rarement la chance d'avoir du beau temps tout au long de cette période, qu'il soit pluvieux, nuageux, frais ou venteux, ce qui est très préjudiciable. Parfois une gelée à cette époque détruit tout, et le gain de nos abeilles est inversé, c'est-à-dire qu'elles sont plus légères à la fin qu'au début de ces fleurs. Pourtant, c'est la saison qui décide de leur prospérité pour l'été, qu'ils soient *de premier ordre* ou non. S'il fait beau maintenant, nous attendons nos premiers essaims vers le premier juin ; sinon, aucune récolte ultérieure de miel ne compensera cette carence. Nous avons maintenant une période de plusieurs jours, de dix à quatorze, pendant laquelle il n'y a que peu de fleurs. Si nos ruches sont mal approvisionnées lorsque cette disette se produit, cela perturbera tellement leurs plans d'essaimage, qu'on ne fera plus de préparatifs bien avant juillet, et quelquefois même pas du tout. Dans les sections où le cerisier sauvage (*Cerasus Seratina*) abonde, les fleurs de celle-ci apparaîtront et combleront cette période de disette, que présente chaque année cette section.

FRAMBOISE ROUGE UN PRÉFÉRÉ.

La framboise rouge (*Rubus Strigosus*) présente ensuite les étamines comme la partie la plus visible de la fleur, sollicitant l'étreinte de l'abeille, en versant des libations généreuses plus prisées par notre industrieux insecte que le vin. Pendant plusieurs semaines, ils sont autorisés à prendre ce breuvage exquis ; elle est sécrétée à toute heure et par tous les temps. Lorsque le matin est chaud, nous entendons souvent leur bourdonnement joyeux parmi les feuilles et les fleurs de cet arbuste, avant que le soleil n'apparaisse au-dessus de l'horizon. La douce averse, suffisante pour inciter l'homme à chercher un abri, est souvent ignorée par l'abeille lorsqu'elle se prélasse parmi ces fleurs ; même le trèfle blanc, si important qu'il soit pour fournir la plus grande partie de leurs réserves en cette saison, serait négligé s'il n'y en avait qu'un approvisionnement complet. Le trèfle commence à fleurir avec le framboisier et dure plus longtemps. Nous avons un approvisionnement insuffisant (dans cette section) dans la plupart des saisons. Le trèfle rouge sécrète probablement autant de miel que le trèfle blanc, mais le tube de la corolle étant plus long, l'abeille semble incapable de l'atteindre. Pourtant, j'en ai vu quelques-uns à l'œuvre même ici, mais cela semblait être une activité lente. Oseille, (*Rumex Acetosella*), ravageur de nombreux agriculteurs, est mis en contribution et fournit la précieuse poussière en quantité quelconque. Le matin est la seule partie de la journée appropriée à sa collection.

L'herbe à chat, le millepertuis et le chien de chasse sont recherchés.

Herbe à chat, (*Nepeta Cataria* ,) Agripaume , (*Leonurus Cardiaca* ,) et Hoarhound , (*Marrubium Vulgare* ,) vers la mi-juin, poussent leurs fleurs riches en douceur, et comme le Framboisier, les abeilles les visitent à toute heure et par presque tous les temps. Ils durent de quatre à six semaines ; l'herbe à chat que j'ai connue durait douze fois dans quelques cas, produisant du miel pendant tout ce temps. Marguerite à œil de boeuf, (*Leucanthemum Vulgare* ,) cette belle et splendide fleur, dans les pâturages et les prairies, et qui vaut peu dans l'un ou l'autre, contient aussi du miel. La fleur est composée, et chaque petit fleuron contient des particules si infimes, que la tâche d'obtenir une charge est très fastidieuse. On ne le visite que lorsque les fleurs mellifères les plus abondantes sont rares. Le muflier (*Linaria Vulgaris*) avec son odeur nauséabonde et nauséabonde, troublant le fermier par sa vile présence, est fait pour conférer à notre insecte le seul bien qu'il ait, hormis sa beauté. La fleur est grande et tubulaire, et l'abeille pour atteindre le miel doit y entrer ; à voir l'abeille presque disparaître dans les replis de la corolle, on croirait qu'elle était sur le point d'être avalée, alors que la bouche hideuse était béante pour la recevoir ; mais indemne, il sort bientôt de la prison jaune, couvert de poussière ; celui-ci n'est pas brossé en boulettes sur ses pattes, comme le pollen de certaines autres fleurs, mais une partie adhère à son dos entre les ailes, qu'il est apparemment incapable de retirer, car il y reste parfois des mois, formant une grappe à l'extérieur du corps. ruche, semblent assez mouchetées. Chèvrefeuille de brousse (*Diervilla Trifida*) est un autre favori particulier.

Singulier préposé à la mort sur l'herbe à soie.

Asclépiade (*Asclepias Cornuti*) est également une autre plante vivace mellifère, mais une fatalité singulière accompagne de nombreuses abeilles lors de sa cueillette, que je n'ai encore jamais vue remarquée. J'avais observé, pendant la période de floraison de cette plante, qu'un certain nombre d'abeilles appartenant à des essaims, avant que la ruche ne soit pleine, ne pouvaient pas monter sur les côtés du rayon ; il y en avait parfois une trentaine ou plus au fond le matin. En cherchant la cause, j'ai trouvé de une à dix fines écailles jaunes, attachées à leurs pieds, de forme triangulaire ou quelque peu cunéiforme, mesurant environ la vingtième partie de pouce. Sur la pointe ou l'angle le plus long se trouvait une pointe filiforme noire, longue d'un seizième à un huitième de pouce ; sur cette tige se trouvaient soit des crochets, soit des barbes, soit une matière gluante, qui adhérait fermement à chaque pied ou griffe de l'abeille, la rendant inutile pour grimper sur les côtés de la ruche. J'ai trouvé aussi parmi les abeilles regroupées à l'extérieur de ruches pleines, cet ornement attaché, mais cela ne leur paraissait aucun inconvénient. Parmi les écailles de cire et les déchets qui s'accumulent autour des essaims à raison d'une poignée, j'ai trouvé un grand nombre de ces écailles, que les abeilles avaient travaillées de leurs pieds. La question s'est alors posée : ces écailles étaient-elles une substance étrangère, accidentellement empêtrée dans leurs griffes, ou s'agissait-il de quelque chose qui s'y était formé par la nature, ou *plutôt* d'un appendice contre nature ? Ce fut bientôt décidé. D'après le nombre d'abeilles qui le portaient, j'étais convaincu que si c'était le produit d'une fleur quelconque, il appartenait à une espèce assez abondante. Je me mis à examiner de près tous ceux qui étaient alors en fleurs. J'ai trouvé des fleurs d'asclépiade (ou d'asclépiade, comme certains l'appellent), tenant parfois une abeille morte par le pied, retenue par cet appendice. Les sépales et les pétales de cette fleur sont recourbés, c'est-à-dire tournés vers l'arrière vers la tige, formant cinq angles aigus, ou encoches, parfaits pour un piège pour une abeille avec *des chapelets* de *perles* sur ses orteils ; lorsqu'ils sont au travail, ils sont très susceptibles de glisser un pied dans l'une de ces encoches ; la fleur étant épaisse et ferme, la tient fermement ; tirer ne fait que l'entraîner plus profondément dans la cavité en forme de coin. L'abeille doit périr ou se détacher ; leurs instincts leur font défaut dans cette urgence ; ils ne savent pas comment le faire sortir en tirant doucement dans l'autre sens. Je n'en ai jamais vu faire, sauf par accident. En examinant les bourgeons de cette plante juste avant leur ouverture, j'ai découvert cet appendice fatal, par lequel se perd un grand nombre de nos abeilles. [dix] Lorsque je signale une perte parmi nos abeilles, je voudrais apporter un remède ; mais ici je suis perdu, à moins que toutes ces plantes ne soient détruites, ce qui est impraticable dans de nombreux endroits. Après tout, je n'en suis pas sûr, mais les abeilles qui s'échappent obtiennent suffisamment de miel pour contrebalancer ce que nous perdons. Cela dépend de la quantité de miel produite simultanément par d'autres fleurs.

Le bois blanc (*Liriodendron Tulipifera*) produit quelque chose de très recherché par les abeilles, mais que ce soit du miel, du pollen ou les deux, je n'ai jamais pu le déterminer. Toutes les fleurs de ce genre, chez nous, sont trop hautes. Il est très rare, ainsi que le tilleul (*Tilia Americana*), qui en certains endroits est abondant et donne un miel clair et transparent comme l'eau, supérieur en apparence, mais inférieur en saveur au trèfle ; il apparaît également beaucoup plus mince lors de sa première collecte.

GRAND RENDEMENT DU TILLEUL.

Pendant la période de floraison de cet arbre, sur une période de deux ou trois semaines, dans de nombreuses sections, des quantités étonnantes sont obtenues. Quelqu'un m'a assuré un jour qu'il avait connu « dix livres récoltées par un essaim dans une journée, en pesant la ruche le matin et de nouveau le soir ». J'ai quelques doutes sur cette affirmation et je pense que la moitié du montant serait une bonne journée de travail ; mais je n'ai eu qu'une petite chance de le savoir, car seuls quelques arbres, en tant que spécimen, poussent dans cette section. J'ai pesé des ruches pendant les saisons de fleurs de pommiers et de sarrasin, les deux meilleurs rendements de miel que nous ayons, et trois livres et demie étaient le meilleur que j'aie jamais eu pour une journée. Sumach , (*Rhus Glabra* ,) dans certaines sections, fournit beaucoup de miel. Moutarde (*Sinapis Nigra*) est également un grand favori.

J'ai maintenant mentionné la plupart des arbres et plantes mellifères qui poussent avant la mi-juillet. Le déroulement de ces fleurs est appelé le premier rendement. Dans les régions où il n'y a pas de récoltes de sarrasin, elle constitue la seule pleine. D'autres fleurs continuent de fleurir jusqu'au froid. Là où le trèfle blanc est abondant et où les champs sont utilisés comme pâturage, il continuera parfois à produire des fleurs fraîches tout au long de l'été ; pourtant les abeilles consomment à peu près tout ce qu'elles récoltent pour élever leur couvain, etc. Ainsi, il apparaît que dans certaines sections, six ou huit semaines représentent à peu près tout le temps dont elles disposent pour passer l'hiver.

FLEURS DU JARDIN PEU IMPORTANTES.

En passant, je n'ai pas mentionné les fleurs du jardin, car la quantité obtenue ici est une petite chose, comparée à la forêt et aux champs, en particulier les fleurs ornementales. Il est vrai que la rose trémière, (*Altha Rosea* ,) Mauves, (*Malva Rotundifolia*) et bien d'autres donnent du miel, mais à quoi cela sert-il ? Celui qui s'attend à ce que ses ruches soient remplies à partir d'une telle source serait très probablement déçu, surtout si plusieurs d'entre elles sont gardées ensemble.

MIELLAT.

On dit que le miellat est une source à partir de laquelle de grandes récoltes sont faites dans certains endroits. Quand et où il apparaît ou disparaît, c'est plus que je ne peux le dire. J'en ai vu des récits, mais j'ai appris à douter de ces récits jusqu'à ce que je trouve quelque chose de corroborant dans ma propre expérience. Je trouve trop d'erreurs copiées simplement parce qu'elles se trouvent en compagnie de plusieurs vérités. Huber a découvert de nombreuses vérités importantes et les a transmises au monde ; trop d'écrivains tiennent pour acquis que lorsque deux de ses points sont vrais, le troisième *doit l'être aussi* . Cela ne prouve pas qu'un tel article n'existe pas simplement parce que je ne l'ai jamais découvert. Dans les nombreux efforts infructueux que j'ai faits pour avoir une idée de cette substance, il se peut que j'aie manqué d'observation attentive ; ou peut-être qu'il n'y en a pas eu sur cette région ; ou bien je n'ai peut-être pas réussi à faire appel à mon imagination pour m'aider à convertir la rosée ordinaire en un véritable article.

SÉCRÉTION SINGULIÈRE.

J'ai découvert un jour des abeilles collectant une sécrétion sans rapport avec les fleurs ; mais ce n'était pas du miellat, comme on l'a décrit. Je passais devant un buisson d'hamamélis (*Hamamélis Virginiana* ,) et a été arrêtée par un bourdonnement inhabituel d'abeilles. Au début, j'ai supposé qu'un essaim était autour de moi, mais c'était tard dans la saison (c'était vers le 25 juillet). Après une inspection minutieuse, j'ai trouvé que le buisson contenait de nombreuses excroissances verruqueuses, de la taille et de la forme d'une noix de caryer. . Il s'est avéré qu'il ne s'agissait que d'une coquille dont l'intérieur était tapissé de milliers de minuscules insectes, une espèce de puceron. Ceux-ci semblaient occupés à aspirer les jus et à évacuer un liquide clair et transparent. Près de la tige se trouvait un orifice d'environ un huitième de pouce de diamètre, d'où ce liquide s'exsudait progressivement. Les abeilles étaient si avides de cette sécrétion, que plusieurs se pressaient autour d'un orifice à la fois, chacune s'efforçant de repousser l'autre. Cela s'est produit il y a plusieurs années et je n'ai jamais rien trouvé de pareil depuis ; je n'ai pas non plus appris si cela est courant dans d'autres sections.

<h1 style="text-align:center">SÉCRÉTIONS DE L'APHIS.</h1>

Le liquide éjecté par le puceron (puce des plantes) lorsqu'il se nourrit ou suce le suc des feuilles tendres, et reçu par les fourmis qui sont toujours présentes, est à peu près pareil ; mais dans ce cas, les abeilles étaient présentes à la place des fourmis.

Ce mode d'élaboration du miel, bien qu'il ne soit généralement pas récolté par les abeilles, n'est peut-être pas trop déplacé ici. En outre, cela peut fournir un indice sur la cause ou étayer une théorie sur le miellat.

Ces insectes (*Aphis*) ont été appelés à juste titre « vaches à fourmis », car ils les considèrent avec le plus grand soin et la plus grande sollicitude. En juillet ou août, lorsque la majorité des feuilles de nos pommiers sont mûres, il y a souvent quelques pousses ou drageons au pied ou au tronc, qui continuent de pousser et de produire des feuilles fraîches. Sur la face inférieure de ceux-ci, vous trouverez des *pucerons* par centaines, de toutes tailles, depuis ceux qui viennent d'éclore jusqu'au parfait insecte doté d'ailes. Tous semblent occupés à sucer le jus amer de la feuille tendre et de la tige. Les fourmis en font partie par dizaines. (Ils sont souvent accusés par l'observateur imprudent de la blessure, au lieu des *pucerons* .) Parfois, de leur abdomen sort un petit globule transparent que la fourmi est toujours prête à recevoir. Lorsqu'une charge est obtenue, elle descend vers le nid ; d'autres peuvent être vus aller et revenir continuellement. De nombreuses autres espèces d'arbres, d'arbustes et de plantes sont utilisées par les fourmis comme « pâturages pour les vaches », et la plupart des espèces de fourmis sont engagées dans ce commerce laitier. [11] Les abeilles s'occuperaient-elles du *puceron* pour cette sécrétion (car il semble que ce soit du miel) si la fourmi n'était pas là la première ? Ou s'il n'y avait ni fourmis ni abeilles, cette sécrétion s'écoulerait-elle et tomberait-elle sur les feuilles en dessous d'elles, serait-elle du miellat ? S'ils étaient situés sur des arbres élevés, et qu'ils se logeaient sur les feuilles de petits buissons près de la terre, ils le feraient, selon certains auteurs.

Je ne répondrai pas à ces questions pour le moment. Quant à la théorie, j'en aurai probablement assez avant d'en finir, où j'espère que le sujet sera peut-être plus intéressant. [12]

Nous allons maintenant revenir aux fleurs et voir quelles sont les rares fleurs qui restent à apparaître après la mi-juillet. Le buisson à bouton-ball (*Cephalanthus Occidentalis*) est aujourd'hui très fréquenté pour son miel. Aussi, nos vignes, melons, concombres, courges et citrouilles. On ne visite ces derniers que le matin, et l'on n'obtient que du miel ; Bien que l'abeille soit recouverte de farine, elle n'est pas pétrie en boulettes sur ses pattes. J'ai vu dire que les abeilles ne reçoivent jamais de miel tôt le matin, mais du pollen à la place. Or, il ne vaut pas toujours mieux nous croire sur parole, nous qui prétendons tout savoir, mais examinons par vous-mêmes certaines de ces questions. Jetez un œil lors d'une matinée chaude, lorsque les citrouilles sont en fleurs, et voyez si elles recherchent du miel ou du pollen. Veuillez également faire une observation lorsqu'ils travaillent sur la framboise rouge, l'agripaume ou l'herbe à chat ; vous constaterez ainsi un fait si facilement, que vous vous étonnerez que quiconque ayant la moindre prétention à la science apicole puisse l'ignorer. Je mentionne cela, non pas parce que cela est très important en soi, mais pour montrer notre faillibilité à tous, car nous copions parfois les affirmations erronées des autres.

AVANTAGES DU SARRASIN.

Dans certaines circonstances, le trèfle continuera à fleurir pendant cette partie de la saison ; aussi, quelques autres fleurs ; mais je trouve en pesant une perte d'une à six livres, entre le 20 juillet et le 10 août, lorsque les fleurs du sarrasin commencent à donner du miel, ce qui prouve généralement une seconde récolte. Dans de nombreux endroits, c'est leur principale dépendance en matière de surplus de miel. Beaucoup le considèrent comme une qualité inférieure. La couleur, une fois séparée des rayons, ressemble à de la mélasse de teinte moyenne. Le goût est plus piquant que celui du miel de trèfle ; il est particulièrement apprécié pour cette raison par certains, et détesté par d'autres pour la même raison. A la même température, il est un peu plus épais que les autres miels et se confit plus tôt.

QUANTITÉ DE MIEL RÉCOLTE.

Les essaims qui naissent jusqu'au 15 juillet, lorsqu'ils commencent à se nourrir de sarrasin, ne contiennent parfois pas plus de cinq livres de réserves, et pourtant constituent de bons stocks pour l'hiver, alors que, sans ce rendement, ils ne pourraient pas survivre jusqu'en octobre. Il échoue environ une fois tous les dix ans. J'ai connu un essaim qui gagnait en une semaine seize livres, et construisait en même temps un rayon pour le stocker. À un autre moment, j'ai eu un essaim le 18 août, qui a obtenu trente livres en dix-huit jours environ. Mais ces essaims de sarrasin, dans les saisons ordinaires, pèsent rarement plus de quinze livres. Les fleurs durent de trois à cinq semaines. La période de semis varie selon les sections, du 10 juin au 20 juillet. Les agriculteurs souhaitent lui donner juste le temps de mûrir avant le gel, car le rendement en grain est considéré comme meilleur, mais comme le moment du gel est une question de conjecture, certains sèmeront plusieurs jours plus tôt que d'autres. Chaque fois qu'une récolte abondante de ce grain est réalisée, une quantité proportionnelle de miel est obtenue.

LES ABEILLES BLESSENT-ELLES LA RÉCOLTE ?

Beaucoup de gens prétendent que les abeilles nuisent à cette culture, en enlevant la substance qui serait transformée en grain. Les meilleures raisons que j'ai obtenues pour cette opinion sont celles-ci : « Je le crois et je le pense depuis longtemps. "Il est raisonnable que si une partie de cette plante est emportée par les abeilles, il doit rester moins de matière pour la formation des graines, etc." La plupart d'entre nous ont appris que l'opinion d'une personne ne constitue pas la preuve la plus solide, à moins qu'elle ne puisse en exposer des raisons substantielles. Les raisons ci-dessus sont-elles satisfaisantes ? Comment sont les faits ? Les fleurs se dilatent et un ensemble de récipients verse dans la coupe ou le nectaire une infime portion de miel. Je ne sache pas que quiconque prétende que l'usine dispose d'un autre ensemble de récipients préparés pour absorber à nouveau ce miel et le transformer en grain. Mais des témoignages solides prouvent très clairement qu'il ne pénètre plus jamais dans la tige ou la fleur, mais qu'il s'évapore comme l'eau. Nous savons tous que la matière animale, une fois putride, se dissout en particules suffisamment petites pour flotter dans l'atmosphère, trop infimes pour l'œil nu. En se faisant passer de cette manière, cette chair et ce sang réels échapperaient peut-être complètement à l'attention et ne seraient jamais détectés, sans les odeurs qui, dans certaines occasions, nous avertissent avec beaucoup de force de leur présence. En passant devant un champ de sarrasin en fleurs, on s'assure par le même moyen de la présence de miel dans l'air. Or, quelle différence y a-t-il entre ce miel qui se diffuse dans l'air ou celui qui est récolté par les abeilles ? S'il y a une différence, l'avantage semble être en faveur des abeilles, car il répond ainsi à un autre objectif important de l'économie de la nature, conforme à ses dispositions en dix mille manières différentes d'adapter les moyens aux fins. La plupart des éleveurs d'animaux domestiques sont conscients de la détérioration des qualités induite par l'élevage en libre-échange ; un changement de race s'avère nécessaire à la perfection, etc.

LES ABEILLES NE SONT-ELLES PAS UN AVANTAGE POUR LA VÉGÉTATION ?

La physiologie végétale semble indiquer une nécessité similaire dans ce domaine. Les étamines et les pistils des fleurs répondent aux différents organes des deux sexes chez les animaux. Le pistil est relié aux ovaires, les étamines fournissent le pollen qui doit entrer en contact avec le pistil ; autrement dit, il *faut qu'il soit imprégné* de cette poussière des étamines, sinon aucun fruit ne sera produit. Or, s'il est nécessaire de changer de race, ou s'il est nécessaire que le pollen produit par les étamines d'une fleur féconde le pistil d'une autre, pour éviter la stérilité, que devrions-nous trouver de mieux que l'arrangement déjà fait par Celui qui en connaissait la nécessité et la stérilité ? prévu en conséquence ? Et cela fonctionne si admirablement que nous pouvons difficilement éviter de conclure *que les abeilles étaient destinées à cet objectif important* ! C'est donc prévu ! Leurs besoins et leur nourriture seront constitués de miel et de pollen ; chaque fleur en sécrète peu, juste assez pour attirer l'abeille ; on n'obtient rien de tel qu'une pleine charge ; s'il en était ainsi, le but visé ne serait pas atteint ; mais une centaine de fleurs ou plus sont souvent visitées en une seule excursion ; le pollen obtenu du premier peut en féconder beaucoup, avant le retour des abeilles à la ruche ; ainsi un champ de sarrasin pourra être maintenu en santé et en vigueur dans ses productions futures. Un champ de blé produit de longues tiges minces qui cèdent à l'influence de la brise, et un épi est amené à répandre son pollen sur un épi voisin distant de plusieurs pieds, effectuant ainsi exactement ce que les abeilles font pour le sarrasin. Le maïs, d'après sa manière de croître, la tige dressée portant les étamines à quelques pieds au-dessus des pistils, sur les épis en dessous, ne semble pas avoir besoin de l'intervention des abeilles ; le pollen surabondant de la panicule est transporté par les tiges du vent depuis la tige productrice, et c'est là qu'il remplit sa fonction de féconder un épi éloigné, comme le prouve le mélange de différentes variétés à une certaine distance. Mais qu'en est-il de nos vignes traînant sur la terre, une partie de ces fleurs produisant des étamines, l'autre que des pistils ? Or il *est absolument essentiel* que le pollen des fleurs staminées soit introduit dans le pistil pour produire des fruits ; car si un échec survient dans ce domaine, le germe se fanera et mourra. Ici, nous avons l'agent prêt à remplir notre mission ; ces fleurs sont visitées par l'abeille en promiscuité ; aucun pollen (comme on l'a dit) n'est malaxé en boulettes (en particulier celui des citrouilles), mais il adhère à chaque partie de leur corps, ce qui rend presque impossible pour une abeille ainsi recouverte de poussière de pénétrer dans la fleur pistillée sans remplir les conditions importantes. devoir conçu, et laisser une partie de la poussière fertilisante à sa place. Par conséquent, beaucoup sont raisonnablement déduits que s'il n'y avait pas cet agent parmi nos vignes, l'incertitude d'une récolte due à la non-fertilisation rendrait leur culture une tâche inutile.

Lorsque le puceron est situé sur la tige ou la feuille d'une plante, il est doté de moyens pour percer la surface et en extraire les sucs essentiels à la formation de la plante, empêchant ainsi une croissance vigoureuse et un développement complet. Cette idée est trop susceptible d'être associée à l'abeille lorsqu'elle visite la fleur, comme si elle était armée d'une lance, pour percer l'écorce ou la tige et lui voler sa nourriture. Sa véritable structure est perdue de vue, ou peut-être jamais connue ; sa fine langue en forme de pinceau, repliée étroitement sous son cou, et rarement vue sauf lorsqu'elle est utilisée, n'est pas adaptée pour percer la substance la plus délicate ; tout ce qu'on peut en faire, c'est balayer ou lécher le nectar qui s'écoule des pores de la fleur, sécrété, semble-t-il, dans le seul but de l'attirer, tandis qu'elle n'obtient là que ce que la nature lui a fourni. pour elle et lui a donné les moyens de l'obtenir, et le pétale le plus délicat ne reçoit aucun dommage.

Au cours d'une excursion, l'abeille visite rarement plus d'une seule espèce de fleur ; s'il en était autrement, et si toutes sortes de fleurs étaient visitées de manière confuse, en fécondant une espèce avec le pollen d'une autre, le règne végétal risquerait fort de tomber dans la confusion. Les écrivains, lorsqu'ils remarquent ici la particularité de l'instinct qui gouverne l'abeille, ne peuvent pas toujours se contenter, mais doivent ajouter d'autres merveilles. Ils suivent ce trait dans la ruche et lui font y stocker toutes les espèces seules. Par rapport au miel, il n'est pas facile d'être positif ; mais le pollen est de couleurs variées, généralement jaune, mais parfois vert pâle et rougeâtre ou brun foncé. Maintenant, je pense qu'une petite inspection patiente aurait convaincu quiconque que deux espèces *sont* parfois emballées dans une seule cellule, et aurait empêché l'affirmation du contraire. J'admets que deux couleurs sont rarement trouvées emballées ensemble, mais ce sera parfois le cas. Je l'ai ainsi trouvé, et cela a complètement ruiné cette théorie pour moi.

UN TEST POUR LA PRÉSENCE DE LA REINE DOUTE.

On affirme en outre que si une ruche perd sa reine, « aucun pollen n'est collecté ». Aussi, « que de telles quantités sont parfois collectées et remplissent tellement de cellules qu'il reste trop peu de place pour le couvain et que le stock diminue rapidement en conséquence ». La première de ces affirmations a été donnée comme test pour décider si la ruche contient ou non une reine. Maintenant, mes abeilles ont tellement l'habitude de mal faire les choses que ce qui précède n'est en aucun cas un test. Il est fait pour paraître très bien en théorie, mais il veut la vérité dans la pratique. Je dirai ce que j'ai connu sur ce point, et peut-être éclaircirai la difficulté d'un stock contenant une quantité inhabituelle de pain d'abeille avec le miel, et au lieu d'être la cause du peu d'abeilles, c'en est l'effet. Les cheptels et parfois les essaims perdent leur reine pendant la saison d'essaimage (les détails seront donnés ailleurs) où, au lieu de rester inactifs, la quantité habituelle de *pollen et de miel est collectée* (à moins que la famille ne soit très petite). Comme il n'y a pas de larves pour consommer le pain, la conséquence est que plus de la moitié des cellules reproductrices en contiendront ; ils seront remplis aux deux tiers environ et finis avec du miel. J'ai connu une famille nombreuse laissée dans de telles circonstances, et presque toutes les cellules de la ruche seraient occupées. Tandis que, dans un cheptel contenant une reine et un couvain en élevage, *une partie des rayons sera utilisée à cet effet jusqu'à ce que les fleurs tombent* , et alors ce rayon se retrouvera vide.

UNE QUANTITÉ SUPPLÉMENTAIRE DE POLLEN PAS TOUJOURS NUISIBLE.

Pour vérifier si cette quantité supplémentaire de pain d'abeille était si *préjudiciable* , j'ai introduit dans une telle ruche à l'automne une famille avec une reine et je les ai hivernés dans cette ruche, et j'ai surveillé leur prospérité une autre année, et je ne les ai jamais trouvés moins rentables sur ce point. compte. J'en suis si bien satisfait, que chaque fois que j'ai maintenant une ruche dans une telle situation, c'est une règle d'introduire un essaim.

On calcule généralement, je crois, que lorsque les ruches de taille moyenne sont pleines, environ les sept huitièmes des cellules ont le diamètre approprié pour élever les ouvrières, le reste étant destiné aux faux-bourdons, sauf quelques-uns pour les reines. Voici une circonstance que je ne me souviens pas avoir vue mentionnée, c'est que le pain d'abeille est généralement emballé exclusivement dans les cellules ouvrières. Je dirais toujours ; mais je ferais mieux d'être prudent, d'autant plus que je trouve que mes abeilles font les choses si différemment des autres. Je pourrais tout aussi bien remarquer ici qu'en prenant des rayons dans une ruche remplie de miel, si l'on choisissait des morceaux qui contenaient seulement les grosses cellules ou les faux-bourdons, il y aurait peu de risque d'obtenir du pain d'abeille ; Parmi les autres peignes, les feuilles extérieures et les coins des autres peignes proches du haut sont les meilleurs. Les feuilles de rayons utilisées principalement pour élever les ouvrières, et les cellules qui suivent celles ainsi utilisées, sur un pouce ou deux de largeur, sont presque toutes remplies de pollen, et une grande partie en restera lorsque la saison de reproduction sera passée. Des portions plus petites se trouvent dans les cellules ouvrières de presque toutes les parties de la ruche ; même les cartons en contiendront parfois un peu.

MANIÈRE D'EMBALLAGE DES MAGASINS.

Dans une ruche en verre, on peut voir les abeilles déposer leur charge de pollen ; les jambes qui maintiennent les boulettes sont enfoncées dans la cellule (et non leurs têtes), et un mouvement semblable à celui de les frotter l'une contre l'autre est effectué pendant une demi-minute, lorsqu'elles sont retirées, et les deux petits miches de pain peuvent être vues au fond. Cette abeille ne semble pas s'en soucier davantage, mais une autre viendra bientôt, entrera la tête la première dans la cellule et la serrera étroitement ; cette cellule est ainsi remplie aux deux tiers environ de sa longueur, et lorsqu'elle est scellée dessus, un peu de miel est utilisé pour la remplir.

PHILOSOPHIE POUR REMPLIR UNE CELLULE DE MIEL.

Pour assister à l'opération de dépôt du miel, il faut une ruche ou une loge en verre ; les bords des rayons seront attachés au verre ; lorsque le miel est abondant, la plupart de ces cellules près du verre en contiendront. Il est maintenant temps de voir l'opération, les verres formant une face de ceux qui sont en contact, etc. On peut voir l'abeille entrer dans la cellule jusqu'à ce qu'elle atteigne le fond ; avec sa langue, la première particule est déposée et brossée dans les coins ou angles, en excluant soigneusement tout l'air derrière elle - au fur et à mesure qu'elle est remplie , les côtés de la cellule sont ensuite maintenus en avant du centre . L'abeille ne met pas sa langue au centre et n'y déverse pas sa charge, mais brosse soigneusement les côtés au fur et à mesure qu'elle se remplit, excluant toute particule d'air, et garde la surface concave au lieu de convexe. C'est exactement ce que dirait un philosophe. S'il était rempli immédiatement et qu'on ne prenait pas soin de l'attacher aux côtés, eh bien, l'air extérieur ne le maintiendrait jamais là, ce qu'il fait efficacement lorsqu'il est de longueur ordinaire. Lorsque la cellule atteint environ un quart de pouce de profondeur, ils commencent souvent à la remplir, et à mesure qu'elle s'allonge, ils l'agrandissent, la maintenant à moins d'un huitième de pouce de l'extrémité ; il n'est jamais tout à fait plein avant d'être presque scellé, et souvent pas alors. Dans les alvéoles de la taille d'une ouvrière, le scellement touche rarement le miel. Mais en ce qui concerne la taille des drones, le cas est différent ; le miel à l'extrémité touche le joint, environ la moitié du diamètre sur la face inférieure ; il est conservé dans la même forme tout en étant rempli ; mais étant un peu plus grande, la pression atmosphérique est moins efficace pour maintenir le miel à sa place ; par conséquent, lorsqu'ils commencent à sceller ces cellules, ils commencent par le bas et finissent par le haut.

CELLULES LONGUES RETOURNÉES PARFOIS VERS LE HAUT.

Lors du stockage du miel dans des boîtes, les cellules de cette taille sont généralement beaucoup plus longues, auquel cas elles sont tordues, les extrémités tournées vers le haut, parfois d'un demi-pouce ou plus ; ceci, bien sûr, empêchera le miel de s'écouler, mais si la boîte est retirée et retournée avant que ces cellules ne soient scellées, elles sont très sûres de renverser la majeure partie de leur contenu. Les alvéoles de l'appartement d'élevage, de longueur ordinaire, retiendront assez bien le miel tant qu'elles sont horizontales ; mais tournez la ruche sur le côté et abaissez l'extrémité ouverte vers le bas, par temps chaud, ou cassez un morceau et maintenez-le dans cette position, l'air ne le soutiendra pas, mais le maintiendra dans la taille qui convient aux ouvrières.

Lorsque la ruche est entièrement approvisionnée en abeilles et en miel, (à moins qu'elle ne soit dépourvue de reine), je n'en ai jamais examiné une, hiver comme été, mais elle avait un certain nombre de cellules non scellées contenant du miel, ainsi que du pollen ; il en est ainsi lorsqu'ils ont emmagasiné cinquante livres dans des caisses, même lorsqu'elles sont si encombrées qu'elles peuvent stocker du miel à l'extérieur ou sous le plancher ; toujours avoir quelques cellules ouvertes pour un approvisionnement immédiat.

Les jeunes essaims ne semblent pas disposés à construire des rayons plus rapidement que nécessaire ; cela semblerait, à première vue, être un manque d'économie. Lorsqu'il n'y a pas de miel à obtenir et qu'il n'y a rien à faire, alors cela semble être une belle occasion de se préparer à une récolte ; mais ce n'est pas *leur* façon de faire des affaires ; s'ils ne peuvent pas épargner le miel déjà récolté pour élaborer la cire, ou s'ils trouvent plus difficile d'éloigner les vers d'une grande quantité de rayons, je ne déciderai pas. Je suis convaincu que cela est mieux arrangé par leurs instincts que nous ne pourrions le faire. Les grands essaims, une fois repérés pour la première fois, si le miel est abondant, étendront leurs rayons de haut en bas en un peu plus de deux semaines ; mais cette ruche n'est pas encore pleine ; certaines feuilles de rayon peuvent contenir du miel sur toute leur longueur, et aucune alvéole n'est scellée ; mais, cependant, ils trouvent généralement le temps de terminer à quelques centimètres de l'extrémité inférieure au fur et à mesure de leur progression. Chaque fois que des cellules inachevées contiennent du miel, celui-ci sera généralement retiré peu de temps après la chute des fleurs et utilisé avant celui qui est scellé ; et les cellules resteront vides jusqu'à un an.

UNE SAISON SÈCHE OU HUMIDE EST-ELLE LA MEILLEURE POUR LE MIEL ?

La question est souvent posée : « Quel genre de saison est la meilleure pour les abeilles, humide ou sèche ? » J'ai observé ce point de très près et j'ai découvert qu'un milieu situé entre les deux extrêmes produit le plus de miel. Lorsque les agriculteurs commencent à exprimer leurs craintes d'une sécheresse, c'est alors le moment (si c'est la saison des fleurs) où l'on obtient la plus grande partie du miel ; mais si le temps sec dépasse ces limites, la quantité est considérablement diminuée. Des deux extrêmes, le pire est peut-être le plus humide.

COMBIEN DE STOCKS DOIVENT ÊTRE CONSERVÉS.

« Combien de stocks peut-on conserver en un seul endroit ? » est une autre question souvent posée. C'est comme si M. A. demandait à l'agriculteur B. combien de bovins pourraient être pâturés sur un terrain de dix acres. Le fermier B. souhaiterait d'abord savoir quelle quantité de pâturage ledit lot produirait, avant de pouvoir commencer à répondre ; puisqu'un lot de cette taille pourrait produire dix fois plus que l'autre. Ainsi, avec les abeilles, un rucher de deux cents troupeaux pourrait trouver du miel en abondance pour tous, et un autre de quarante pourrait presque mourir de faim. Comme le bétail, il dépend des pâturages.

TROIS SOURCES PRINCIPALES DE MIEL.

Il existe trois sources principales de miel, à savoir : le trèfle, le tilleul et le sarrasin. Mais le trèfle est la seule dépendance universelle ; car c'est le cas presque partout, dans une certaine mesure, dans le pays. Dans certaines régions, le sarrasin en est la principale source ; dans d'autres, le tilleul, qui est de courte durée. Là où les trois sont abondants, là est le véritable eldorado du rucher ! Avec beaucoup de trèfle et de sarrasin, c'est presque aussi bien. Même avec le trèfle seul, on obtient d'énormes quantités de miel. J'ai dit quelle était notre dépendance dans cette section. Je dirai encore que dans un cercle de trois ou quatre milles, il y a environ trois cents stocks. J'ai depuis plusieurs années trois ruchers espacés d'environ deux milles, avec une moyenne au printemps d'un peu plus de cinquante chacun. Lorsqu'une bonne saison arrive pour le trèfle, beaucoup d'autres feraient probablement aussi bien l'affaire, mais dans d'autres saisons, j'en ai eu trop ; en moyenne presque juste. Lorsque le trèfle fournit trop peu de miel par rapport à sa quantité, le sarrasin en fournit généralement plus que ce qui est récolté. Du surplus de miel, la proportion est d'environ quinze livres de sarrasin pour une de trèfle. Je viens de parler des grands ruchers. Il est difficile de trouver une partie du pays où l'homme puisse subvenir à ses besoins, sans que quelques stocks y prospèrent, même s'il n'y avait aucune dépendance à l'égard des sources que nous venons de mentionner. Il y aura des fleurs mellifères dans presque tous les endroits. Le mal du surstockage est de courte durée et sa guérison sera rapide. Il faut faire preuve de jugement ici comme dans d'autres domaines.

Une autre question assez intéressante est la distance qu'une abeille parcourra pour chercher du miel dans les fleurs ; il est évident que ce sera plus loin que ce qu'elle parcourra pour piller un stock. J'ai entendu dire qu'ils avaient été retrouvés à sept milles de chez eux. On dit qu'ils l'avaient vérifié en les saupoudrant de farine lorsqu'ils quittaient la ruche le matin, et qu'ils avaient ensuite vu les mêmes abeilles à cette distance. Quand nous considérons les chances de trouver une abeille à même un mile de la ruche ainsi marquée, cela apparaît comme un « mauvais coup d'oeil » ; et puis le pollen couleur farine pourrait nous tromper. Il est difficile de prouver que les abeilles parcourent ne serait-ce que trois kilomètres. Disons que nous le devinons, pour le moment.

CHAPITRE V.

LA CIRE.

L'observateur imprudent et irréfléchi, lorsqu'il voit les abeilles entrer dans la ruche avec une boule de pollen sur chacune de leurs pattes postérieures, est très porté à conclure qu'il doit s'agir d'un matériau pour les rayons, car il ne ressemble pas au miel. Beaucoup de gens y accordent si peu d'attention qu'ils sont incapables d'en imaginer une autre utilisation. D'autres supposent qu'il se transformera en miel, après avoir été stocké un certain temps dans la ruche, et s'étonnent de ce curieux phénomène ; mais lorsqu'on leur demande combien de temps il faut s'écouler avant que cela se produise, ils ne peuvent pas le dire exactement, mais ils "ont trouvé des cellules là où cela a commencé à changer, car une partie près de l'extrémité extérieure de la cellule était devenue du miel, et sans aucun doute le reste le ferait avec le temps." On a remarqué que les cellules n'en étaient remplies qu'aux deux tiers environ et terminées par du miel ; maintenant, quand quelqu'un trouve une cellule remplie à ras bord de pollen et pas de miel, un tel raisonnement s'appliquera mieux. Si tel était le cas, en examinant à différentes périodes de l'été, nous trouverions certainement certaines cellules avant le début du changement, au lieu qu'elles se trouvent toujours dans cette étape de transition.

LE POLLEN EST-IL CONVERTI EN CIRE ?

Quant à la conversion du pollen en cire ou en peigne, une simple question montrera son erreur. Les abeilles appartenant à une ruche pleine de rayons, et qui n'a plus besoin de cire pour cela, ne rapportent-elles pas autant et souvent plus de pollen qu'une ruche à moitié pleine ? Toute personne qui a observé deux de ces ruches pendant cinq minutes alors qu'elle était occupée à son travail peut répondre. Il est donc évident que le pollen sert à autre chose qu'à la cire.

COMMENT EST-IL OBTENU?

La question est maintenant posée : « D'où les obtiennent-ils, sinon du pollen ? » Je pourrais, avec une réponse convenable, ils ne comprennent pas du tout. " Arrêtez-vous là, s'il vous plaît ; si vous voulez qu'on vous fasse crédit, il ne faut pas nous donner trop d'absurdités. " Eh bien, laissez-moi poser une question. Lorsqu'ils paissent, les bovins obtiennent-ils réellement de la chair, des os, etc., ou seulement les matières à partir desquelles ces parties sont sécrétées ? Quant à la production de cire, je crois que tous les observateurs attentifs (que j'ai rencontrés) conviennent qu'il s'agit d'une sécrétion naturelle uniquement chez l'abeille. Avec le bœuf, les fruits, les céréales ou l'herbe peuvent être transformés en suif ; avec l'abeille, le miel et le sirop de sucre peuvent être transformés en cire. Ce sont probablement les deux seules

substances encore découvertes dont ils l'extraient. Certains auteurs ont prétendu que le pollen était également utilisé, mais ils n'ont pas réussi à prouver que les vieilles abeilles en consommaient à tout moment ; ce qu'ils doivent dans ce cas s'il est transformé en cire. D'après les expériences rapportées par Huber, l'une ou l'autre de ces substances, mélangée à un peu d'eau, suffit à sa production. D'après mes propres expériences, je suis convaincu qu'il a raison. L'expérience est tentée en fermant un essaim lors de sa première ruche ; les nourrir avec du miel — quelques-unes des abeilles auront probablement du pollen, mais pas assez pour faire un rayon de trois pouces carrés, et pourtant c'est quelque chose — et pour être sûr, il faut leur laisser le temps de l'épuiser. Dans trois ou quatre jours, sortez les abeilles et enlevez les rayons ; renfermez -les et nourrissez-les de miel comme auparavant. Répétez le processus jusqu'à ce que vous soyez assuré qu'aucun pollen n'est nécessaire dans la composition de la cire. Huber a retiré les peignes « cinq fois », avec le même résultat à chaque essai. Chaque fois que les abeilles sont *confinées* par temps chaud, *l'air et l'eau sont absolument nécessaires*
.

Nous allons maintenant décrire la première apparition de la cire, et comment elle est produite. Lorsqu'un essaim d'abeilles est sur le point de quitter le stock parental, les trois quarts ou plus d'entre elles remplissent leurs sacs de miel. Lorsqu'ils sont installés dans leur nouvelle maison, il n'existe bien sûr aucune cellule pour la retenir ; il doit rester dans l'estomac ou dans le sac pendant plusieurs heures. La conséquence est que de fines écailles de cire blanches, d'un seizième de pouce de diamètre, quelque peu circulaires, se forment entre les anneaux de l'abdomen, sous la face inférieure. Avec les griffes d'une de leurs pattes postérieures, l'une d'elles est détachée et transportée jusqu'à la bouche, et là pincée avec leurs pinces ou leurs dents, jusqu'à ce qu'un bord soit travaillé un peu grossièrement ; on l'applique ensuite sur le rayon en construction ou sur le toit de la ruche. Les premiers rudiments du rayon sont souvent appliqués dans la première demi-heure qui suit la mise en ruche de l'essaim. Dans l'histoire des insectes déjà remarquée, il y a un compte rendu minutieux de la première fondation des rayons, quelque peu amusant, sinon instructif.

RÉCIT DE HUBER SUR UN DÉBUT DE COMB.

Huber, dit-on, « ayant pourvu une ruche de miel et d'eau, les abeilles y recouraient en foule, qui, ayant satisfait leur appétit, retournaient à la ruche. Elles formaient des festons, restaient immobiles pendant vingt-quatre heures, et après un certain temps, des échelles de cire apparurent. Une réserve suffisante de cire pour la construction d'un peigne ayant été élaborée, l'une d'elles se dégagea du centre du groupe, et dégagea un espace d'environ un pouce de diamètre, au sommet du groupe. ruche, appliqua les pinces d'une de ses pattes sur le côté, détacha une écaille de cire, et commença aussitôt à la hacher avec la langue. Pendant l'opération, on fit prendre à cet organe toutes les formes diverses ; une truelle, puis aplatie comme une spatule, et d'autres fois comme un crayon, se terminant par une pointe. L'écaille, imbibée d'un liquide mousseux, devenait gluante, et s'étirait comme un ruban . Cette abeille y attachait alors toute la cire qu'elle pouvait. concocté au caveau de la ruche, et s'en alla. Un second réussit maintenant, et fit de même ; un troisième suivit, mais, à cause de quelque erreur, ne mit pas la cire dans la même lignée que son prédécesseur ; sur quoi une autre abeille, apparemment sensible au défaut, enleva la cire déplacée, et la transportant vers le premier tas, l'y déposa exactement dans l'ordre et la direction indiqués. " J'ai maintenant quelques objections à faire à ce récit. Premièrement. , dans le cours habituel de l'essaimage, il n'est pas nécessaire de fournir du miel et de l'eau, car ils arrivent chargés du miel du cep parent. Ensuite, former des festons et rester immobiles vingt-quatre heures pour concocter la cire, n'est pas la bonne solution. soit ils avalent le miel avant de quitter la maison, assez longtemps pour que la cire soit prête, soit il leur faut moins de vingt-quatre heures pour la produire. J'ai fréquemment trouvé des morceaux attachés, de la moitié de la taille d'une tête d'épingle. jusqu'à la branche d'un arbre où ils s'étaient regroupés, alors qu'ils n'étaient pas là depuis plus de vingt-cinq minutes. J'ai eu l'occasion à plusieurs reprises de déplacer l'essaim dans un autre logement, une heure ou deux après avoir été installé dans la ruche , et j'ai trouvé des places là-bas . le dessus presque recouvert de cire. Comment il a été possible de voir une abeille quitter le « groupe » est plus que je ne peux comprendre ; et puis la langue, être le seul instrument utilisé pour modeler la balance de cire, est une autre difficulté ; assister minutieusement à tout le processus à ce stade de la fabrication du peigne n'a jamais été ma chance, et je suis parfois enclin à douter du succès des autres. J'ai eu des ruches en verre et j'y ai mis des essaims, et j'ai toujours trouvé les premiers rudiments des rayons si entièrement recouverts d'abeilles qu'ils m'empêchaient de voir quoi que ce soit.

MEILLEUR MOMENT POUR TÉMOIN DE LA FABRICATION DE PEIGNES.

Le seul moment où j'ai été témoin du processus avec un certain degré de satisfaction, c'est lorsque les rayons s'approchent du verre, et que peu d'abeilles se gênent ; puis, en observant patiemment pendant quelques minutes, une partie du processus peut être vue.

MANIÈRE DE TRAVAILLER LA CIRE.

Le transfert des essaims dans différentes ruches entre une et quarante-huit heures après leur mise en ruche permettra de montrer leur progression. J'ai constaté que la cire est d'abord attachée au sommet de la ruche de manière confuse, c'est-à-dire sans le moindre ordre, jusqu'à ce que certains blocs ou morceaux soient suffisamment avancés pour qu'ils puissent commencer des cellules. Les écailles de cire sont soudées sur le bord assez épais, sans égard à la forme de l'alvéole, puis on fait une excavation d'un côté pour le fond d'une alvéole, et de deux autres du côté opposé ; la division entre eux exactement à l'opposé du centre du premier. Lorsque cette pièce mesure un pouce ou deux de longueur, on commence deux autres pièces à égale distance de chaque côté. Si l'essaim est grand et le miel abondant, il est courant que deux morceaux de rayons soient lancés en même temps sur des parties différentes du sommet ; les feuilles aux deux endroits sont souvent à angle droit, ou de toute autre manière, tout comme le hasard donne une direction. Les petits morceaux placés au hasard au début s'enlèvent tous au fur et à mesure de leur progression.

Pendant que les peignes sont en cours, les bords sont toujours gardés les plus épais, et la base de la cellule est travaillée jusqu'à l'épaisseur appropriée avec leurs dents et polie aussi lisse que du verre. Les extrémités de la cellule, à mesure qu'elles les allongent, se trouveront toujours beaucoup plus épaisses que toute autre partie de la cellule une fois terminée.

Lorsque deux rayons se rapprochent au milieu de la ruche à angle presque droit, il reste là un bord de rayon ; mais lorsqu'il s'agit d'un angle obtus, les bords sont généralement joints, formant une feuille de peigne tordu. Il est évident qu'à l'endroit où les deux rayons se rejoignent, il doit y avoir des cellules irrégulières, impropres à l'élevage du couvain.

Les peignes tordus sont un désavantage.

Ces quelques cellules irrégulières ont été considérées comme un grand inconvénient. On pense, ou on prétend qu'il y a une grande différence entre la prospérité d'un cheptel aux peignes droits et d'un cheptel aux peignes tordus. Pour les éviter, ou pour amener les abeilles à les rendre toutes droites, a donné naissance à de nombreux artifices, comme si quelques cellules de ce type pouvaient avoir un grand effet . Supposons qu'il y ait une douzaine de feuilles de rayons dans une ruche, et que chacune d'elles ait une rangée ou plus de cellules irrégulières de haut en bas, quelle proportion auraient-elles par rapport à celles qui seraient parfaites ? Peut-être pas un sur mille. Nous en déduisons donc que dans une ruche de taille appropriée, la différence dans la quantité de couvain ne pourrait jamais être perçue. C'est la seule différence que cela peut faire, car ces cellules peuvent être utilisées aussi bien pour stocker du miel que d'autres. Mais parfois, il y aura des coins et des espaces pas assez larges pour deux rayons, et trop larges pour un seul de l'épaisseur appropriée pour la reproduction. Comme les abeilles utilisent tout leur espace de manière économique, et généralement de manière optimale, il en résultera un rayon épais. On dit qu'ils n'utilisent jamais de rayons aussi épais pour la reproduction. Comment sont les faits ? J'ai justement un tel espace dans une ruche en verre ; un peigne de deux pouces d'épaisseur. Comment est-il géré ? Vers l'automne, cette feuille est remplie de miel ; les cellules à l'extérieur sont allongées jusqu'à ce qu'il y ait juste de la place pour qu'une abeille passe entre elles et le verre, lorsqu'elles sont scellées. Au printemps, ces longues cellules sont toutes coupées (sauf dans les coins supérieurs et supérieurs) à la longueur appropriée pour la reproduction et utilisées à cette fin. Cela a été fait pendant cinq années consécutives.

J'admets qu'il y a une petite salle à déchets dans de tels espaces, pendant une partie de l'année. C'est peu de chose, car ce n'est qu'à l'extérieur. Ils sont nécessaires pour fabriquer de tels rayons, car les rayons intérieurs, s'ils sont construits dans un appartement d'élevage, aussi tordu soit-il, le prochain sera généralement assorti à celui-ci, à la bonne distance de celui-ci. Mais lorsqu'ils sont construits spécialement pour stocker le miel, dans ceux qui sont faits en caisses, la bonne distance n'est pas si bien conservée ; il n'est donc pas recommandé d'obliger les abeilles à utiliser un tel espace de stockage pour la reproduction. Mais supposons que nous contraignions un essaim à travailler avec ces désavantages, je n'appréhenderais pas des résultats aussi désastreux (à condition qu'ils aient une proportion appropriée de cellules ouvrières) comme l'absence d'essaims, ou même l'absence de surplus de miel, comme cela a été représenté. Imaginez une ruche remplie de rayons trop épais et une pièce perdue une fois coupée, à hauteur d'un quart de tout ce qui se trouve dans la ruche. Il reste maintenant suffisamment de rayons pour faire mûrir trois quarts du nombre d'abeilles que dans une ruche ordinaire, où toutes se portent bien . Nous pouvons maintenant supposer qu'un bon essaim rapportera à la maison la même quantité de miel que s'il appartenait à d'autres ruches ; seulement les trois quarts de cette quantité peuvent être donnés au couvain et stockés dans la ruche ; et le résultat devrait être que nous obtenions un quart de plus de miel excédentaire dans les caisses. Même si nous n'obtenons pas d'essaim, je ne vois pas comment notre surplus de miel pourrait être moindre, car dans ce cas il y aurait plus d'abeilles à tout moment que dans une ruche qui aurait été réduite par l'essaimage.

L'expérience conforte-t-elle la théorie selon laquelle les actions à peignes tordus sont aussi rentables que lorsqu'elles sont droites ? Lorsque les rayons sont construits expressément pour la reproduction, je n'ai jamais pu découvrir de différence. N'importe qui peut facilement le tester par une petite observation ; non pas en prenant un exemple solitaire d'une seule ruche, car une autre cause pourrait produire le résultat. Prenez-en au moins une demi-douzaine avec des peignes droits, et autant avec des peignes tordus ; ayez-les tous semblables à d'autres égards, et surveillez attentivement le résultat. Je pense que vous ne vous intéresserez guère à la manière dont les peignes sont fabriqués, pourvu *qu'ils soient fabriqués* , en ce qui concerne le profit. Il est vrai qu'il serait agréable de les avoir tous en ordre, et si cela n'entraînait pas plus de problèmes que le résultat n'en paierait, il serait bien qu'ils soient ainsi.

Dans des circonstances ordinaires, lorsqu'un essaim est créé pour la première fois en ruche, ils se mettent immédiatement à fabriquer des rayons ; mais parfois ils restent deux jours et ne forment pas une particule. Je les ai vus se disperser et se regrouper de la manière habituelle, et lorsqu'ils sont réapparus , ils commencent immédiatement. Cela semble prouver qu'ils peuvent retenir la cire, ou empêcher de la sécréter, jusqu'à ce qu'ils soient désirés. Cela arrive rarement.

INCERTITUDE SUR LE POIDS DES ABEILLES.

Un grand essaim emportera probablement avec lui environ cinq ou six livres de miel provenant du stock parental. Je ne fais que deviner, car je ne suis pas sûr du poids exact des abeilles. "Je peux vous le dire", s'exclame quelqu'un , "j'en ai vu peser, beaucoup ne pèsent que huit onces." Etes-vous sûr qu'on n'a pesé que des abeilles ? N'y avait-il pas de miel, de pain d'abeille, d'excréments ou d'autres substances qui pourraient vous tromper ? "Je ne peux pas le dire ; je n'y avais jamais pensé !" Or, il est important, si l'on pèse les abeilles, de connaître *leur* poids, d'être sûr de ne rien peser d'autre. Il est évident que si cinq mille pèsent trois livres, quand il n'y a rien dans leurs sacs, ils pèseraient, remplis de miel, plusieurs livres de plus. D'où l'erreur de juger de la taille d'un essaim par son poids, car un essaim pourrait produire la moitié du miel d'un autre. Peut-être huit livres, pour les grands essaims, pourraient être une moyenne pour les abeilles et le miel. Ce miel, quelle qu'en soit la quantité, ne peut être stocké que lorsque des rayons sont construits pour le contenir. Ce principe reste valable jusqu'à ce que la ruche soit pleine. Autrement dit, chaque fois qu'ils ont plus de miel que ce que les rayons peuvent contenir, s'il y a de la place dans la ruche, ils en construisent davantage. Mais ils ne semblent pas aller plus loin dans la fabrication des peignes. Quelle que soit la taille de l'essaim, cette contrainte semble nécessaire pour remplir la ruche. Les cellules de faux-bourdons sont rarement réalisées au sommet de la ruche, mais une partie est généralement jointe sur les cellules ouvrières, à une petite distance du haut de la ruche ; d'autres vers le bas. Il ne semble y avoir aucune règle quant au nombre de ces cellules. Certaines ruches en contiendront deux fois plus que d'autres. Cela peut dépendre du rendement en miel du moment ; quand il y en a beaucoup, plus de cellules drones, etc. Si la ruche était très grande, il ne fait aucun doute qu'un nombre non rentable serait construit. Là où les grandes et les petites cellules se rejoignent, il y aura des cellules de forme irrégulière ; certains à quatre ou cinq angles ; la distance d'un angle à l'autre varie également. Même lorsque deux peignes de cellules de même taille se rejoignent pour former un peigne droit, ils ne sont pas toujours parfaits.

QUELQUES CIRE GASPILLÉES.

Lors de la construction de peignes, ils gaspillent constamment de la cire, accidentellement ou volontairement. Le lendemain matin, après la localisation d'un essaim, les écailles peuvent être trouvées et continueront à augmenter tant qu'elles le travailleront ; la quantité s'élève souvent à une poignée ou plus. C'est le meilleur test de fabrication de peignes que je puisse donner. Nettoyez la planche et regardez le lendemain matin, vous retrouverez les écailles proportionnellement à leur progression. Certains seront presque ronds comme au début ; d'autres plus ou moins travaillés, et une partie sera comme de la fine sciure de bois.

Huber et quelques autres ont divisé les abeilles ouvrières en différentes classes, désignant les unes ouvrières de cire, les autres d'infirmières, de butineuses, etc. C'est peut-être en partie vrai, mais la manière dont cela a été découvert reste un mystère.

Les angles des cellules utilisées pour le couvain se remplissent progressivement et, au bout d'un certain temps, s'arrondissent, tant aux extrémités que sur les côtés.

EAU NÉCESSAIRE À LA FABRICATION DES PEIGNES.

Chaque fois que les abeilles fabriquent des rayons, un approvisionnement en eau est absolument nécessaire. Certains pensent que c'est nécessaire pour élever le couvain. Cela peut être nécessaire à cette fin, ou cela peut être nécessaire aux deux fins ; mais pourtant j'ai des doutes si une particule est donnée à la jeune abeille, en plus de ce que contient le miel. Juin, la première partie de juillet et la majeure partie du mois d'août (la saison du sarrasin) sont des périodes de fabrication intensive de rayons ; ils utilisent alors la plus grande partie de l'eau ; la reproduction se poursuit de mars à octobre, et aussi intensivement en mai, peut-être plus qu'en août, mais pas un dixième de l'eau n'est utilisée en mai.

J'ai vu à plusieurs reprises des souches mûrir du couvain depuis l'œuf jusqu'à l'abeille parfaite, lorsqu'elles étaient enfermées dans une pièce sombre pendant des mois, alors qu'il était impossible d'en obtenir une goutte ; De plus, les stocks qui restent au froid (s'ils sont bons) feront mûrir du couvain, que les abeilles puissent quitter la ruche ou non. Ces faits prouvent que certains sont élevés sans eau. Comme ils obtiennent suffisamment de miel pour avoir besoin de plus de rayons pour le stocker, ils auront en même temps une couvée ; et il est facile de deviner qu'ils en ont besoin pour le couvain comme rayon, sans une petite enquête. Ce qui est certain, c'est qu'ils utilisent l'eau à de telles heures dans un but précis, et lorsqu'aucun étang, ruisseau, source ou autre source n'est à une distance convenable, le rucher trouverait économique d'en placer à sa portée, car il le ferait. gagner un temps précieux, s'ils devaient autrement parcourir une grande distance, alors qu'ils pourraient être employés de manière plus rentable ; cela arrive toujours à la saison du miel. Il doit être situé de manière que les abeilles puissent l'obtenir sans mettre leur vie en danger ; un tonneau ou un seau a des parois si abruptes qu'un grand nombre d'entre elles glisseront et se noieront. Il faudrait prévoir une auge très peu profonde, avec une bonne large bande autour du bord pour permettre une place de descente. Le milieu doit contenir un flotteur, ou une poignée de copeaux étalés dans l'eau avec quelques petites pierres posées dessus pour éviter qu'ils ne s'envolent lorsque l'eau est sortie, c'est très pratique. Un plat en fer blanc d'environ un pouce de profondeur fera très bien l'affaire. La quantité nécessaire peut être déterminée par ce qui est utilisé : donnez-leur seulement suffisamment et changez-la quotidiennement. Je n'ai aucun ennui de ce genre, car il y a un courant d'eau à quelques tiges des ruches ; mais j'ai l'occasion d'être témoin d'un certain nombre de personnes engagées dans son transport. On peut en voir des milliers (en juin et août) remplir leurs sacs, tandis qu'un flux continu est en vol, allant et revenant.

REMARQUES.

La taille exacte et uniforme de leurs cellules est peut-être un mystère aussi grand que tout ce qui les concerne ; pourtant, nous trouvons la deuxième merveille avant d'en avoir fini avec la première. Dans la construction du peigne, ils n'ont ni équerre ni compas comme guide ; aucun maître mécanicien ne prend la tête des mesures et des marquages pour les ouvriers ; chacun d'entre eux est un mécanicien accompli ! Aucun temps n'est perdu en tant qu'apprenti, aucun service rendu en échange d'un enseignement ! Chacun s'accomplit dès la naissance ! Tous sont pareils ; ce qu'on commence, une douzaine peuvent aider à le terminer ! Un exemplaire de leur ouvrage se révèle être des mains de maîtres ouvriers et peut être pris comme modèle de perfection ! Lui, qui a arrangé l'univers, était leur instructeur. Oui, un géomètre profond a projeté la première cellule, et sachant quels seraient leurs besoins, implanté dans le sensorium de la première abeille, tout ce qui concernait son bien-être ; l'impression alors donnée est pourtant conservée intacte ! Ils n'ont pas besoin de leçons sur l'économie domestique pour leur dire qu'en utilisant la base d'un ensemble de cellules d'un côté de leurs peignes, car la base de celles de l'autre côté, on économisera à la fois du travail et de la cire ; aucun mathématicien n'a dit qu'une base pyramidale, avec seulement trois angles, avec une telle inclinaison, aurait la forme exacte nécessaire et consommerait beaucoup moins de cire qu'une base ronde ou carrée - que la base d'une cellule de trois angles formerait une partie de l'ensemble. base de trois autres alvéoles du côté opposé du peigne, que chacun des six côtés d'une alvéole forme un côté de six autres autour d'elle, que ces angles et ceux-là seuls répondraient à leurs extrémités.

« Les abeilles semblent, dit Réaumer , avoir un problème à résoudre qui intriguerait bien des mathématiciens. Une quantité de matière étant donnée, il faut en former des cellules qui doivent être égales et semblables, et d'une dimension déterminée, mais la plus grande possible par rapport à la quantité de matière employée, tandis qu'ils occuperont le moins de place possible !

Comme les épicuriens ne se soucient pas, lorsqu'ils se régalent des fruits de leur industrie, que chaque morceau goûté doit détruire les spécimens de travail les plus parfaits ! qu'en un instant il peut démolir ce qu'il a fallu des heures, oui des jours, peut-être des semaines, de labeur et de travail assidu aux abeilles pour accomplir !

CHAPITRE VI.

PROPOLIS.
À QUOI UTILISE.

Cette substance est d'abord utilisée pour souder toutes les fissures, défauts et irrégularités de la ruche. Un manteau est ensuite étalé sur l'intérieur partout ; lorsque la ruche est pleine et que de nombreuses abeilles se rassemblent à l'extérieur, vers la fin de l'été, une couche de ruche y est également répandue. Il semble qu'une couche supplémentaire soit appliquée chaque année, car les vieilles ruches seront recouvertes d'une épaisseur proportionnelle à leur âge, à condition qu'elles aient été occupées par une famille forte. Huber a déclaré qu'il était également utilisé pour renforcer les cellules lors de sa première fabrication, en le mélangeant avec la cire. Si c'était leur pratique à cette époque, cette pratique a été en grande partie abandonnée par nos abeilles. J'ai fait des examens quand le peigne a été fabriqué pour la première fois, quand il contenait des œufs et quand il contenait des larves , et je n'ai jamais pu trouver autre chose que de la cire pure le composant. Après qu'une jeune abeille a mûri dans une cellule, l'enveloppe ou le cocon qu'elle laisse est d'une couleur sombre, lui ressemblant quelque peu, et peut avoir donné lieu à cette supposition. La manière dont l'article a été obtenu semble être un mystère. C'est un sujet sur lequel les apiculteurs ne parviennent pas à s'entendre. Quelques-uns prétendent qu'il s'agit d'une substance élaborée ; tandis que d'autres prétendent que c'est une gomme résineuse, exsudante de certains arbres, et récoltée par les abeilles comme le pollen. Elle diffère sensiblement de la cire, car elle est plus tenace et, lorsqu'elle vieillit, elle est beaucoup plus dure.

EST-CE UNE SUBSTANCE ÉLABORÉE OU NATURELLE ?

Aucun observateur moderne n'a jamais été capable de détecter les abeilles en train de les récolter.

L'AVIS DE HUBER.

Huber nous raconte que « près du débouché d'une de ses ruches, il plaça quelques branches de peuplier, qui exhalaient un jus transparent, couleur de grenat. On vit bientôt plusieurs ouvrières perchées sur ces branches, après en avoir détaché quelques-unes. de cette gomme résineuse, ils en formèrent des boulettes, et les déposèrent dans les paniers de leurs cuisses ; ainsi chargés, ils coururent à la ruche, où quelques-uns de leurs compagnons de travail vinrent aussitôt les aider à détacher cette substance visqueuse de leurs paniers. ". Certains de nos apiculteurs modernes ont mis en doute cette version de Huber. Or, en l'absence de quoi que ce soit de positif à ce sujet, je suis enclin à adopter cette théorie ; qu'il s'agit d'une résine ou d'une gomme produite par les arbres. (Je ne peux pas dire que je suis exactement satisfait de l'histoire de « l'apport des branches et de leur dépose près de la ruche », etc.) Le fait que les abeilles les cueillent dans son état naturel est conforme à ma propre observation.

PREUVE SUPPLÉMENTAIRE.

Nos premiers essaims, qui sortent en mai ou au premier juin, utilisent rarement une grande partie de l'article pur pour la soudure et le plâtrage ; mais plutôt une composition dont la majeure partie est de la cire. J'ai remarqué à cette saison, lorsqu'on laissait au soleil de vieux morceaux de planches ayant servi aux ruches, que cette vieille propolis devenait molle au milieu de la journée. Ici, j'ai souvent vu les abeilles au travail, le plaçant sur leurs pattes ; il se détachait en petites particules, et le processus de compactage était clairement visible, car l'abeille ne volait pas pendant l'opération, comme dans le cas du compactage du pollen. On affirme que lorsque les abeilles en ont besoin, elles l'ont toujours, ce qui indique qu'elles peuvent l'élaborer comme de la cire. Je ne vois aucune raison pour laquelle ils n'en auraient pas autant besoin en juin qu'en août ; pourtant, au cours du dernier mois, ils en utilisent plus de cent fois la quantité. A cette époque, ils ne manifestent aucune disposition à en recueillir sur les anciennes planches, etc. Il semblerait qu'ils préfèrent l'article neuf, dont ils disposent désormais en abondance. Les cartons remplis en juin n'en contiennent que très peu, parfois aucun. Pourquoi pas, s'ils en ont assez ? mais lorsqu'ils sont remplis en août, ils ont toujours les coins, et quelquefois le dessus et les côtés, doublés d'un bon manteau. Les fissures, suffisamment grandes pour le passage des abeilles, en sont parfois entièrement comblées. Dans cette saison, un peu avant le coucher du soleil d'un beau jour, j'ai souvent vu les abeilles entrer dans la ruche avec ce que je supposais être l'article pur sur leurs pattes, comme le pollen, sauf la surface, qui serait lisse et brillante ; la couleur est beaucoup plus claire qu'en vieillissant. Je les ai aussi vus à travers la vitre intérieure, alors qu'ils semblaient incapables de la déloger eux-mêmes, comme le pollen, et couraient continuellement parmi ceux qui s'occupaient de la soudure et du plâtre ; quand on en avait besoin d'un peu, il saisissait la boulette avec ses dents ou ses pinces, et en détachait une partie. La masse entière ne se détachera pas d'un coup ; mais adhère fermement à la jambe ; de sa ténacité, peut-être qu'une ficelle d'un pouce de long se formera en séparant, le morceau obtenu est immédiatement appliqué à leur travail, et l'abeille est prête à en fournir une autre à une autre ; il se débarrasse ainsi sans doute de son fardeau ; il est difficile de l'observer jusqu'à ce qu'il soit libéré du tout, car il se perd bientôt parmi ses congénères. Or, si cette substance ne se trouve pas à l'état naturel, comment se fait-il qu'ils la mettent sur leurs pattes, comme ils le font lorsqu'ils la prennent sur une planche d'une vieille ruche, ou du pollen lorsqu'ils sont collectés ? Ils ne prennent jamais la peine d'y emballer la cire, une fois élaborée. Ces circonstances ne favorisent-elles pas fortement l'idée qu'il s'agit d'une substance végétale ? Peut-être la raison pour laquelle on la récolte en plus grande abondance à cette saison, peut-elle être trouvée dans le fait que les bourgeons des arbres et des arbustes sont maintenant généralement formés. De nombreuses espèces sont protégées de la pluie et du gel, par une sorte de gomme ou d'enduit résineux. On peut le trouver chez de nombreuses espèces de Populus , notamment le peuplier baumier (*Populus Balsamifera*) et le Baume de Galaad, (*Populus Candicans*). En faisant bouillir les bourgeons de ces arbres, on peut obtenir une résine ou gomme aromatique (utilisée parfois pour faire de la pommade) ; l'odeur est très semblable à celle émise par la propolis , lorsqu'elle est d'abord récoltée par les abeilles, ou en la chauffant ensuite. En l'absence de faits, nous avons tendance à substituer la théorie. Cela me paraît très plausible. Pourtant, je suis prêt à y céder dès que les faits en décident autrement. Peut-être que pas une abeille sur mille ne collecte cette substance – le fait qu'elles soient si peu nombreuses peut être une des raisons pour lesquelles elles ne sont pas souvent détectées, mais aussi peu nombreuses soient-elles, quelques-uns d'entre nous devraient se mettre à les observer de près ; quelque chose de certain pourrait décider. La science apicole est malheureusement négligée ; une grande quantité d'erreurs est mélangée à la vérité, qu'une enquête patiente et minutieuse doit séparer.

REMARQUES.

J'ai hâte d'aborder la partie pratique de cet ouvrage, qui, je l'espère, intéressera certains lecteurs peu soucieux de l'histoire naturelle. Je commencerai par le printemps et m'efforcerai maintenant d'y mêler davantage de choses pratiques, à mesure que nous approchons de la fin de l'année. Afin d'illustrer quelques points de pratique, j'aurai peut-être l'occasion de répéter certaines choses déjà évoquées.

CHAPITRE VII .

LE rucher.

SON EMPLACEMENT.

En ce qui concerne l'emplacement du rucher, une considération importante est qu'il est pratique de le surveiller pendant la saison d'essaimage ; que les abeilles peuvent être vues à tout moment d'une porte ou d'une fenêtre, lorsqu'un essaim se lève, sans avoir à prendre de nombreuses mesures pour y parvenir ; car s'il faut se donner beaucoup de peine, on le néglige trop souvent. De plus, si possible, les ruches devraient être situées là où le vent n'aura que peu d'effet, surtout venant du nord-ouest. Si aucune colline ou aucun bâtiment n'offre une protection, une clôture en planches hautes et étroites doit être érigée à cet effet. C'est une économie de le faire : on pourrait épargner suffisamment d'abeilles pour payer la dépense. Durant les premiers mois du printemps, les stocks contiennent moins d'abeilles qu'à toute autre saison. C'est alors qu'une famille nombreuse est importante, ne serait-ce que pour créer de la chaleur animale pour élever le couvain. Une abeille a plus d'importance aujourd'hui qu'une demi-douzaine en plein été. Lorsque la ruche se trouve dans un endroit sombre, les abeilles qui reviennent avec de lourdes charges, par grand vent, sont souvent incapables de heurter la ruche et sont projetées à terre ; avoir froid et mourir. Un vent froid du sud est également mortel, mais moins fréquent. Lorsqu'elles sont protégées des vents, les ruches peuvent faire face à n'importe quel point de votre choix ; l'est ou le sud est généralement préféré. Un emplacement à proximité d'étangs, de lacs, de grandes rivières, etc., entraînera certaines pertes. Les vents violents fatiguent les abeilles lorsqu'elles sont en vol, les obligeant souvent à se poser dans l'eau ; où il est impossible de remonter jusqu'à ce qu'ils soient ramenés à terre, et alors, à moins que par temps très chaud, ils sont tellement refroidis qu'ils ne peuvent plus faire d'effort. Je ne mentionne pas cela pour décourager quiconque de les garder, lorsqu'ils se trouvent dans cette situation, car quelques-uns doivent les garder ainsi ou ne pas les garder du tout. Je suis moi-même dans une telle situation. Il y a un étang de quatre acres, à environ douze verges de distance. Au printemps, lors de vents violents, un grand nombre d'individus peuvent être trouvés noyés et rejetés sur le rivage. Même si nous ne pouvons pas manquer si peu d'un stock, il s'agit néanmoins d'une perte en soi.

DÉCIDEZ TÔT.

Quel que soit l'emplacement choisi, il doit être décidé le plus tôt possible au printemps ; car, lorsque les vents glacials de l'hiver ont cessé pendant un jour et que le soleil, sans obstacle, envoie ses premiers rayons chauds sur une terre gelée, les abeilles qui sont restées inactives pendant des mois ressentent l'influence encourageante et sortent pour jouir. l'air doux. En sortant de leur porte, ils s'arrêtent un instant pour se frotter les yeux, longtemps obscurcis par l'obscurité.

LES ABEILLES MARQUENT LEUR EMPLACEMENT EN SORTANT DE LA RUCHE.

Ils s'élèvent sur l'aile, mais ne repartent pas en ligne directe, mais tournent immédiatement la tête vers l'entrée de leur immeuble, décrivant un cercle de quelques centimètres seulement au début, mais s'élargissant à mesure qu'ils s'éloignent, jusqu'à une superficie de plusieurs tiges. ont été *consultés et marqués*
.

CHANGEMENT DE STAND ASSISTE AVEC PERTE.

Après quelques excursions, lorsque les objets environnants sont devenus familiers, cette précaution n'est pas prise, et ils partent en ligne directe vers leur destination, et reviennent par leurs repères sans difficulté. L'homme et sa raison sont guidés par les mêmes principes. Il y a beaucoup de gens qui supposent que l'abeille connaît sa ruche par une sorte d'instinct, ou qu'elle est attirée vers elle, comme l'acier par l'aimant. Du moins, ils agissent comme s'ils le faisaient ; car ils déplacent souvent leurs abeilles de quelques bâtons ou pieds, après que l'emplacement soit ainsi marqué, et quelle en est la conséquence ? Les stocks sont gravement endommagés par la perte d'abeilles et parfois entièrement détruits. Voyons la cause. Comme je l'ai remarqué, les abeilles ont marqué l'emplacement. Ils quittent la ruche sans aucune précaution, car les objets environnants leur sont familiers. Ils retournent à leur ancien stand et ne trouvent plus de maison. S'il y a plus d'un cep et que l'enlèvement a été de quatre à vingt pieds, certaines abeilles peuvent trouver une ruche, mais elles sont tout aussi susceptibles d'entrer dans la mauvaise que dans la bonne. Ils ne dépasseraient probablement pas vingt pieds, et très probablement pas, à moins que la nouvelle situation ne soit très visible. Si une personne n'avait qu'un seul troupeau, la perte serait très probablement moindre, car chaque abeille trouvant une ruche serait sûre d'être chez elle et aucune ne serait tuée, comme c'est généralement le cas lorsque quelques-unes entrent dans une ruche étrangère.

PEUT ÊTRE PRIS À UNE QUELQUE DISTANCE.

Lorsque les abeilles sont emmenées au-delà de leur connaissance du pays, à environ deux milles ou plus, le cas semble être quelque peu différent, mais pas toujours sans perte, surtout si de nombreuses ruches sont situées trop près. Ils quittent la ruche bien sûr sans savoir que la situation a changé ; peut-être prendre quelques mètres avant que des objets étranges ne les avertissent de ce fait. À leur retour, le voisinage immédiat est étrange et ils pénètrent souvent chez leurs voisins .

DANGER DE RÉGLAGE DES STOCKS TROP PRÈS.

Un cas typique s'est produit au printemps 1949. J'ai vendu plus de vingt actions à une seule personne. Il avait construit une ruche et son agencement rapprochait les ruches à moins de quatre pouces les unes des autres. Le résultat fut qu'il perdit entièrement plusieurs actions ; certains d'entre eux étaient les meilleurs ; d'autres furent gravement blessés, mais il en fit guérir quelques-uns par l'ajout d'abeilles provenant d'autres ruches ; (Parfois, un troupeau permettra à d'étranges abeilles de s'unir à elles, mais c'est rarement le cas, à moins qu'un grand nombre n'y entre – il est plus sûr de garder chaque famille seule, dans des circonstances ordinaires). Ces stocks, avant d'être déplacés, collectaient du pollen et leur emplacement était bien marqué. S'ils avaient été placés à six pieds l'un de l'autre, au lieu de quatre pouces, il n'en aurait probablement pas perdu, ou même deux pieds auraient pu les sauver. Je les ai souvent déplacés cette saison et les ai placés à trois pieds de distance, et je n'ai eu aucun mauvais résultat.

Des faits comme ceux qui précèdent m'ont convaincu depuis longtemps que les stocks devraient occuper leur situation pour l'été, le plus tôt possible au printemps, au moins avant de marquer l'emplacement ; ou s'ils doivent être déplacés après cela, que ce ne soit pas moins d'un mile et demi et qu'il y ait suffisamment d'espace entre les ruches.

ESPACE ENTRE LES RUCHES.

En ce qui concerne la distance entre les ruches en général, je dirais qu'elle soit aussi grande que la commodité le permet. Le manque de place oblige quelquefois à les rapprocher ; là où une telle nécessité existe, si les ruches étaient de couleurs différentes, certaines sombres, d'autres claires, alternativement, cela aiderait grandement les abeilles à connaître leur propre ruche. Mais il ne faut pas oublier que chaque fois que l'économie d'espace exige moins de deux pieds, il y a souvent suffisamment d'abeilles perdues en entrant dans la mauvaise ruche, qui, si elles étaient sauvées, paieraient le loyer d'un petit ajout à un jardin, ou d'une ruche. -cour. J'ai plusieurs autres raisons à offrir pour laisser beaucoup d'espace entre les ruches, qui seront mentionnées ci-après.

PETITES AFFAIRES.

Le lecteur habitué à faire les choses selon des principes gigantesques considérera ce long « fil » concernant la sauvegarde de quelques abeilles au printemps comme une affaire plutôt mineure, et c'est ainsi ; pourtant, de petites choses doivent être réglées si nous réussissons ; "une petite fuite fera couler un navire." Un grain de blé est une petite affaire ; ce n'est que dans l'ensemble que son importance se manifeste. L'abeille est petite, la charge de miel qu'elle rapporte est encore moindre, et la quantité sécrétée dans le nectaire de chaque fleur, encore *plus infime* . L'abeille patiente visite chacun d'eux et n'obtient qu'un tout petit morceau ; par la persévérance, on obtient une charge et on la dépose dans la ruche ; ce n'est que par l'accumulation de telles charges que l'on trouve un objet digne de notre attention : voici une leçon ; regardez les petites choses et la manière dont elles sont multipliées et conservées. Il vaut bien mieux sauver nos abeilles que les gaspiller et attendre que d'autres soient élevées ; "Un centime économisé vaut deux centimes gagnés." Si un stock est perdu par de petits moyens, un effort correspondant est seulement nécessaire pour le sauver. Ce soin insignifiant est parfois négligé par indolence. Mais j'espère des choses meilleures en général ; Je suis prêt à croire qu'il s'agit d'une ignorance totale, du fait de ne pas savoir quel type de soins est nécessaire – comment, quand et où les prodiguer. C'est ce qui me paraît maintenant être un devoir de le dire. Vous comprendrez maintenant suffisamment la cause du sinistre sur ce point ; par conséquent, que ce soit une règle de tout préparer au printemps, avant que les abeilles ne quittent leurs ruches, les stands, la ruche, etc., et de ne pas les changer.

ÉCONOMIE.

Si nous élevons des abeilles pour l'ornement, il serait bon de construire une ruche, de peindre les ruches, etc. ; mais comme j'espère que la majorité des lecteurs seront intéressés par le profit de la chose, je dirai que les abeilles ne paieront pas un centime pour des dépenses supplémentaires ; ils ne feront pas un peu plus de travail dans une maison peinte que si elle était couverte de chaume. Lorsque le profit est le seul objectif, l'économie voudrait que le travail ne soit accordé que là où il y aura une rémunération.

AMÉNAGEMENT DE STANDS BON MARCHÉ.

Tant de sortes de ruches et de stands ont été recommandés, tous si différents de ce que je préfère, que je devrais peut-être éprouver une certaine hésitation à en proposer une si simple et si bon marché ; mais comme mon but est le profit, je ne présenterai aucune autre excuse. J'ai quinze ans d'expérience pour prouver son efficacité, et je n'ai aucune crainte à ce sujet en le recommandant. Je fais les stands de cette manière : une planche d'environ quinze pouces de large est coupée de deux pieds de long ; un morceau de châtaignier ou autre bois de deux pouces carrés est cloué à chaque extrémité ; cela élève la planche à seulement deux pouces de la terre et fera saillie devant la ruche d'une dizaine de pouces, ce qui permettra aux abeilles de se poser admirablement avant d'entrer dans la ruche (lorsque l'herbe et les mauvaises herbes sont maintenues au sol, ce qui n'est que peu de soucis). Il est préférable d'avoir un morceau séparé pour chaque ruche plutôt que d'en avoir plusieurs sur un banc ensemble, car il ne peut alors y avoir aucune communication entre les abeilles qui courent de long en large. Nous avons également tendance à donner plus d'espace entre eux ; et une planche ou une planche servira de support à autant de stocks une fois coupée en morceaux, comme si elle était laissée entière ; (et ça devrait en faire plus).

FOND DE CANAL REJETÉ.

J'ai utilisé ce qu'on appelle une planche de fond de canal, jusqu'à ce que je découvre que cela ne rapportait pas de frais, et je l'ai maintenant jeté, et j'ai tout aussi bien réussi. Il est généralement recommandé pour prévenir les vols et éloigner les papillons de nuit. Cela pourrait empêcher qu'une ruche sur cinquante ne soit pillée ; mais quant à éloigner le papillon de nuit, c'est à peu près le meilleur assistant possible. C'est un endroit très commode pour que les vers tissent leurs cocons, et il faut une certaine ingéniosité de la part du rucher pour les atteindre.

UN CERTAIN AVANTAGE D'ÊTRE PRÈS DE LA TERRE.

Je suis conscient que je vais à l'encontre de la plupart des apiculteurs , en recommandant les peuplements si près de la terre ; moins de deux ou trois pieds entre les abeilles et la terre, dit-on, ne répondront en aucune façon. M. Miner est très positif sur ce point, dans son Manuel. J'ai osé lui suggérer qu'il y avait plus d'inconvénients en théorie qu'en pratique, et je lui ai fait part de mon expérience. Moins de deux ans après, je lui rendis visite et trouvai ses abeilles près de la terre. L'expérience vaut une douzaine de théories ; en fait, c'est le seul test sur lequel on peut se fier. Je ne recommanderai pas l'adoption d'une règle que je n'ai pas prouvée par ma propre pratique. L'objection soulevée est l'humidité provenant de la terre, lorsqu'elle est trop proche ; Je suis incapable de percevoir le moindre effet néfaste. Comparons maintenant un peu plus les avantages et les inconvénients. Une ruche ou une rangée de ruches suspendues ou debout sur un banc, à deux ou trois pieds du sol, lorsque les abeilles s'approchent par un après-midi frais (et nous en avons beaucoup au printemps) vers le soir, même s'il y a S'il n'y a pas beaucoup de vent, ils sont très susceptibles de rater la ruche et le fond, et de tomber au sol, tellement engourdis par le froid, qu'ils sont incapables de se relever, et le lendemain matin, ils ne servent à rien. Au contraire, s'ils sont près du sol, avec une planche comme décrit, il n'y a aucune *possibilité* qu'ils se posent sous la ruche, et s'ils arrivent à terre et arrivent à terre, ils peuvent toujours ramper, longtemps après avoir été touchés. ont trop froid pour voler et peuvent entrer dans la ruche, et le font souvent, sans avoir besoin d'utiliser leurs ailes.

De cette façon, on peut en conserver assez en un seul printemps, dans quelques ruches, pour former un bon essaim, qu'on ne perçoit pas lorsqu'on en prend plusieurs; pourtant, on pourrait en tirer autant de profit que s'ils constituaient un essaim à part. Un petit artifice suffit pour les sauver. À ceux qui *doivent* et *veulent* les éloigner de la terre, je dirais, suggérez un plan pour sauver cette partie de vos meilleurs et plus disposés serviteurs ; ayez une planche de descente projetée devant la ruche d'au moins un pied, ou une planche assez longue pour atteindre du fond de la ruche jusqu'au sol, afin qu'ils puissent monter dessus et ramper jusqu'à la ruche. Voulez-vous l'incitation? Examinez minutieusement la terre autour de vos ruches, vers le coucher du soleil, un jour d'avril, quand le jour aura été beau, avec un peu de vent, et frais vers la nuit, et vous serez étonné du nombre de ceux qui périssent. La plupart d'entre eux seront chargés de pollen, ce qui en fera des martyrs de leur propre industrie et de votre négligence. Quand je vois un banc de trois pieds de haut et pas plus large que le fond de la ruche, peut-être un peu moins, et sans place pour les abeilles d'entrer qu'en bas, et autant de ruches serrées qu'il peut contenir, je ne peux plus je me demande si "l'apiculture porte une chance" ; la merveille est de savoir comment ils les gardent. Cela prouve pourtant qu'avec une bonne gestion, ce n'est finalement pas si précaire.

La protection nécessaire des stocks contre les intempéries est un sujet que j'ai pris soin de préciser ; le résultat a été que le revêtement le moins cher est tout aussi bon que n'importe quel autre ; quelque chose pour empêcher la pluie et les rayons du soleil du haut suffit. Les couvercles de chaque ruche, comme le panneau inférieur, doivent être séparés et certains plus grands que le panneau supérieur.

L'utilité des abeilles est douteuse.

J'ai utilisé des ruches, mais elles ne sont pas payantes et sont également jetées. Ils sont répréhensibles parce qu'ils empêchent la libre circulation de l'air ; aussi, il est difficile de les construire, de manière à ce que le soleil puisse frapper les ruches le matin et l'après-midi ; ce qui au printemps est très essentiel. Si elles sont orientées vers le sud, le milieu de la journée est le seul moment où le soleil peut atteindre toutes les ruches à la fois ; c'est juste au moment où ils en ont le moins besoin ; et par temps chaud, parfois nuisible en faisant fondre les rayons. Mais lorsque les ruches sont suffisamment éloignées les unes des autres, selon mon plan, il est très facile de faire en sorte que le soleil frappe la ruche le matin et l'après-midi, et qu'elle soit ombragée de dix heures à deux ou trois heures, par temps chaud.

Malgré notre prodigalité à construire une splendide ruche, nous pensons à l'économie lorsque nous arrivons à y installer nos ruches et à les rapprocher *trop près* . "Je ne peux pas me permettre de construire une maison et de leur donner autant d'espace, pas comment."

CHAPITRE VIII.

VOLS.

Le vol est une autre source de perte occasionnelle pour le rucher. Elle est fréquente au printemps, et à tout moment par temps chaud lorsque le miel se fait rare. C'est très ennuyeux et cela met parfois les voisins en conflit, alors que ni l'un ni l'autre n'est à blâmer, plus que l'ignorance de la question.

PAS BIEN COMPRIS.

Une personne qui possède de nombreuses ruches doit s'attendre à être responsable de toutes les pertes dans son quartier, qu'elles soient dues à une mauvaise gestion ou à un manque de gestion. Beaucoup de gens supposent que si une personne n'a qu'un seul bétail et qu'un autre en a dix, les dix s'uniront pour piller l'un. Il n'y a aucun fait que je puisse découvrir, montrant une quelconque communication entre différentes familles d'un même rucher. Il est vrai que lorsqu'une famille en trouve une autre faible et sans défense , possédant un trésor, elle n'a aucun scrupule de conscience à emporter la dernière particule. La hâte et l'agitation qui y règnent échappent rarement à l'attention des autres familles ; et lorsqu'une ruche a été pillée dans un rucher, les deux tiers peut-être des autres familles, parfois la totalité, ont participé au pillage. Une famille, si elle est nombreuse, a autant de chances, et plus encore, de trouver une famille faible parmi les dix et de commencer le pillage, que l'inverse.

RECOURS IMPROPRIÉS.

Il est pourtant courant d'entendre des propos comme celui-ci : « J'avais une ruche d'abeilles *de premier ordre* », (alors qu'il n'avait pas particulièrement regardé ses abeilles depuis un mois, pour savoir si c'était vrai ou non, et si il ne le savait probablement pas) "et les abeilles de M. A. ont commencé à les voler. J'ai tout essayé pour l'arrêter; je les ai déplacées à plusieurs endroits pour les empêcher de trouver la ruche. Cela n'a servi à rien ; la première fois, j'ai su qu'elles étaient toutes parties : les abeilles, le miel et tout ! Les abeilles ont toutes rejoint les voleurs. Or, le fait est que pas un *bon* cheptel d'abeilles sur cinquante ne sera jamais volé, voire même laissé seul ; c'est-à-dire si l'entrée est correctement protégée. Ce déplacement de la ruche suffisait à ruiner n'importe quel bétail ; les abeilles se perdaient à chaque changement, jusqu'à ce qu'il ne reste plus que du miel pour tenter les voleurs ; alors que, laissé sur son support, il aurait pu s'échapper.

On m'a donné gratuitement un grand nombre de remèdes qui, suivis à moitié, les auraient perdus. Le fait est que, chez de nombreuses personnes, les remèdes sont souvent la cause de la maladie. Le plus fatal est de les remuer de quelques verges ; un autre, pour fermer entièrement la ruche (très susceptible de les étouffer) ; ou bien, sortez un rayon et faites couler le miel. Il y a quelques charmes qui les affectent mais peu de toute façon. Il n'y a probablement que peu d'apiculteurs capables de détecter immédiatement *quand des abeilles sont volées* . Il faut l'observation la plus minutieuse pour décider.

DIFFICULTÉ À DÉCIDER.

Il n'y a rien dans le rucher de plus difficile à déterminer, rien de plus susceptible d'être trompé. On suppose généralement que lorsqu'un certain nombre d'entre eux sont en dehors des combats, il est concluant qu'ils volent également, ce qui est rarement le cas. Au contraire, une démonstration de résistance indique une colonie forte et disposée à défendre ses trésors. Je n'ai plus aucune crainte pour une valeur qui a le courage de repousser une attaque.

LES FAMILLES FAIBLES LES PLUS EN DANGER.

Ce sont les familles faibles, qui ne résistent pas, qui sont les plus dangereuses. Dans les saisons de disette, tous *les bons* stocks entretiennent ou gardent des sentinelles à l'entrée, dont la tâche semble être d'examiner chaque abeille qui tente d'entrer. S'il est membre de la communauté, il est autorisé à passer ; dans le cas contraire, il est examiné sur place. Il semblerait qu'un mot de passe soit nécessaire pour entrer, car dès qu'une abeille étrangère tente d'entrer, elle est connue. Sans les informations d'identification nécessaires, il existe suffisamment de preuves contre cela. Chaque abeille est un juriste, un juge et un bourreau qualifié. Il n'y a aucun retard ; pas d'attente de témoins pour la défense . Plus une abeille tente de s'échapper, plus elle risque de recevoir une piqûre, à moins qu'elle n'y parvienne. L'étrangeté des abeilles ne serait qu'une théorie, si je devais tenter de l'expliquer. Qu'il suffise qu'ils soient connus.

LEURS BATAILLES.

Je vais ici décrire certaines de leurs batailles. J'ai souvent vu au printemps toute la façade de la ruche couverte de combattants (mais pour de telles ruches je n'ai aucune crainte ; elles sont capables de se défendre). Plusieurs entoureront un étranger ; un ou deux lui mordront les pattes, un autre les ailes ; un autre fera une feinte de piqûre, tandis qu'un autre est prêt à prendre le miel qu'il a, lorsqu'il est suffisamment inquiet pour le donner envie. On le laisse quelquefois s'en aller après avoir cédé tout son miel, mais dans d'autres cas, il est expédié avec une piqûre qui est presque instantanément mortelle. Une abeille est tuée plus tôt par une piqûre que par tout autre moyen, sauf par écrasement. Parfois, une jambe tremble pendant une minute ; les jambes sont rapprochées du corps ; l'abdomen se contracte jusqu'à la moitié de sa taille habituelle, à moins qu'il ne soit rempli de miel. J'ai vu une pinte entrer accidentellement dans un stock voisin et être tuée en cinq minutes. Les seuls endroits où la piqûre pénétrera chez l'abeille sont les articulations de l'abdomen, des pattes, du cou, etc. J'ai vu quelquefois une abeille traîner le cadavre de sa victime, incapable de retirer son aiguillon d'une articulation de la patte. Pendant le combat, si c'est pour éloigner ceux en quête de butin, on peut voir quelques abeilles bourdonner à la recherche d'un endroit non gardé pour entrer dans la ruche. Si tel est le cas, il se pose et entre en un instant. D'autres fois, au moment d'entrer, il rencontre un soldat en service et reprend son vol en un instant. Mais une autre fois, il peut être plus malheureux et être attrapé par un policier, alors qu'il doit soit s'échapper, soit subir la peine de la justice contre les insectes, qui est généralement de la plus grande sévérité.

MAUVAISE POLITIQUE POUR ÉLEVER LES RUCHES.

Un grand nombre d'apiculteurs élèvent leurs ruches à un pouce du plateau au début du printemps. Ils semblent négliger les chances que cela donne aux voleurs d'entrer de tous côtés. C'est comme ouvrir la porte de sa propre maison, pour tenter le voleur, puis se plaindre de la dépravation.

Il faut donc comprendre que toutes les bonnes actions, dans des circonstances ordinaires, se débrouilleront toutes seules. La nature a fourni des moyens de défense , avec un instinct pour diriger son utilisation. La non-résistance peut être bénéfique pour un intellect hautement cultivé chez l'homme, mais pas ici.

INDICATIONS DES VOLEURS.

Nous allons maintenant remarquer l'apparition d'une ruche faible qui ne fait aucune résistance, et montrer que le résultat est une perte totale du stock, sans intervention opportune. Chaque voleur, en quittant la ruche, au lieu de voler en ligne directe vers sa maison, tournera la tête vers la ruche pour marquer l'endroit, afin de savoir où revenir pour un autre chargement, de la même manière qu'il le fait quand quitter leur ruche au printemps. La première fois que les jeunes abeilles quittent la maison, elles marquent leur emplacement, par le même procédé. Quelques-uns d'entre eux commencent à éclore très tôt ; dans tous les bons stocks, souvent avant que le temps ne soit suffisamment chaud pour que *quiconque puisse quitter la ruche* . Par conséquent, il ne peut être trop tôt pour eux au printemps. Ces jeunes abeilles, vers le milieu de chaque journée de foire, ou un peu plus tard, prennent à tour de rôle un vol très épais pendant une courte période. L'observateur inexpérimenté supposerait très probablement que ce cheptel est très prospère, à en juger par le nombre d'habitants en mouvement. Cette agitation inhabituelle est le premier indice d'un acte criminel et doit être considérée avec suspicion ; mais ce n'est pas concluant.

UN DEVOIR.

C'est le devoir de tout apiculteur qui espère réussir, de savoir quels sont ses stocks faibles ; un examen par un matin frais peut être fait en retournant la ruche et en laissant le soleil parmi les rayons. Le nombre d'habitants y est facilement visible. Lorsque vous êtes faible, fermez l'entrée jusqu'à ce qu'il y ait juste de la place pour qu'une abeille puisse passer à la fois. Les premiers jours vraiment agréables, à tout moment avant que le miel soit obtenu en abondance, un peu après midi, veillez à ce qu'ils commencent à voler. Chaque fois qu'un faible stock est prélevé par ce qui semble être un accès d'activité inhabituelle, il est tout à fait certain qu'il s'agit soit de voleurs, soit de jeunes abeilles ; la difficulté est de décider lequel. Leurs mouvements sont similaires, mais il y a une petite différence de couleur : les jeunes abeilles sont un peu plus claires ; le ventre des voleurs, lorsqu'il est rempli de miel, est un peu plus gros. Il faut une observation attentive et patiente pour décider de ce point, et lorsque vous avez observé suffisamment près pour détecter cette différence, vous pouvez décider sans problème.

UN EXAMEN.

Mais pendant que vous apprenez cette belle distinction, vos abeilles risquent d'être ruinées. Nous donnerons donc d'autres moyens de protection.

Les abeilles, lorsqu'elles ont volé un sac de miel dans une ruche voisine, courent généralement à plusieurs centimètres de l'entrée avant de s'envoler : tuez-en quelques-unes ; s'ils sont remplis de miel, ce sont des voleurs ; car il est très suspect de se remplir de miel en sortant de la ruche ; ou saupoudrez-les de farine lorsqu'ils sortent, et demandez à quelqu'un de surveiller les autres pour voir s'ils entrent. Une autre méthode pose moins de problèmes, mais prendra plus de temps avant d'être vérifiée en cas de vol. Visitez-les à nouveau dans une demi-heure ou plus, après que les jeunes abeilles auront eu le temps de revenir (si c'est elles) ; mais si l'agitation continue ou s'intensifie, il est temps d'intervenir. Lorsque l'entrée a été contractée comme indiqué, fermez-la entièrement jusqu'au coucher du soleil. Lorsqu'on l'a laissé sans, il faut maintenant le faire (en laissant de la place pour une seule abeille à la fois). Cela permettra à tous ceux qui appartiennent à la ruche d'entrer et à d'autres d'en sortir, ce qui retardera considérablement la progression des voleurs.

LE VOL COMMENCE GÉNÉRALEMENT PAR UNE JOURNÉE CHAUDE.

A moins qu'il ne fasse frais, ils continueront leurs opérations jusqu'au soir. Très souvent, certains ne parviennent pas à rentrer chez eux dans le noir et se perdent. Soit dit en passant, c'est un autre bon test de vol. Visitez les ruches chaque soirée chaude. Ils *commencent* leurs déprédations les jours les plus chauds ; rarement autrement. S'il y en a qui sont au travail alors que des travailleurs honnêtes devraient être à la maison, ils ont besoin d'attention.

REMÈDES.

Quant aux remèdes, j'en ai essayé plusieurs. Le moindre problème est de transporter la ruche faible le matin à la cave, ou dans un endroit sombre et frais, pendant quelques jours, jusqu'à ce qu'au moins deux ou trois jours chauds se soient écoulés, afin qu'elle puisse abandonner ses recherches. Les voleurs attaqueront alors probablement le stock du prochain stand. Contractez l'entrée de celui-ci en fonction du nombre d'abeilles qui doivent passer. S'il est fort, il n'y a aucun danger à craindre ; ils peuvent se battre et même en tuer certains ; peut-être qu'un petit châtiment est nécessaire pour leur donner le sentiment de leur devoir.

AVIS COMMUN.

Il existe une opinion répandue selon laquelle les voleurs se rendent souvent dans un cheptel voisin, tuent d'abord les abeilles, puis s'emparent des trésors. Pour corroborer cette affaire, je n'ai encore jamais découvert un seul fait, bien que j'aie observé de très près. Chaque fois que les abeilles ont perdu tous leurs provisions, à une époque où il n'y avait plus rien dans les fleurs, il est évident qu'elles doivent mourir de faim et ne durer qu'un jour ou deux avant de disparaître. Cela laisserait naturellement supposer qu'ils ont été soit tués, soit partis avec les voleurs.

Un exemple concret.

J'ai un exemple concret. Ayant quitté la maison depuis quelques jours, j'ai découvert, à mon retour, un essaim de force moyenne, qui avait été négligemment exposé, et qui avait été pillé d'environ quinze livres de miel, toutes les particules qu'il possédait. [13] À peu près en nombre habituel, les abeilles se trouvaient parmi les rayons, apparemment très inconsolables. Je les ai immédiatement emmenés à la cave et je les ai nourris pendant quelques jours. Entre-temps, les autres abeilles ont renoncé à chercher davantage de butin. Il a ensuite été ramené au stand, entrée presque fermée, comme indiqué, etc. En peu de temps, il constitua un stock précieux ; mais si je l'avais laissé vingt-quatre heures de plus, cela n'aurait probablement pas valu une paille.

AUTRES DIRECTIVES.

Lorsqu'un stock a été retiré, si le stand suivant contient un stock faible au lieu d'un stock fort, il est préférable de le reprendre également ; être ramené à la barre dès que les voleurs le permettront. Si une seconde attaque est faite, remettez-les en place, ou si cela est possible, éloignez-les d'un mille ou deux de leur connaissance du pays ; ils ne perdraient alors pas de temps en travail. Là où il n'y a que peu de stocks et qu'il n'y en a pas plus d'un ou deux, saupoudrez-les d'un peu de farine lorsqu'ils partent, pour reconnaître quels sont les voleurs ; puis inversez les ruches, en mettant la faible à la place de la forte, et la forte à la place de la faible. Le stock faible deviendra généralement le plus fort et mettra un terme à leurs opérations ; mais cette méthode est souvent impraticable dans un grand rucher ; parce que plusieurs actions sont généralement engagées, très peu de temps après le début de l'une, et qu'une douzaine peuvent en voler une. Une autre méthode est que, lorsque vous êtes *sûr qu'un* stock est en train d'être volé, prenez le temps où il y a autant de pilleurs à l'intérieur que possible et fermez la ruche immédiatement (avec une toile métallique ou quelque chose pour laisser passer l'air, et à la fin). en même temps, il est nécessaire de confiner les abeilles ;) les transporter, comme indiqué précédemment, pendant deux ou trois jours, lorsqu'elles peuvent être mises en route. Les étranges abeilles ainsi enfermées rejoindront la faible famille, et seront aussi empressées de défendre ce qui est aujourd'hui *leur* trésor, qu'elles l'étaient auparavant de l'emporter. Ce principe d'oubli du foyer et de s'unir aux autres, au bout de quelques jours (les écrivains disent que vingt-quatre heures suffisent pour oublier le foyer) peut être préconisé dans ce cas. Il réussit environ quatre fois sur cinq, lorsqu'un nombre approprié est inclus. Les actions faibles sont ainsi renforcées très facilement ; et les abeilles étant prélevées dans un certain nombre de ruches, elles manquent à peine. La difficulté est de savoir quand il y en a assez pour être à peu près égal à ce qui appartient à la souche faible ; si trop peu sont enfermés, ils sont sûrement détruits.

CAUSE COMMUNE DE DÉBUT.

Après tout, voler des abeilles, c'est comme être détruites par des vers ; une sorte de matière secondaire ; c'est-à-dire qu'aucun stock important sur cent ne sera jamais attaqué et pillé du premier coup. Il faut d'abord que les abeilles soient tentées et rendues furieuses par une ruche faible ; un plat de miel d'ordures placé à proximité suffit parfois pour les mettre au travail, même là où ils ont été nourris et n'en ont pas eu un approvisionnement complet. Une fois qu'ils ont commencé, il en faut une quantité étonnante pour rassasier leur appétit. Ils semblent parfaitement ivres et indépendamment du danger ; ils s'aventurent vers une destruction certaine ! J'ai connu quelques cas où de bons stocks ont été ainsi réduits, jusqu'à devenir à leur tour la proie d'autres. J'ai gardé pendant plusieurs années une centaine de stocks loin de chez moi, où je ne pouvais pas les voir beaucoup, pour éviter les vols. Pourtant, je n'ai jamais perdu un stock pour cette cause. Je garde simplement l'entrée fermée, sauf un passage pour les abeilles au travail au printemps. C'est vrai que j'ai perdu quelques stocks lorsque les autres abeilles ont pris le miel, mais ils auraient été perdus de toute façon.

LE PRINTEMPS, LE PIRE MOMENT.

Comme je l'ai déjà fait remarquer au début de ce chapitre, les abeilles pillent et se battent à tout moment de l'été, lorsque le miel ne peut être récolté ; mais *le printemps* est le seul moment où l'on fait des efforts aussi désespérés et aussi persévérants pour l'obtenir. C'est le seul moment où l'apiculteur peut être excusé de se faire piller ses ruches ou de les laisser en situation de le faire. Nous avons alors souvent des familles réduites en hiver et au printemps, pour diverses causes, et lorsqu'elles sont protégées pendant cette saison, elles constituent généralement de bons stocks. C'est alors que nous souhaitons qu'ils prennent des habitudes stables et industrieuses, et qu'ils ne vivent pas de pillage. Mieux vaut prévenir que guérir; les mauvaises tendances doivent être contrôlées dès le début. L'abeille, comme l'homme, lorsqu'on s'est laissé aller à cette disposition pendant un certain temps, il est difficile de se défaire de cette habitude ; un châtiment sévère est le seul remède ; eux aussi partent du principe de vouloir beaucoup plus.

PAS NÉCESSITÉ DE FAIRE PILLER LES ABEILLES À L'AUTOMNE.

Le rucher, dont les abeilles sont pillées à l'automne, n'est pas propre à en avoir la garde ; leurs efforts sont rarement aussi forts qu'au printemps (à moins qu'il n'y ait une disette générale), les ruches faibles sont ordinairement mieux approvisionnées en abeilles, et par conséquent un moins grand nombre est exposé ; mais cependant, quand il y a des familles très faibles, il faut les enlever dès que les fleurs tombent, ou les renforcer avec des abeilles d'une autre ruche. Détails sur la gestion des chutes.

J'ai quelquefois rendu mes essaims égaux, au début du printemps, par la méthode suivante, et j'ai également échoué. Les abeilles, lorsqu'elles hivernent ensemble dans une pièce, se disputent rarement lors du premier départ. Lorsqu'un stock a un excédent d'abeilles et un autre très peu, un jour ou deux après avoir été épuisé, je remplace le stock le plus faible par le stock du plus fort (comme mentionné une page ou deux en arrière) et tout les abeilles qui ont marqué l'emplacement reviennent à cet endroit. L'échec se produit lorsqu'un trop grand nombre quitte le groupe fort, ce qui en fait le groupe faible, lorsque rien n'est gagné. Si cela pouvait être fait alors qu'ils étaient hors de la maison juste assez longtemps pour que le numéro approprié ait marqué l'emplacement, le succès serait tout à fait certain. Mais avant qu'un échange de ce genre ait lieu, il serait bon, si possible ; déterminer quelle est la cause de la faiblesse d'un titre ; si c'est par la perte d'une reine (ce qui arrive quelquefois), on ne fait qu'aggraver la situation par l'opération. Pour savoir si la reine est présente, il ne faut pas compter sur les abeilles qui transportent le pollen ; comme la plupart des écrivains l'affirment, ils ne le feront pas lorsque la reine sera partie ; parce que je les ai *vus* le faire tellement de fois sans, que je peux assurer encore une fois au lecteur que ce n'est en aucun cas un test. Le test donné au chapitre III. page 73, est toujours certain.

CHAPITRE IX.

ALIMENTATION.

DEVRAIT ÊTRE UN DERNIER RECOURS.

Nourrir les abeilles au printemps est parfois absolument nécessaire ; mais dans les saisons et les circonstances ordinaires, il est quelque peu douteux que le chemin le plus sûr vers le succès soit pour le rucher d'essayer d'hiverner un bétail si pauvrement approvisionné en miel, qu'il se sente satisfait d'avoir besoin d'être nourri au printemps ou avant. Je recommanderai ailleurs (dans la gestion d'automne) ce que je considère comme une meilleure disposition de ces familles légères. Mais comme certains stocks sont soit volés, soit, pour une autre cause, consomment plus de miel que prévu, un peu de peine et de soins peuvent éviter une perte. De plus, les abeilles sont souvent nourries à cette saison pour favoriser un essaimage précoce et remplir les boîtes de surplus de miel.

SOINS NÉCESSAIRES.

Des précautions considérables sont nécessaires, et rares sont ceux qui savent comment les gérer correctement. Le miel donné aux abeilles est presque certain de susciter des querelles entre elles. Quelquefois les stocks forts sentent le miel donné aux plus faibles et l'emportent aussi vite qu'il est fourni.

CONTRADICTION APPARENTE LORS DE L'ALIMENTATION PROVOQUANT LA FAMINE.

Il est possible que nourrir un cheptel d'abeilles au printemps puisse les faire mourir de faim ! alors que, s'ils étaient laissés à eux-mêmes, ils pourraient s'échapper. Même si cela ressemble à une contradiction, je pense que cela semble raisonnable. Chaque fois que la réserve de miel est insuffisante, probablement pas plus d'un œuf sur vingt déposé par la reine ne mûrira, leurs moyens ne permettant pas de nourrir le jeune couvain. Cela ressort du fait que plusieurs œufs peuvent être trouvés dans une même cellule. J'ai transféré plus de vingt stocks en mars 1852 : la plupart des cellules occupées par des œufs en contenaient plusieurs ; deux, trois et même quatre ont été trouvés dans une cellule ; il est évident que tout ne pourrait pas être parfait. Aussi, le fait que ces œufs soient à cette saison sur le plateau inférieur. Supposons maintenant que vous donniez à un tel stock deux ou trois livres de miel, et qu'ils soient encouragés à nourrir une grande couvée, et que votre approvisionnement échoue avant qu'ils ne soient à moitié développés. Que doivent-ils faire? détruire le couvain et perdre tout ce qu'ils ont nourri, ou puiser dans leurs anciennes réserves pour une petite quantité pour les aider dans cette urgence, et faire confiance au hasard pour eux-mêmes ? Cette dernière solution sera probablement adoptée, et alors, sans l'intervention opportune d'un temps favorable, les abeilles mourront de faim. Le même effet est quelquefois produit par les changements du temps ; une semaine ou deux peuvent suffire et faire ressortir les fleurs en abondance ; un changement soudain, peut-être un gel, peut tout détruire pendant quelques jours. Cela oblige à faire preuve d'une grande vigilance, car ces changements de temps froid (lorsqu'ils surviennent) rendent la situation dangereuse jusqu'à l'apparition du trèfle blanc ; mais si le printemps est favorable, il n'y a que peu de danger, à moins qu'ils ne soient volés. Si vous prenez les soins nécessaires aux vers, vous saurez lesquels sont légers et lesquels sont lourds, à moins que vos ruches ne soient suspendues ; même alors, c'est un devoir de connaître leur véritable condition, à cet égard. C'est un autre avantage de la ruche *simple ;* le simple fait de soulever un bord pour détruire les vers vous apprend quelque chose sur le miel que vous avez sous la main. Pour être très exact, la ruche doit être pesée lorsqu'elle est prête à accueillir les abeilles, et le poids doit être marqué dessus ; en pesant à tout moment par la suite, on indique immédiatement, à quelques kilos près, quel miel il y a sous la main. Il faut tenir compte de l'âge des rayons, de la quantité de couvain, etc. Il n'est pas bon de commencer à se nourrir sans être prêt à continuer à le faire, car l'approvisionnement doit être maintenu jusqu'à ce que le miel soit abondant.

COMBIEN DE TEMPS IL FAUT ATTENDRE AVANT DE NOURRIR.

Si l'on souhaite attendre le plus longtemps possible et ne pas perdre les abeilles, un test sera nécessaire pour décider combien de temps il faudra pour retarder l'alimentation. Dans ce cas, *une attention particulière sera nécessaire ; ils devront être examinés tous les matins* . Si un léger coup sur la ruche obtient une réponse b; un bourdonnement vif et vif, ils ne souffrent pas encore ; mais si aucune réponse n'est donnée à votre demande, cela indique un manque de force. Le dénuement extrême détruit toute disposition à repousser une attaque. Parfois, une partie des abeilles sera trop faible pour rester parmi les rayons et se couchera au fond, et quelques-unes à l'extérieur. Si le temps est frais, ils semblent sans vie ; pourtant ils peuvent être réanimés, et maintenant *il faut les nourrir* .

MODE D'ALIMENTATION.

Ceux parmi les rayons peuvent être capables de bouger, quoique faiblement. Lorsque tel est l'état des choses, retournez la ruche, rassemblez toutes les abeilles dispersées et mettez-les dedans. Procurez-vous du miel ; s'il est confit, chauffez-le jusqu'à ce qu'il se dissolve ; le miel en rayon n'est pas si bon sans purée ; s'il n'y a pas de miel, du sucre brun peut être pris à la place ; ajoutez un peu d'eau, faites-la bouillir jusqu'à ce qu'elle ait à peu près la consistance du miel, et écumez-la ; une fois assez refroidi, versez-en une quantité parmi les rayons, directement sur les abeilles ; couvrez le fond de la ruche avec un linge, en le fixant fermement, et portez-le au feu pour le réchauffer. Au bout de deux ou trois heures, ils seront ranimés et pourront être remis au stand, pourvu que le miel donné soit entièrement absorbé ; ne laissez en aucun cas couler du miel au fond. La nécessité d'une visite quotidienne des ruches ressort du fait que s'il reste une journée, dans la situation que nous venons de décrire, il sera trop tard pour les ranimer. La nuit, si vous avez un couvercle de boîte, comme je vous l'ai recommandé, vous pouvez ouvrir les trous du haut de la ruche ; remplissez un petit plat allant au four de miel ou de sirop et placez-le dessus; mettez quelques copeaux pour empêcher les abeilles de se noyer, ou un flotteur peut être utilisé si vous le souhaitez ; il doit être fait d'un bois très léger, très mince, et plein de trous ou de canaux étroits, faits à la scie. Au début de l'alimentation, quelques gouttes doivent être dispersées sur le dessus de la ruche et traînées sur le côté du plat, pour leur apprendre le chemin ; après s'être nourris plusieurs fois, ils connaîtront la route. Quand le temps est assez chaud pour qu'ils puissent en prendre pendant la nuit, il est préférable de se nourrir le soir : quatre à huit onces par jour suffisent. Si la famille est très petite, le miel qui reste le matin peut attirer d'autres abeilles ; il est alors préférable de les sortir, ou de transporter la ruche dans la maison dans une pièce sombre, suffisamment chaude, et de les nourrir suffisamment pour plusieurs jours, puis de les remettre au stand ; en veillant bien à ce qu'ils ne soient pas pillés, et encore une fois dans un état de famine, jusqu'à ce que les fleurs produisent suffisamment de miel.

DES FAMILLES ENTIÈRES PEUVENT DÉSERTER LA RUCHE.

Lorsqu'on a les moyens de maintenir une réserve de nourriture et le temps nécessaire pour sécuriser l'alimentation, il ne serait peut-être pas conseillé d'attendre jusqu'à la dernière extrémité avant de se nourrir, car une petite famille abandonne parfois entièrement la ruche lorsqu'elle est démunie. si cela se produit avant qu'ils n'aient beaucoup de couvain. Dans ces cas-là, ils sortent précisément en essaim ; après avoir volé longtemps, ils reviennent ou s'unissent à une autre souche. S'ils reviennent, ils ont besoin d'une attention immédiate. Vous pouvez être certain qu'il y a quelque chose qui ne va pas, que la désertion ait lieu quand elle le peut ; au printemps, ce peut être le dénuement ou les rayons moisis ; à d'autres moments, présence de vers, de couvain malade, etc. Quelle que soit la cause, vérifiez-la et appliquez le remède.

OBJECTIONS À L'ALIMENTATION GÉNÉRALE.

J'ai connu qu'il soit recommandé et pratiqué par quelques apiculteurs de nourrir les abeilles d'un seul coup en plein air, dans une grande auge ; mais quiconque réalise beaucoup de profit par cette méthode sera très heureux, car tous les animaux du voisinage le flaireront bientôt et en emporteront une bonne part, et presque tous les animaux de la maison seront en lutte et un grand nombre sera tué ; dès que le miel est épuisé, leur attention se porte sur d'autres stocks. Une autre objection à cette alimentation générale est que certains animaux ne sont pas du tout nécessaires, tandis que d'autres en ont besoin ; mais le stock le plus solide est presque sûr d'en tirer le meilleur parti. MAINTENANT , comme je ne peux pas me permettre de partager avec mes voisins cette façon de nourrir, et que je suppose que peu de gens seront disposés à le faire, je vais donner ma méthode, qui, une fois arrangée, ne pose que peu de problèmes.

DISPOSITION POUR L'ALIMENTATION.

J'ai demandé à un ferblantier de préparer des plats de deux pouces de profondeur, de 10 × 12 pouces carrés et de côtés perpendiculaires. On sortit alors une planche de quinze pouces de largeur et de deux pieds de longueur ; à deux pouces d'une extrémité, un trou est découpé dans la longueur la plus longue, juste de la taille du plat, de sorte qu'il s'enfonce juste au même niveau que le dessus de la planche ; un bon ajustement doit être fait, afin qu'aucune abeille ne puisse s'y introduire ; des taquets doivent être cloués sur la face inférieure de la planche, certains de plus d'un pouce d'épaisseur, pour éviter d'évincer le plat. Ceci doit être placé directement sous la ruche, mais ce n'est pas encore prêt, car si un tel plat était rempli de miel sous une ruche, les abeilles se noieraient ; si un flotteur est installé pour les empêcher d'entrer, il se déposera au fond lorsque le miel sera sorti, et les abeilles ne pourront pas ramper très facilement sur les côtés de la boîte. Autre chose, rien n'empêche les abeilles de faire leurs rayons au fond de ce plat, à deux pouces au-dessous du fond de la ruche ; ces choses doivent être évitées. Sortez deux morceaux de planche d'un demi-pouce, dix pouces de long, l'un mesurant deux pouces de large, l'autre un pouce et demi. Avec une scie grossière ou épaisse, coupez des canaux sur le côté des bandes, d'un quart de pouce de profondeur, espacés de trois huitièmes ou d'un demi-pouce, transversalement sur toute la longueur. Vous aurez alors besoin d'un nombre correspondant aux endroits sciés, de bardeaux ou de bandes très minces, disons d'un huitième de pouce d'épaisseur, d'un quart et trois quarts de largeur et de neuf et demi de longueur ; ceux-ci doivent être placés sur le bord du plat ; les deux premiers sont destinés à les maintenir dans les canaux aux extrémités. Le plus étroit a besoin d'un bloc d'un demi-pouce carré, cloué à chaque extrémité ; sur le bord, une bande de toile métallique est ensuite clouée, ce qui fait que la largeur totale n'est que de deux pouces. Ceci est maintenant mis dans le plat, la toile métallique au fond, à deux pouces d'une extrémité ; deux épingles servant de bretelles le maintiendront là ; l'autre, large, est placée contre l'autre extrémité et pressée jusqu'au haut du plat. Les morceaux minces sont maintenant glissés dans les canaux à hauteur du dessus ; il est maintenant prêt à passer sous la ruche pour être nourri. Laissez l'espace de deux pouces se projeter à l'arrière de la ruche. Une planche étroite devrait être fournie, certaines faisant plus de deux pouces de large, pour le recouvrir. Que la ruche se serre sur cette planche ; le trou sur le côté est suffisant pour le passage des abeilles au travail, jusqu'aux grandes chaleurs. Ainsi, vous voyez que la ruche couvre tout sauf l'espace derrière, que couvre la planche, et qu'aucune abeille étrangère ne peut atteindre le miel sans entrer dans le trou sur le côté et sans passer par parmi les abeilles appartenant à la ruche, qu'elles ne le fera pas souvent ; si la famille est nombreuse, c'est aussi sûr que de se nourrir sur le dessus ; Grâce à cet avantage, aucune abeille ne gêne lors du versement de la nourriture. Lorsque les abeilles doivent être nourries, soulevez la planche à l'arrière et versez le miel ; le grillage au fond empêche toutes les abeilles d'entrer dans cet espace, en même temps laissera passer le miel directement sous les abeilles, qui le prendront plus rapidement que de tout autre endroit où je peux le mettre ; ils travailleront toute la nuit même quand le temps est plutôt frais. Cette planche et cette mangeoire peuvent être retirées une fois l'alimentation terminée et rangées jusqu'à ce que vous en ayez à nouveau besoin ; s'il est laissé sous l'eau pendant l'été, il fournit aux vers un endroit un peu trop commode pour tisser leurs cocons, où ils ne sont pas facilement détruits.

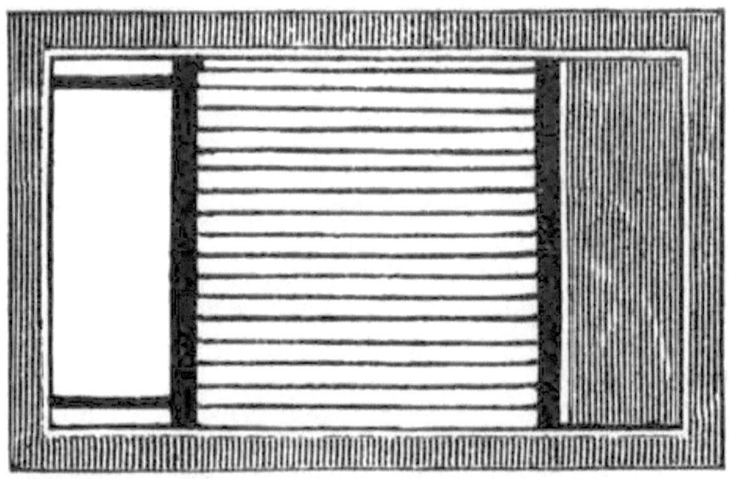

ALIMENTATION POUR INDUIRE DES ESSAIS PRÉCOCES.

Si le but de l'alimentation est de provoquer des essaims précoces, il faudra bien sûr choisir les meilleures souches à cet effet ; mais il faut prendre soin de ne pas en donner trop, et de remplir les rayons de miel, qui devraient être remplis de couvain, et ainsi faire échouer votre objectif ; une livre par jour suffit, peut-être trop. La quantité obtenue à partir des fleurs est un guide partiel ; quand il y a abondance, nourrissez-en moins ; quand il est rare, plus. Commencez dès que vous pouvez les faire lever au printemps, et continuez selon le temps, jusqu'à ce que le trèfle blanc fleurisse ou que des essaims émergent. Un autre objectif de l'alimentation des abeilles à cette époque est d'avoir les rayons du magasin tous remplis de miel de qualité inférieure, de sorte que lorsque le trèfle apparaît (qui donne notre meilleur miel), il n'y ait plus de place que dans les boîtes pour le stocker, qui sont maintenant mis et rapidement rempli. Quand ce dernier objet est seul désiré, peu importe la quantité donnée à la fois, pourvu que tout soit occupé pendant la nuit ; il leur faudra alors très peu de temps en plein jour pour travailler sur les fleurs ; de plus, les abeilles n'auraient aucune difficulté à repousser toute tentative des autres de l'atteindre.

CE QUI PEUT ÊTRE NOURRI.

Du miel de qualité inférieure peut être utilisé à cette fin ; L'Inde du Sud ou de l'Ouest est bonne et coûte peu. Même le sucre de mélasse mélangé à celui-ci fera l'affaire ; mais ils ne l'apprécient pas autant lorsqu'ils sont nourris sans miel. J'ai généralement pris des quantités à peu près égales de chacun, en ajoutant une pinte d'eau à dix livres de ce mélange, et en le rendant aussi chaud que possible sans le faire bouillir, et en l'écumant.

LE MIEL CONFIT EST-IL NUISIBLE ?

On a avancé l'idée que le miel confit serait nocif pour les abeilles, et même mortel. Je n'ai jamais pu découvrir quoi que ce soit de plus que ce soit un gaspillage parfait, alors que j'étais dans cet état. Lorsqu'il est bouilli et qu'on y ajoute un peu d'eau, il semble être aussi bon que n'importe quel autre. Presque tous les stocks en auront plus ou moins sous la main à cette saison ; mais à mesure que le temps chaud approche et que les abeilles augmentent pour réchauffer la ruche, celle-ci semble se liquéfier , pour cette seule cause. Les abeilles, lorsqu'elles sont obligées d'utiliser le miel de ces cellules ainsi confites, en gaspillent une grande partie ; une partie est liquide, et le reste est en grains comme du sucre, ce qu'on peut voir sur le plateau inférieur, car les abeilles le travaillent très souvent. Un autre objectif de l'alimentation des abeilles est de donner aux abeilles du miel de qualité inférieure, mélangé avec du sucre et aromatisé selon leur goût, et de les laisser le stocker dans des boîtes pour le marché. Maintenant, je n'ai aucune confiance dans le fait que le miel subisse une modification chimique dans l'estomac de l'abeille, [14] et je ne peux pas recommander cela comme étant une solution honnête. Je ne pense pas non plus qu'il serait très rentable de se nourrir à ce point, quelles que soient les circonstances. J'ai eu à plusieurs reprises des boîtes presque terminées et prêtes à être commercialisées à la fin de la saison du miel ; un peu plus ajouté les ferait répondre. J'ai ensuite donné quelques kilos de bon miel, mais j'ai toujours constaté qu'il fallait donner plusieurs kilos aux abeilles pour en avoir un dans les caisses.

CHAPITRE X.

DESTRUCTION DES VERS.

Je ne donnerai pas l'histoire complète de ces papillons dans ce chapitre, car le printemps n'est pas la période où ils sont les plus destructeurs. On le remarquera encore sous la rubrique des Ennemis des Abeilles. Mais comme c'est un devoir du printemps, une histoire partielle semble nécessaire.

Dès que les abeilles commencent leur travail, les vers sont généralement prêts à commencer le leur.

CERTAINS DANS LES MEILLEURS STOCKS.

Vous en trouverez probablement dans vos meilleurs stocks ; mais n'ayez pas peur ; ce n'est pas la saison où ils détruisent souvent vos stocks, et pourtant ils leur en nuisent.

COMMENT TROUVÉ.

Le matin, quand il fait frais, soulevez la ruche et vous les retrouverez sur le plateau. Vous ne devez pas supposer que ces jeunes gens ont été élevés en dehors de la ruche, ont grandi et sont maintenant en route parmi les abeilles, mais c'est l'inverse. Ils sont *élevés dans la ruche* et la plupart d'entre eux sont sur le point de sortir, et c'est le moment précis de les arrêter et de les traduire en justice pour leurs crimes.

UN OUTIL POUR LEUR DESTRUCTION.

J'ai utilisé un outil simple, réalisé en quelques minutes, et très pratique dans ce métier. N'importe qui peut y arriver. Procurez-vous un morceau de fer étroit (l'acier serait mieux) de trois quarts de pouce de large et cinq pouces de long ; effilé d'un côté à trois pouces de la fin jusqu'à un point ; puis meulez chaque bord avec netteté ; faites trois ou quatre trous dans l'extrémité large pour y insérer de petits clous dans le manche, qui doit avoir environ deux pieds de long et environ un demi-pouce carré. Armé de cette arme, vous pouvez continuer. Élevez la ruche d'un côté, et avec la pointe de votre épée, vous pourrez extraire un ver du coin le plus proche et gratter facilement tout ce qui se trouve sous la ruche avec. Maintenant, *soyez sûr et envoyez tout le monde* ; non que la « petite victime » fasse elle-même personnellement beaucoup de mal ; mais c'est à travers ses descendants que le mal doit être appréhendé. Il est très probable que la moitié de tous ceux que vous trouverez auront terminé leur processus de destruction, parmi les rayons, et les auront volontairement quittés pour un endroit où tisser leurs cocons. Ils s'inquiètent des abeilles, si elles sont nombreuses, jusqu'à ce qu'ils soient convaincus qu'il n'y a pas d'endroit sûr parmi elles pour confectionner un linceul et restent impuissants pendant deux ou trois semaines. En conséquence, lorsqu'ils ont atteint leur croissance, ils partent, montent sur la planche en bas, deviennent froids et impuissants le matin, mais de nouveau actifs au milieu de la journée. Or, s'ils sont simplement jetés à terre, un lieu y sera choisi, si l'on ne trouve pas mieux, pour la transformation ; et un papillon de nuit perfectionné à dix pieds de la ruche est tout aussi capable de déposer cinq cents œufs dans votre ruche, que s'il n'en était jamais sorti.

Plusieurs générations mûrissent au cours d'un été : par conséquent, une seule détruite à cette saison peut empêcher l'existence de milliers d'individus avant la fin de l'été.

C'est un autre sujet de raisonnement théorique et d'imposition (du moins à mon avis). Je souhaite que le lecteur juge par lui-même ; débarrassez-vous des caprices et des préjugés et examinez le sujet avec franchise et équité ; et s'il n'y a aucun témoignage corroborant pour confirmer une position que j'assume, je ne me plaindrai pas si mes affirmations ne s'en sortent pas mieux que d'autres. Ne reportez votre jugement que jusqu'à ce que vous *le sachiez* par vous-même.

Les abeilles ont toujours reçu mon respect et mon attention particuliers ; et mon enthousiasme peut aveugler mon jugement. J'ai peut-être des préjugés, mais je ne me tromperai pas volontairement . J'ai trouvé tellement de théories complètement fausses, lorsqu'elles sont mises en pratique, que je ne peux me fier à l'hypothèse de personne, aussi plausible soit-elle, sans des faits pratiques pour l'étayer. Personne ne devrait être pleinement crédité sans un test. Pour revenir à notre sujet.

CONCLUSIONS ERREURS.

Beaucoup supposent que lorsque ces vers sont trouvés sur le plateau, ils y arrivent par accident, étant tombés des rayons situés au-dessus. Ils ne semblent pas comprendre que le ver se déplace généralement selon des principes sûrs ; c'est-à-dire qu'il attache un fil à tout ce qu'il traverse. Pour être satisfait sur ce point, j'ai plusieurs fois soigneusement détaché son pied, lorsqu'il se trouvait du côté de la ruche ou ailleurs, où il tombait de quelques centimètres, et je l'ai toujours trouvé avec un fil solide à l'endroit où il est parti. , pour lui permettre de retrouver son poste s'il le souhaite. N'est-il pas probable, alors, que chaque fois qu'il quitte les peignes pour le plancher, il puisse facilement remonter ? Il le fait sans doute souvent, pour être à nouveau chassé par les abeilles. Maintenant, ce à quoi je veux en venir par tout ce préambule, c'est simplement ceci : tous nos efforts et nos soucis pour empêcher les vers de remonter vers les rayons - par des crochets métalliques, des épingles métalliques, des vis, des clous, des épingles tournées, des pinces. les coquilles, les blocs de bois, etc., sont une parfaite absurdité, alors que la moitié ou plus d'entre eux ne feraient plus de mal aux abeilles s'ils le faisaient, et pourraient aussi bien aller là-bas que n'importe où ailleurs. En outre, ces « fixins » inutiles constituent très souvent un préjudice positif pour les abeilles.

OBJECTIONS AU FOND SUSPENDU.

Supposons, s'il vous plaît, que le ver n'ait pas de fil attaché au-dessus, et que votre planche soit suffisamment éloignée du fond de la ruche pour l'empêcher de l'atteindre. Bien sûr, il ne peut pas se lever ; mais comment vos abeilles vont-elles faire mieux ? Le ver peut atteindre aussi haut qu'il le peut. L'abeille peut voler, pensez-vous ; ce sera le cas, parfois ; mais il essaiera d'abord une douzaine de fois de se relever sans, et quand il le fera, c'est une très mauvaise position pour commencer, étant donné qu'il s'agit d'une planche lisse. Par temps chaud, ça marche mieux. Avez-vous jamais observé près d'une ruche ainsi élevée, en avril ou mai, vers la nuit, quand il faisait un peu frais, et vu les petits insectes industrieux arriver avec une charge aussi lourde qu'ils pouvaient porter, tout froids et presque hors de portée. souffle, à peine capables de rentrer chez eux, et là, témoins de leurs vaines tentatives pour se placer parmi leurs semblables au-dessus d'eux ? Si vous n'avez jamais été témoin de cela, j'aimerais que vous preniez un peu de peine pour cela, et quand vous les voyez abandonner par désespoir, alors qu'ils sont trop froids pour voler, et périr après de nombreuses tentatives infructueuses pour survivre, je pense que si vous possédez de la sympathie, de la bienveillance. , ou même de l'égoïsme, vous serez incité à faire comme moi : jeter immédiatement les crochets métalliques et tout le reste sous la ruche au printemps, et donner aux abeilles, lorsqu'elles rentrent chez elles avec une charge, dans de telles circonstances, ce que ils méritent amplement, c'est-à-dire *la protection* .

AVANTAGE DE LA RUCHE A PROXIMITE DU PLANCHE.

Un trou d'un pouce sur le côté de la ruche, à quelques pouces du fond, comme passage pour les abeilles, est nécessaire, car je recommanderai de laisser la ruche près de la planche ; c'est essentiel à cause du vol ; aussi, il faut confiner autant que possible la chaleur animale, dans la plupart des ruches, pendant la saison où les abeilles sont occupées à élever le jeune couvain ; et la chaleur est nécessaire pour faire éclore les œufs et développer les larves ; nous savons tous que lorsque la ruche est proche, moins de chaleur s'échappe que si elle est surélevée d'un pouce.

RÉPONSE À L'OBJECTION.

Vous vous opposez à cela et dites-moi : « les vers se glisseront entre le fond de la ruche et la planche ». Eh bien, je pense qu'ils le feront, et alors ? Pourquoi j'espère que si vous avez l'intention de réussir, vous les sortirez et leur écraserez la tête ; si vous ne pouvez pas leur accorder autant d'attention, mieux vaut ne pas les garder, ou en confier la garde à quelqu'un qui le fera.

Je suis aussi disposé à trouver un ver sous le bord de la ruche et à l'éliminer, qu'à le voir se glisser dans un endroit hors de vue et se transformer en papillon de nuit. Une fois, j'ai coupé le fond de mes ruches jusqu'à un bord fin, de sorte qu'elles n'avaient pas cet endroit pour leurs cocons, mais je préfère maintenant les avoir carrés. *Tout profit* est rarement obtenu avec quoi que ce soit. Si vous plantez un champ de maïs, vous ne vous attendez pas à ce que tout le travail de culture soit terminé. Il ne faut pas non plus s'attendre, lorsque vous constituez un stock d'abeilles, à ce qu'un rendement complet soit obtenu sans rien de plus. Si vous êtes rémunéré en désherbant votre maïs, sachez qu'il est tout aussi rentable d'éliminer vos abeilles.

INSUFFISANCE DU FOND INCLINÉ.

Maintenant, ne vous y trompez pas et, par indolence, laissez-vous inciter à faire en sorte que ces ruches à fonds descendants rejettent les vers à mesure qu'ils tombent, et espérez ainsi vous débarrasser du problème ; (J'ai déjà, dans un autre chapitre, exprimé des doutes à ce sujet). Mais nous supposerons *maintenant* de telles planches de fond descendantes capables de jeter à terre tout ver qui les touche « les talons au-dessus de la tête » ; qu'avons-nous gagné ? Son cou n'est pas cassé, ni aucun autre *os* de son corps ! Comme si rien d'extraordinaire ne s'était produit, il se ressaisit tranquillement et cherche un endroit confortable ; il ne se soucie plus de la ruche maintenant ; il s'est goinfré des rayons jusqu'à ce qu'il soit satisfait, avant de les quitter, et est heureux de s'éloigner des abeilles de toute façon . On trouve facilement un endroit assez grand pour un cocon, et lorsqu'il redevient désireux de visiter les ruches, ce n'est pas pour satisfaire ses propres besoins, mais pour accommoder sa progéniture ; il est alors doté d'ailes suffisantes pour le porter à n'importe quelle hauteur que vous choisissez pour placer vos abeilles.

UN MITE PEUT ALLER OÙ LES ABEILLES PEUVENT.

Une ruche à l'épreuve du papillon n'a pas encore été construite. Nous en entendons souvent parler, mais lorsqu'ils sont testés, ces vers arrivent là où se trouvent les abeilles. Lorsque vos ruches sont si pleines d'abeilles qu'elles recouvrent la planche par une matinée fraîche, les vers s'y trouvent rarement, sauf sous le bord de la ruche.

PIÈGE POUR ATTRAPER LES VERS.

Vous pouvez maintenant le relever, mais vous pouvez toujours attraper les vers en posant sous les abeilles un bardeau étroit, un bâton de sureau fendu en deux dans le sens de la longueur et la moelle grattée, ou tout autre objet qui leur offrira une protection contre les abeilles, et où ils peuvent tisser leurs cocons. Ceux-ci doivent être retirés tous les quelques jours, les vers détruits et le piège remis en place. Ne le négligez pas jusqu'à ce qu'ils se transforment en papillon de nuit et que vous n'ayez plus qu'à retirer le cocon vide.

BOÎTE POUR WREN.

Si vous preniez la peine d'installer une cage ou deux pour que le troglodyte puisse y nicher, il serait un assistant précieux dans ce domaine de votre travail. Il serait aux aguets pendant votre absence, et de nombreux vers, tout en cherchant une cachette dans un coin, seraient soulagés de tout autre problème en se déposant dans sa récolte. La cage pour lui ne doit pas nécessairement mesurer plus de quatre pouces carrés ; il peut être attaché le plus près possible des abeilles ; à un poteau, un arbre ou un côté d'un bâtiment de quelques pieds de haut. J'ai vu le crâne de quelque animal (cheval ou bœuf) utilisé, et cela leur convient très bien, la cavité du cerveau étant utilisée pour le nid. Une personne m'a dit un jour que le troglodyte ne construirait pas celui qu'il avait installé. Après examen, le pieu qui le soutenait a été retrouvé enfoncé dans l'unique entrée. Je mentionne cela pour montrer à quel point certaines personnes comprennent peu ce qu'elles font. Il suffit parfois de savoir pourquoi une chose doit être faite, comme de savoir qu'elle *doit* être faite. Je pourrais vous dire de faire beaucoup de choses, mais ensuite vous aimeriez savoir *pourquoi*, puis *comment* le faire. Or si cette prolixité vous est inutile, un autre peut en avoir besoin. Vous devez vous rappeler que je m'efforce d'apprendre à élever des abeilles à quelques-uns, qui ne sont pas surchargés d'ingéniosité.

CHAPITRE XI.

MISE ET DÉMONTAGE DES BOÎTES.

La pose des cartons peut être considérée comme une tâche intermédiaire entre la gestion du printemps et de l'été. Je ne peux pas recommander de les mettre dès le dernier avril ou le premier mai, dans des circonstances ordinaires. Il est possible de trouver un cas qui serait le meilleur. Mais avant que la ruche ne soit pleine d'abeilles, cela est généralement inutile, ce qui constitue très probablement un inconvénient, en permettant à une partie de la chaleur animale de s'échapper, nécessaire dans la ruche pour faire mûrir le couvain. De plus, l'humidité peut s'accumuler jusqu'à ce que l'intérieur se moule , etc. Une certaine expérience et un certain jugement sont nécessaires pour connaître les plages horaires nécessaires. Qu'il *faut* des caisses à la bonne saison, je pense que je n'aurai pas besoin d'argument pour convaincre qui que ce soit , de nos jours. Les apiculteurs ont généralement abandonné la pratique barbare consistant à tuer les abeilles pour obtenir du miel. Beaucoup d'entre eux ont appris qu'un bon essaim permet de stocker suffisamment de miel pour l'hiver, ainsi que de gagner plusieurs dollars dans des caisses.

AVANTAGE DU VENDEUR DE BREVET.

C'est ici que le vendeur de brevets a profité de notre ignorance, en prétendant qu'aucune autre ruche que *la sienne n'avait jamais obtenu de telles quantités, ni une qualité aussi pure* .

TEMPS DE MISE EN PLACE—RÈGLE.

Il est probable qu'un grand nombre de lecteurs auront besoin de l'observation nécessaire pour savoir avec précision quand la ruche est pleine de miel ; il peut être plein d'abeilles et non de miel. Et pourtant la seule règle que je puisse donner pour être généralement appliquée, c'est quand les abeilles commencent à être évincées, mais un jour ou deux avant serait juste le bon moment, c'est-à-dire quand elles obtiennent du miel (car il il ne faut pas oublier qu'ils ne reçoivent pas toujours de miel lorsqu'ils commencent à se regrouper). Ce guide remplacera un meilleur, que seules une observation attentive et une expérience peuvent donner. En observant attentivement une ruche en verre, dans les cellules qui touchent le verre au bord des rayons, chaque fois que du miel s'y dépose en abondance, il est bien évident que les fleurs le donnent à ce moment-là, et que d'autres souches l'obtiennent également. Il est maintenant temps, en cas de regroupement, de mettre les boîtes. Lorsque les boîtes sont faites comme je l'ai recommandé, c'est-à-dire la dimension contenant 360 pouces solides, il convient de n'en mettre qu'une d'abord ; quand celui-ci est plein soit d'abeilles, soit de miel, et que pourtant les abeilles sont rassemblées dehors, l'autre peut être ajouté. C'est avant l'essaimage ; trop de place pourrait retarder l'essaimage de quelques jours, mais s'il y a trop de monde à l'extérieur, cela indique un manque de place, et les boîtes ne peuvent faire que peu de différence. Il vaut mieux avoir une case bien remplie que deux à moitié pleines, ce qui pourrait être le cas si les abeilles n'étaient pas nombreuses. Le but de la mise en caisses avant l'essaimage est d'employer une partie des abeilles, qui autrement resteraient oisives en dehors de deux ou trois semaines, comme elles le font souvent, à préparer les jeunes reines à l'essaimage. Mais lorsque toutes les abeilles peuvent être occupées de manière rentable dans le corps de la ruche, plus d'espace n'est pas nécessaire.

FAIRE DES TROUS APRÈS QUE LA RUCHE EST PLEINE.

Chaque fois qu'il est nécessaire de placer des boîtes sur une ruche qui n'a pas de trous au sommet, cela ne doit pas vous empêcher d'obtenir quelques livres du miel le plus pur que l'on puisse avoir, tout comme de laisser une partie des abeilles inactives. Je m'efforce toujours de vérifier dans quelle direction sont faites les feuilles de peigne, puis je marque la rangée de trous sur le dessus, à angle droit avec elles.

AVANTAGE D'UN ORGANISME APPROPRIÉ.

Deux pouces étant à peu près la bonne distance, chacun sera fait de telle sorte qu'une abeille arrivant au sommet de la ruche entre deux feuilles quelconques pourra trouver un passage dans la boîte, sans avoir à le chercher longtemps ; ce que j'imagine être le cas lorsqu'un seul trou pour un passage est fait, ou lorsque la rangée de trous est parallèle aux peignes. Une ruche peut contenir huit ou dix feuilles de rayons, et une abeille désireuse d'entrer dans la boîte peut monter plusieurs fois entre deux feuilles avant de trouver le passage. On a avancé que chaque abeille apprendrait bientôt tous les passages et tous les emplacements de la ruche et connaîtrait par conséquent le chemin direct qui mène à la loge. Cela est peut-être vrai, mais quand nous nous souvenons que tout ce qui se trouve à l'intérieur de la ruche est une obscurité parfaite, que ce chemin doit être trouvé par le seul sens du sentiment, que ce sens doit être son guide dans tous ses voyages futurs, que peut-être mille ou deux de jeunes ouvriers s'ajoutent chaque semaine, et ceux-ci doivent apprendre par les mêmes moyens ; il semblerait que si nous étudiions notre propre intérêt, nous leur donnerions toute la facilité possible pour entrer dans les cases. Quel chemin si facile pour eux que d'avoir un passage, lorsqu'ils arrivent en haut, entre chaque rayon ? Le fait que les abeilles ne connaissent pas tous les chemins autour de la ruche peut être partiellement prouvé en ouvrant la porte d'une ruche en verre. La plupart des abeilles sur le point de partir, au lieu d'aller vers le fond pour sortir, d'où elles sont parties plusieurs fois, semblent ne rien savoir du chemin, mais essaient en vain de sortir à travers la vitre, chaque fois que la lumière est admise.

J'en suis si bien convaincu, que je prends soin de leur ménager un passage entre chaque peigne ; alors au moins ils ne perdront pas de temps à se tromper entre les mauvais rayons, se pressant et se frayant un chemin à travers une masse dense d'abeilles qui gênent chaque pas, jusqu'à nouveau au sommet peut-être entre les mêmes rayons, peut-être à droite, peut-être plus loin que d'abord; quand je suppose qu'ils essaient à nouveau ; car les cases sont parfois remplies dans de telles circonstances.

Pour les aider le plus possible, lorsque de nouvelles ruches sont utilisées pour les essaims, j'attends que la ruche soit presque remplie avant de faire des trous pour connaître la direction des rayons. Nous savons tous qu'il est incertain de savoir dans quelle direction les rayons seront construits, lorsque l'essaim y sera introduit, à moins que des peignes guides ne soient utilisés. [15] Lorsque des trous sont pratiqués avant d'y placer les abeilles, il convient d'y placer des peignes-guides comme indiqué pour les boîtes ; (bien sûr, ils doivent traverser à angle droit la rangée de trous).

DIRECTIVES POUR PERCER DES TROUS EN STOCKS COMPLETS.

Pour faire des trous dans le dessus une fois les rayons fabriqués ,—Marquez le dessus comme indiqué pour faire des ruches et des boîtes. Une mèche centrale ou une mèche à tarière avec une lèvre ou un ardillon est préférable, car elle coupe un peu plus vite que le copeau n'est retiré, le laissant lisse ; une fois presque terminé, un couteau pointu peut couper le reste du copeau et le retirer; si c'est entre les rayons, c'est bien ; si c'est directement au centre de l'un d'entre eux, c'est un peu mieux ; avec le couteau, prélevez un morceau gros comme une noix ; même s'il y a du miel dedans, aucun mal ne sera fait. Les abeilles auront alors un passage de part et d'autre du rayon.

Après avoir ouvert un trou, il est très probable que les abeilles voudront voir ce qui se passe au-dessus de leur tête et sortiront pour effectuer une reconnaissance . Pour éviter leur interférence, utilisez de la fumée de tabac et envoyez-les hors de votre chemin jusqu'à ce que votre trou soit terminé. Maintenant, posez dessus une petite pierre ou un bloc de bois et fabriquez les autres de la même manière. Lorsque tout est terminé, soufflez un peu de fumée en les découvrant et mettez votre boîte. Ce processus n'est pas aussi formidable qu'il y paraît ; J'en ai ainsi ennuyé des centaines. Vous vous souviendrez que mes ruches ne sont pas aussi hautes que beaucoup d'autres les maintiennent, elles sont dans une position à peu près aussi pratique que possible. Cette méthode m'épargne la peine de planter les peignes-guides dans mes ruches ; aussi, la nécessité de couvrir ou de boucher les trous. Le Dr Bevan et quelques autres ont fabriqué une ruche à barres transversales, au lieu de clouer le dessus de la manière habituelle ; une planche d'un demi-pouce de la bonne longueur est coupée en bandes, certaines de plus d'un pouce de large et espacées d'un demi-pouce, sur le dessus. Il est évident que dans une telle ruche, une abeille peut passer dans la loge chaque fois qu'elle arrive au sommet, sans difficulté. Je répéterai ici l'objection à laisser trop de place pour passer dans les cases, afin que vous puissiez voir les inconvénients des extrêmes du trop peu et du trop grand espace. Dans ces ruches à barres transversales, la chaleur animale monte dans la boîte depuis la ruche principale, la rendant aussi chaude qu'en dessous ; la reine monte avec les abeilles, et trouvant le lieu chaud et propice à la reproduction, elle y dépose ses œufs ; on y trouve du jeune couvain ainsi que du miel. Quand on le croit plein, il est alors indispensable de le rendre, s'il est enlevé, jusqu'à ce qu'il éclose, (sinon il le gâte par moulage), ce qui rend les rayons sombres, durs, etc. Une autre objection à de tels toits ouverts est qu'il faut utiliser des boîtes à fond ouvert, qui ne sont pas aussi soignées pour le marché.

A ENLEVER UNE FOIS REMPLI.

Cet avantage accompagne les boîtes en verre : pendant leur remplissage, on peut suivre l'avancement jusqu'à la fin, lorsqu'elles doivent être retirées pour préserver la pureté des peignes. Chaque jour, les abeilles peuvent les parcourir, ce qui les rend plus sombres. Par conséquent, lorsque nos abeilles mettent longtemps à remplir une boîte, celle-ci n'est pas aussi purement blanche que lorsqu'elle est remplie rapidement.

TEMPS MIS POUR REMPLIR UNE BOÎTE.

Deux semaines, c'est la période la plus courte que j'ai jamais eue pour remplir et terminer. Bien entendu, cela dépend du rendement en miel et de la taille de l'essaim ; trois ou quatre semaines sont généralement prises à cet effet. J'ai déjà dit que la première récolte de miel manque presque dans cette section, généralement vers le 20 juillet ; il existe quelques variations, plus tard ou plus tôt, selon la saison. Dans d'autres endroits, cela peut être beaucoup plus tard.

QUAND ENLEVER LES BOITES PARTIELLEMENT PLEINES.

Vous pouvez le vérifier en soulevant occasionnellement le couvercle de vos boîtes en verre. Lorsqu'il n'y a plus rien à ajouter, toutes les cases qui en valent la peine doivent être retirées ; si on les laisse plus longtemps, les rayons deviennent plus foncés, et les cellules de miel qui ne sont pas scellées (et parfois la majorité le sont), les abeilles les enlèvent généralement dans la ruche.

LA FUMÉE DE TABAC PRÉFÉRÉE AUX DIAPOSITIVES.

Lorsqu'il faut enlever les boîtes, si l'on utilise une lame d'étain, de zinc, etc. pour fermer les trous, certaines abeilles risquent d'être écrasées, d'autres se retrouveront sans tête, sans patte ou sans abdomen, et tous seront irritables pendant plusieurs jours. Un peu de fumée de tabac est préférable, car cela maintient le silence. Il suffit de soulever suffisamment la boîte à enlever pour souffler un peu de fumée en dessous, et les abeilles quitteront le voisinage des trous en un instant ; la boîte peut alors être retirée, et une autre mise si nécessaire, sans exciter le moins du monde leur colère.

MANIÈRE DE ÉLIMINER LES ABEILLES DANS LES BOÎTES.

Réveillez les abeilles en frappant légèrement la boîte quatre ou cinq fois. Si toutes les alvéoles sont terminées et qu'on obtient encore du miel, retournez la boîte à fond, près de la ruche d'où elle a été prise, afin que les abeilles puissent y entrer sans voler ; par ce moyen, vous pouvez sauver plusieurs jeunes abeilles, qui n'ont jamais quitté la ruche et qui ont marqué l'emplacement, et quelques autres trop faibles pour voler, mais qui suivront les autres dans la ruche ; (elles se perdent lorsqu'on est obligé de les porter à distance.) Les boîtes peuvent être enlevées soit le matin, soit le soir ; si c'est le matin, on peut le laisser reposer plusieurs heures quand le soleil n'est pas trop chaud, mais en aucun cas le laisser reposer au soleil au milieu de la journée, car les rayons fondraient. Les abeilles partiront toutes, parfois dans une heure ; dans d'autres cas, ils ne sortiront pas dans trois heures. Ils peuvent être enlevés le soir et rester debout jusqu'au matin, par beau temps ; si ce n'est pas trop cool, ils sont généralement tous dehors ; mais il y a là un risque que le papillon le trouve et dépose ses œufs ; on en trouvera peut-être un sur cinquante.

LES ABEILLES DISPOSÉES À EMPORTER LE MIEL.

Lorsque les caisses sont retirées à la fin de la saison du miel, il faut adopter une méthode différente pour se débarrasser des abeilles, sinon nous perdons notre miel. A moins que les rayons ne soient tous terminés, on en perd alors de toute façon, car la plupart des abeilles se remplissent avant de partir ; ils le rapportent chez eux et reviennent immédiatement en chercher davantage, et prennent tout, s'ils ne sont pas empêchés. Il a été recommandé de l'emmener dans une pièce sombre avec une petite ouverture pour laisser sortir les abeilles ; dans la journée, ils partent parfois tous ; mais cette méthode m'a semblé dangereuse, car ils retrouvent parfois le chemin du retour. Lorsqu'il faut gérer un grand nombre de caisses, une méthode plus expéditive consiste à disposer une grande caisse aux joints serrés, ou une tonneau vide, ou quelques tonneaux dont une tête est sortie, placés dans un endroit convenable ; placez les boîtes les unes au-dessus des autres, mais pas de manière à boucher les trous ; par-dessus, jetez une feuille d'une épaisseur, une fine étant préférable, car elle laissera passer plus de lumière. Les abeilles quitteront les boîtes, ramperont vers le haut et monteront sur la feuille ; enlevez-le et retournez-le plusieurs fois ; de cette façon, tout peut être éliminé sans possibilité d'emporter beaucoup de miel. Tous ceux qui connaissent le chemin retourneront à la ruche, mais quelques jeunes seront perdus.

NON DISPOSÉ À PIQUER.

Ils proposent rarement de piquer pendant cette partie de l'opération, même lorsque la boîte est enlevée sans fumée de tabac et emportée hors de la ruche ; au bout d'un moment, les abeilles se retrouvant loin de chez elles, perdent toute animosité.

À mesure que le miel se raréfie, on élève moins de couvain ; un grand nombre de cellules qu'ils occupaient sont bientôt vides ; de plus, plusieurs alvéoles qui contenaient du miel ont été vidées et utilisées pour faire mûrir la portion de couvain qui venait de commencer au moment de l'échec. Nous pouvons maintenant comprendre, ou pensons comprendre, pourquoi nos meilleurs stocks, très lourds, qui quelques jours auparavant étaient bondés pour gagner de la place et être stockés dans des caisses, sont maintenant avides de miel à stocker dans la ruche ; car il y a suffisamment de place pour plusieurs kilos. Ils transporteront rapidement dans la ruche le contenu de toute boîte laissée exposée ; ou même risquer leur vie en entrant pour cela dans une ruche voisine ; après avoir été autorisé à faire un début, dans de telles circonstances.

RÈGLE.

Lors d'une récolte de miel, enlevez les caisses au fur et à mesure qu'elles sont remplies, et remettez les vides. À la fin de la saison, enlevez tout. Pas un cheptel sur cent qui a travaillé dans des caisses ne mourra de faim, c'est-à-dire lorsque la ruche aura la taille appropriée et sera pleine avant d'ajouter les caisses, à moins qu'il ne soit volé ou victime d'une autre perte.

CHAPITRE XII.

SÉCURISER LE MIEL DU MITE.
DEUX CHOSES À ÉVITER.

Lorsque les loges sont débarrassées des abeilles, il faut éviter deux choses si l'on veut conserver son miel jusqu'au froid. L'une consiste à empêcher les vers d'entrer, l'autre à empêcher l'aigreur. Ce dernier problème est peut-être nouveau pour beaucoup, mais quelques-uns d'entre nous en ont souffert à cause de l'humidité par temps chaud. Les rayons se couvrent d'humidité, une partie du miel devient fluide comme de l'eau et, au lieu des qualités sucrées, nous avons de l'acide. Remède : conserver parfaitement au sec et au frais, si vous le pouvez, mais au sec en tout cas.

APTE À ÊTRE TROMPÉ SUR LES VERS.

Mais les vers, vous pouvez sûrement les empêcher d'entrer, pensez-vous, puisque vous pouvez fermer parfaitement les boîtes, empêchant ainsi le papillon de nuit ou même la plus petite fourmi d'entrer ! Oui, vous pouvez le faire efficacement, mais les vers seront souvent là d'une manière ou d'une autre, sauf à une température très basse, comme une cave très fraîche, ou dans la maison, et vous devrez alors vous prémunir contre l'humidité. J'ai une petite expérience en la matière qui gâche complètement votre théorie. J'ai enlevé des bocaux en verre et je les ai observés jusqu'à ce que toutes les abeilles soient sorties, et j'étais *certain que le papillon ne s'approchait pas* d'eux, puis je les ai immédiatement scellés ; empêchant absolument l'accès par la suite (je pourrais le faire avec un pot plus efficacement qu'avec une boîte faite de plusieurs pièces), je me sentis alors bien sûr d'être en avance et de n'avoir aucun problème avec les vers, comme cela avait souvent été le cas. cas auparavant. Je me suis malheureusement trompé.

Leurs progrès décrits.

Au bout de quelques jours, j'ai pu voir d'abord un peu de poussière blanche, comme de la farine, sur le côté des rayons et au fond du pot. À mesure que les vers grossissaient, cette poussière devenait plus grossière. En regardant attentivement les rayons, une petite ligne filiforme blanche était d'abord perceptible, s'élargissant à mesure que le ver progressait.

Lorsque les rayons sont remplis de miel, ils ne vont qu'à la surface, ne mangeant que le scellement des cellules ; pénétrant rarement au centre , sans une cellule vide pour donner sa chance. Aussi dégoûtants qu'ils semblent être, ils n'aiment pas être barbouillés de miel. *La cire, et non le miel, est leur nourriture.*

Le lecteur aimerait savoir comment ces vers sont arrivés dans les bocaux, alors que, selon toute apparence, c'était *une impossibilité physique* . J'aimerais le dire positivement, mais je ne peux pas. Mais je devinerai, si vous le permettez. Je partirai tout d'abord du principe que je ne suppose pas qu'ils soient générés spontanément ! Leur présence là indiquerait donc un agent ou un moyen difficile à percevoir.

UNE SOLUTION OFFERTE.

L'hypothèse que je propose est originale et nouvelle, et donc critiquable ; s'il existe une meilleure façon d'expliquer le mystère, je serais heureux de le savoir.

Du premier juin jusqu'à la fin de l'automne, le papillon peut être trouvé autour de nos ruches, actif la nuit, mais toujours le jour. Le seul objectif est probablement de trouver un endroit convenable pour déposer ses œufs, afin que les jeunes puissent avoir de la nourriture ; si aucun endroit convenable et convenable n'est trouvé, eh bien, je suppose qu'il choisira celui qu'il *pourra* trouver ; *il faut que* leurs œufs soient déposés quelque part, que ce soit dans les fissures de la ruche, dans la poussière du fond, ou à l'extérieur, aussi près de l'entrée qu'ils osent s'en approcher. Les abeilles qui les parcourent peuvent attacher un ou plusieurs de ces œufs à leurs pattes ou à leur corps et les transporter parmi les rayons, où ils peuvent ensuite éclore. Il n'est pas du tout probable que le papillon ait jamais traversé la ruche parmi les abeilles pour déposer ses œufs dans les bocaux mentionnés ci-dessus. Si ces bocaux avaient été laissés dans la ruche, pas un ver n'aurait jamais dégradé un rayon ; car, lorsque les abeilles sont nombreuses, chaque ver, dès qu'il commence son travail de destruction, sera enlevé, c'est-à-dire lorsqu'il travaille à la surface, comme dans les loges à miel ; dans les rayons de reproduction, ils pénètrent au centre et sont plus difficiles à retirer. En retirant ces bocaux et en retirant les abeilles, cela a donné une chance équitable à tous les œufs qui s'y trouvaient. De nombreux auteurs, trouvant les rayons intacts lorsqu'ils sont laissés dans la ruche jusqu'au froid, recommandent cela comme le seul moyen sûr, préférant avoir les rayons un peu plus foncés que le risque d'être détruits par les vers. Mais je m'oppose aux peignes sombres, et laisser les boîtes empêchera effectivement les boîtes vides de prendre leur place, qui est nécessaire pour obtenir tous les bénéfices. J'offrirai encore quelques remarques en faveur de ma théorie, puis je donnerai mon remède contre les vers. J'ai trouvé dans toutes les ruches où les abeilles ont été enlevées par temps chaud, disons entre le milieu de juin et septembre, (et il y en a eu un grand nombre), des œufs de mites en nombre suffisant dans les rayons pour les détruire en très peu de temps. à moins qu'il ne soit conservé dans un endroit très frais ; ce résultat a été uniforme. Quiconque en doute peut retirer les abeilles d'une ruche pleine de rayons en juillet ou en août ; et fermez-le pour empêcher la *possibilité* qu'un papillon de nuit y entre, placez-le dans une température allant de soixante à quatre-vingt-dix, et s'il n'y a pas assez de vers pour le convaincre que c'est correct, il aura plus de succès que moi. Cependant, aucun résultat de ce genre ne se produira lorsque les abeilles seront laissées parmi les rayons, à moins que l'essaim ne soit très petit ; alors le préjudice causé sera proportionnel. Un stock fort peut avoir autant d'œufs de papillon dans les rayons qu'un stock faible, cependant l'un sera à peine blessé, tandis que l'autre peut être presque ou entièrement détruit.

Or, si cette théorie est exacte et que les abeilles transportent effectivement ces œufs dans les rayons, n'y a-t-il pas beaucoup de travail perdu à essayer de construire une ruche à toute épreuve ? Les papillons de nuit, ou plutôt les vers, sont toujours présents pour dévorer les rayons, chaque fois que les abeilles les ont quittés en cette saison.

MÉTHODE POUR TUER LES VERS DANS DES BOÎTES.

Maintenant, que vous soyez satisfait ou non de ce qui précède, nous allons procéder au remède. Peut-être trouverez-vous une boîte sur dix qui ne contiendra aucun vers, d'autres pourront en contenir de un à vingt après une semaine ou plus d'absence. Tous les œufs devraient avoir une chance d'éclore, ce qui peut prendre trois semaines par temps frais. Il faut veiller à ce qu'aucun vers ne devienne assez gros pour blesser gravement les rayons avant de les détruire. Procurez-vous un baril ou une boîte fermée qui exclura l'air autant que possible ; dans celui-ci, placez les boîtes, avec les trous ou le fond ouverts. Dans un coin, laissez une place pour une tasse ou un plat quelconque, pour contenir quelques allumettes de soufre pendant qu'elles brûlent. (Ils sont fabriqués en trempant du papier ou des chiffons dans du soufre fondu .) Quand tout est prêt, allumez les allumettes et couvrez pendant plusieurs heures. Un peu de soin est nécessaire pour que tout soit parfait : si on en utilise trop peu, les vers ne sont pas tués ; si c'est trop, cela donne aux peignes une couleur verte. Un peu d'expérience vous permettra bientôt de juger. Si les vers ne sont pas tués lors du premier essai, une autre dose doit être administrée. Beaucoup moins de soufre adhère au papier ou aux chiffons s'ils sont très chauds une fois plongés, que s'ils sont juste au-dessus de la température nécessaire pour les faire fondre ; il faut en tenir compte, ainsi que le nombre de boîtes à fumer, la dimension du récipient utilisé pour les fumer, etc.

Je n'ai pas suffisamment testé pour décider si ce gaz provenant de la combustion du soufre détruira les œufs du papillon avant l'apparition du ver ; mais je sais que c'est un tranquillisant efficace pour les larves !

LE GEL LES DÉTRUIT.

Les boîtes enlevées à la fin des températures chaudes et exposées au gel pendant tout l'hiver semblent avoir tous les vers ainsi que leurs œufs détruits par le froid ; par conséquent, toutes les boîtes ainsi exposées peuvent être conservées pendant un temps quelconque ; le seul soin étant nécessaire, pour exclure efficacement le papillon. Mais n'oubliez pas de faire attention à tous les rayons dont les abeilles ont été retirées par temps chaud. Je préfère retirer toutes les boîtes à la fin de la première récolte de miel, même si je compte les remettre en place pour le miel de sarrasin. Les abeilles, à cette saison, récoltent une grande abondance de propolis , qu'elles répandent à l'intérieur des caisses ainsi que dans la ruche ; dans certains cas, il est étalé sur le verre avec une telle épaisseur qu'il est impossible de voir la qualité du miel. Il n'est pas nécessaire d'avoir des boîtes sur une ruche à n'importe quelle saison lorsqu'il n'y a pas de récolte de miel pour les remplir. Parfois même dans une production de miel de sarrasin, un stock peut contenir trop peu d'abeilles pour remplir les caisses, mais seulement quelques-unes peuvent y entrer et mettre de la propolis ; cela ne devrait pas être autorisé, car cela donne une mauvaise image lorsqu'il est utilisé une autre année. A cette saison (août), certains vieux stocks peuvent être pleins de rayons, et peu d'abeilles, mais des essaims quand ils ont rempli la ruche à temps, sont très sûrs d'avoir assez d'abeilles pour aller travailler dans les loges. Je les ai vus le faire trois semaines après avoir été placés en ruche .

OBJECTION À L'UTILISATION DES BOÎTES AVANT QUE LA RUCHE SOIT PLEINE.

Certains mettent des caisses au moment de la ruche des abeilles. Dans de tels cas, la boîte est souvent remplie en premier et contient presque aussi souvent du couvain. Je considère que cela ne présente aucun avantage, et souvent un préjudice ; car je veux que la ruche soit pleine de toute façon - et puis s'ils ont le temps, laissez-les dans des boîtes, même si ce peut être du sarrasin, au lieu du miel de trèfle que nous obtenons.

CHAPITRE XIII.

FOURMILLEMENT.

IL EST TEMPS DE LES ATTENDRE.

Je sais que la saison des essaims réguliers dans cette section commence le 15 mai et, dans certaines saisons, le 1er juillet. La fin est vers le 15 du dernier mois, à quelques exceptions près. J'en ai eu un jusqu'au 21 ; aussi quelques essaims de sarrasin entre le 12 et le 25 août.

Le sujet dont nous sommes saisis aujourd'hui est d'un intérêt passionnant. Pour le rucher, la perspective d'une augmentation des stocks suffit à susciter un certain intérêt, même lorsque le phénomène d'essaimage ne parviendrait pas à le réveiller. Mais pour le naturaliste, cette saison a des charmes que le spectateur indifférent ne pourra jamais réaliser.

TOUS LES Apiculteurs devraient le comprendre tel qu'il est.

Dans de nombreux cas, à titre de guide, il est important que l'apiculteur pratique comprenne cette question *telle qu'elle est*, et non comme le prétendent de nombreux auteurs. Je serai obligé de différer de presque tous sur de nombreux points.

MOYENS DE LE COMPRENDRE.

Il s'agit d'un autre cas de « lorsque les médecins ne sont pas d'accord, qui doit décider ? » Vous, lecteur, êtes simplement la personne. Il n'y a pas du tout besoin d'un médecin dans ce domaine. Je vais m'efforcer de tester la plupart de mes affirmations. Pour rendre ce sujet aussi clair que possible ici, je peux répéter certaines choses dites précédemment. Les faits relatés relèvent de ma propre observation. J'ai probablement pris plus de peine que la plupart des apiculteurs, pour comprendre cette affaire jusqu'au fond *depuis le début* (je veux dire le fond des alvéoles). Mais peu d'apiculteurs ont fait le nombre d'examens que je dois subir sur le *mode opératoire* de l'essaimage. Peut-être ne devrais-je pas m'attendre à tout le mérite de la véracité, lorsque j'assure au lecteur que j'ai inversé plus d'une centaine d'actions pour avoir un aperçu des cellules royales, certaines près d'une douzaine de fois au cours d'un été. Je les ai fréquemment inversés dans le but d'obtenir des cellules. Mais généralement pour voir quand de telles cellules sont fabriquées, quand elles contiennent des œufs, quand ces œufs sont suffisamment mûrs pour essaimer, ou abandonnés et détruits, etc.

Par ces signes, je prédis avec certitude (presque) quand m'attendre à des essaims et quand cesser de les chercher.

INVERSER UN STOCK Plutôt FORMIDABLE AU DÉBUT.

Pour quelqu'un qui n'a jamais retourné une ruche pleine d'abeilles, même au point de la déborder, ou qui n'a jamais vu cela faire, cela apparaît comme une grande entreprise, ainsi que la probabilité de ruiner le cheptel ! Mais après le premier essai, l'ampleur de l'exécution est considérablement diminuée et va diminuer à chaque répétition de l'exploit, jusqu'à ce qu'il n'y ait plus la moindre crainte qui l'accompagne. Sans fumée de tabac, je ne crois pas que cela soit réalisable, mais avec elle, il n'y a pas la moindre difficulté. Il serait très insatisfaisant de retourner une ruche et rien ne pourrait éloigner les abeilles des endroits mêmes des rayons que vous désirez particulièrement inspecter. La fumée est exactement ce qu'il faut pour le faire ! Quant aux effets néfastes d'un tel renversement et d'un tel tabagisme, je n'en ai jamais découvert.

EXIGENCES AVANT LA PREPARATION DES CELLULES DE LA REINE.

J'ai trouvé le processus pour tous les essaims réguliers à peu près comme ceci : avant qu'ils ne commencent, deux ou trois choses sont requises. Les rayons doivent être remplis d'abeilles ; ils doivent contenir une couvée nombreuse avançant depuis l'œuf jusqu'à la maturité ; les abeilles doivent obtenir du miel soit en se nourrissant, soit à partir de fleurs. Être rempli d'abeilles dans une période de rareté du miel n'est pas suffisant pour faire sortir l'essaim, et l'abondance n'est pas non plus suffisante sans les abeilles et le couvain. La période pendant laquelle toutes ces conditions se produisent ensemble et restent suffisamment longues varie selon les stocks, et bien souvent ne se produit pas du tout au cours de la saison, chez certains.

Ces causes semblent alors produire quelques cellules royales, généralement commencées avant que la ruche ne soit remplie (parfois lorsqu'elle n'est qu'à moitié pleine, mais restent généralement comme rudiments jusqu'à l'année suivante, lorsque les conditions précédentes du stock peuvent exiger leur utilisation).

ÉTAT DE LA CELLULE DE LA REINE LORSQU'ELLE EST UTILISÉE.

Ils sont à moitié finis lorsqu'ils reçoivent les œufs ; à mesure que ces œufs éclosent en larves , d'autres commencent et reçoivent des œufs à des époques différentes plusieurs jours plus tard. Le nombre de ces cellules semble être déterminé par la prospérité des abeilles : lorsque la famille est nombreuse et le rendement en miel abondant, elles peuvent s'élever à vingt, à d'autres moments peut-être pas plus de deux ou trois ; bien que plusieurs de ces cellules puissent rester vides. J'ai déjà dit qu'un échec (ou même partiel) dans la production de miel à tout moment depuis le dépôt des œufs royaux jusqu'au scellement des cellules (qui dure environ dix jours) serait susceptible d'entraîner sur leur destruction. Même après avoir été scellés, j'ai trouvé quelques cas où ils ont été détruits.

INDIQUER QUAND LES ESSAMMENTS ÉMETTENT.

Mais quand le miel n'a rien de précaire, le scellement de ces alvéoles est le moment d'attendre le premier essaim, qui sortira généralement le premier jour de foire après qu'un ou plusieurs en soient terminés. Je n'ai jamais manqué une prédiction pour un essaim de 48 heures, quand j'en juge d'après ces signes, dans une saison prospère. En cas de manque partiel de miel, l'essaim attendra parfois plusieurs jours après l'avoir fini.

LE GROUPEMENT À L'EXTÉRIEUR NE DOIT PAS TOUJOURS DÉPENDRE.

Je trouve que le regroupement des abeilles n'est qu'un mauvais critère pour juger, plus loin que les ruches pleines essaiment - beaucoup d'entre elles ne le font pas.

EXAMENS-LE RÉSULTAT.

Je détaillerai quelques circonstances qui ont conduit à ces conclusions. Il y a quelques années, le miel commença à manquer, alors qu'environ un tiers seulement de mes bons stocks avaient produit des essaims ; et tout à coup, les problèmes ont commencé à « être rares ». J'avais déjà examiné et découvert qu'ils avaient fait des préparatifs assez approfondis ; en ayant non seulement construit des cellules, mais les ayant occupées d'œufs et de larves royaux . Maintenant, j'ai examiné à nouveau et j'ai découvert que cinq sur six les avaient détruites (en même temps, les abeilles se sont largement regroupées). Cela a mis fin à tous les espoirs d'essaims ici. Quelques-uns avaient terminé leurs cellules et ceux-ci, j'en avais l'espoir, enverraient les essaims ; mais le temps sec suscitait quelques appréhensions. Après avoir attendu trois ou quatre jours sans que rien n'arrive, j'ai trouvé ces cellules scellées détruites également, et il n'y avait plus d'essaims cette saison-là. Des observations ultérieures ont pleinement confirmé ces choses. Au cours d'une saison, certaines ruches ont commencé leurs préparatifs à deux périodes différentes, puis les ont abandonnées sans essaimer du tout, tout au long de l'été. La première fois, c'était fin mai, la suivante en juillet.

REMARQUES.

L'échec du miel en était sans aucun doute la cause. Et qui dira que ces abeilles n'étaient pas sages dans leur conduite ? Quel homme prudent émigrerait avec une famille, si la perspective d'une famine était clairement annoncée, alors qu'en restant chez lui, il y en avait assez, du moins pour le moment ? Qui ne peut s'empêcher d'admirer cet arrangement sage et magnifique ? Les rayons doivent contenir du couvain ; les abeilles doivent trouver du miel lors de l'élevage des reines. Si un essaim venait à donner le moment d'obtenir du miel, la conséquence pourrait être fatale, car il n'y aurait pas une couvée nombreuse à éclore et à reconstituer l'ancien stock d'abeilles en nombre suffisant pour éloigner les vers. Si elles sortaient à tout moment, dès que les abeilles auraient augmenté en nombre suffisamment pour épargner un essaim, sans égard au rendement en miel, elles pourraient mourir de faim.

THÉORIES CONFLITS.

Je trouve de nombreuses théories contradictoires avec ces vues, qui semblent appeler quelques remarques. On suppose généralement qu'une jeune reine doit être mûre pour pouvoir émettre avec les essaims, et que la vieille et les vieilles abeilles sont des résidents permanents de l'ancienne ruche.

LES VIEUX ET LES JEUNES PARTENT AVEC DES ESSAIS.

Il est probable qu'aucune règle ne régit la question des travailleurs. Jeunes et vieux sortent dans la promiscuité. On peut parfois savoir que de vieilles abeilles sortent, par un si grand nombre de départs, qu'il n'en restera pas un quart du nombre qu'on a commencé à travailler au printemps. Que les jeunes abeilles partent, chacun peut être content de voir un essaim sortir ; un grand nombre, trop jeunes et trop faibles pour voler, tomberont devant la ruche, étant sortis maintenant pour la première fois, et peut-être que certains d'entre eux n'étaient pas sortis de la cellule depuis une heure ; ces très jeunes abeilles sont connues par leur couleur.

CAUSE DE L'INCAPACITÉ DE LA REINE À VOLER SUGGÉRÉE.

La vieille reine s'abaisse souvent de la même manière ; mais j'attribuerais une autre cause à son incapacité à voler ; c'est-à-dire que je dirais que c'est son fardeau d'œufs.

PREUVE DU DÉPART DE LA VIEILLE REINE.

Le fait que la vieille reine parte avec le premier essaim est indiqué par plusieurs choses : premièrement, des œufs peuvent souvent être trouvés sur le plateau le lendemain matin ; une autre, lorsque le premier essaim sera parti et avant l'éclosion d'une de ces cellules royales, les abeilles pourront être chassées et aucune reine ne sera trouvée, ou vous pourrez chasser les abeilles au bout de trois semaines et le couvain des ouvrières. sera à peu près entièrement éclos, le faux-bourdon ne couve pas aussi près. Les rayons peuvent aussi contenir quelques œufs, et peut-être de très jeunes larves , déposés par la jeune reine, qui commence généralement à pondre seize ou dix-huit jours après le premier essaim. Cela montre un arrêt de la ponte pendant environ deux semaines. Les premiers essaims auront des œufs dans les cellules dès qu'ils seront amenés à les contenir, soit souvent dans les 24 heures suivant leur mise en ruche ; de temps en temps, un nouveau morceau de rayon tombe et, si les cellules sont suffisamment profondes, il est presque certain qu'elles contiennent des œufs. Je pourrais ajouter une autre preuve, mais l'observateur attentif la découvrira lui-même.

M. LA THÉORIE DES SEMAINES PAS SATISFAISANTE.

M. JM Weeks, dans son travail sur les abeilles, dit : « On peut attribuer deux causes, et deux seulement, à la raison pour laquelle les abeilles pullulent : la première, l'état de surpeuplement de la ruche ; la seconde, pour éviter la bataille des reines. » La première cause produit les premiers essaims, l'autre la deuxième, la troisième, etc. La ruche brevetée de M. Colton, dit-on, peut être amenée à pulluler « à tout moment dans les deux jours », simplement par manque de place. En retirant les six boîtes qui y sont attachées, les abeilles sont obligées de se rassembler dans le corps principal de la ruche et d'en sortir en essaim. Or, si le simple fait de remplir la ruche d'abeilles est la seule cause des premiers essaims, comment se fait-il que la moitié ou plus des miennes aient refusé d'essaimer, alors qu'un grand nombre, faute de place, étaient entassés dehors pendant des semaines et qu'un grand nombre d'abeilles mûrissaient. chaque jour pour les encombrer encore davantage ? Pour moi, la raison est claire : certaines des conditions mentionnées ci-dessus faisaient défaut. M. Weeks dit en outre que, lorsque le premier essaim est parti, « il ne reste pas une seule reine, à aucun stade de minorité, dans l'ancienne ruche ; les abeilles, dépourvues de reine, entreprennent de construire plusieurs cellules royales, prélèvent des larves. ou des œufs et mettez-y des œufs, et nourrissez-vous de gelée royale, et en quelques jours vous aurez une reine. » Même si je n'avais pas beaucoup d'expérience au moment où j'ai obtenu son travail, j'avais quelques doutes, car je trouvais que toutes les ruches qui se remplissaient et commençaient à déborder, ne pullulaient pas, et quelques autres pullulaient avant d'être complètement pleines ; il semblait qu'une sorte de préparation préalable était nécessaire. Je n'ai connu pendant longtemps aucun moyen qui puisse décider *positivement* ; quand je pensai que si j'examinais le vieux stock immédiatement après le départ du premier essaim, je trouverais quelques préparations s'il y en avait ; une chose si simple et si facile que je me sentais quelque peu mortifié de ne pas y avoir pensé plus tôt. Le premier titre que j'ai consulté a révélé le secret. Je l'ai examiné le soir du jour où un essaim était parti ; J'ai été heureux de trouver deux cellules finies sur les bords inférieurs des peignes ; d'autres cellules étaient à différents stades de progression, depuis celles contenant un œuf jusqu'à la larve pleinement développée. Plusieurs autres ruches ont montré le même résultat. J'ai maintenant eu l'audace d'en examiner quelques-unes avant l'essaimage, comme je l'ai déjà expliqué.

M. MINEUR PAS CORRECT.

M. TB Miner, dans ses travaux, a permis la préparation des cellules royales avant l'essaimage, mais il a retardé de huit ou neuf jours l'heure de sortie de l'essaim. C'est-à-dire qu'il fait mûrir la jeune reine pour qu'elle commence à jouer en premier, ce qui n'arrive pas plus d'une fois sur cinquante.

Maintenant, je pense qu'il est plus que probable que de nombreux lecteurs aient des doutes quant à mes déclarations sur cette affaire grouillante. Pourtant je pense pouvoir donner des instructions suffisamment particulières pour qu'ils puissent les supprimer eux-mêmes. Ils doivent garder à l'esprit qu'ils n'ont pas le droit d'être *positifs* sur quelque sujet que ce soit sans enquête.

DIRECTIVES PARTICULIÈRES POUR TESTER LA MATIÈRE.

Je vais maintenant donner des instructions plus détaillées pour un examen. Les ruches pleines nécessitent un peu plus de soins que celles contenant moins d'abeilles. Ne laissez pas l'encombrement de la ruche, même si certains sont à l'extérieur, vous empêcher de satisfaire une louable curiosité (de telles ruches sont très susceptibles de posséder ces cellules). Laissez la satisfaction de vérifier par vous-mêmes quelques faits vous stimuler à cet effort, le risque n'est pas grand ; ce que j'ai fait, vous pouvez le faire. C'est mieux que de s'appuyer sur « *l'ipse dixit* » de n'importe quel homme. Je le fais sans aucune protection du visage ni des mains ; mais, si vous avez trop peur des piqûres, vous pourrez mettre un voile pour protéger le visage, mais n'en faites pas, si vous en avez le courage, car vous aurez besoin d'une bonne vue. Le meilleur moment est celui où la plupart des abeilles sont au travail, vers le milieu de la journée ; mais alors les abeilles des autres ruches se fâchent parfois et interfèrent. C'est pour cette raison que je préfère le matin ou le soir, même s'il y a plus d'abeilles à fumer à l'écart. Si vous avez l'habitude de fumer du tabac, vous trouverez ici une pipe idéale pour fumer ; sinon, fournir une description d'un appareil au chap. 18e, p. 281. Quand vous serez prêt à partir, il faudra souffler un peu de fumée sous la ruche avant de la toucher ; puis soulevez le côté avant de quelques centimètres et soufflez encore un peu ; maintenant, soulevez soigneusement la ruche du support, en évitant tout secousse, car cela susciterait leur colère ; tournez-le de bas en haut ; aussi, faites toujours attention à ne pas respirer parmi eux. Plus de fumée les fera désormais s'entasser parmi les rayons, hors de votre chemin pendant que vous examinez. Il est très courant que les abeilles bourdonnent et se précipitent sur les côtés de la ruche, mais un peu de fumée les fera reculer ; écartez-les autant que possible et cherchez sur les bords des rayons les cellules des reines, où se trouvent la plupart d'entre elles. Si la ruche est entièrement approvisionnée en miel, ils seront près du fond, sinon plus haut parmi les rayons ; dans certaines ruches, ils ne sont pas visibles même là où ils existent. Pourtant, on peut les trouver dans quatre cas sur cinq, après une recherche approfondie. J'en ai trouvé neuf à moins de deux pouces du fond, certains aux extrémités du peigne. Je voudrais ici mettre en garde contre le retournement des ruches avec des rayons très neufs, avant qu'ils ne soient attachés aux côtés de la ruche, car ils ont tendance à se pencher.

RUCHES VIDES À PRÊTER.

Nous supposerons maintenant que certains de vos stocks sont prêts à lancer leurs essaims : nous supposerons également que vos ruches vides pour la réception des essaims sont prêtes avant cette période ; préparer une ruche après la sortie de l'essaim est une mauvaise gestion ; la négligence ici plaide en faveur de la négligence ailleurs ; c'est l'une des prémonitions de la « malchance ».

PLANCHES DE FOND POUR HIVING.

Vous aurez également besoin d'un certain nombre de planches de fond, expressément pour la ruche ; procurez-vous une planche un peu plus grande que le fond de la ruche, clouez des bandes aux extrémités sur la face inférieure pour éviter toute déformation ; au milieu, découpez un espace de cinq ou six pouces carrés et couvrez-le de toile métallique. Ceux-ci sont destinés à vos grands essaims par temps très chaud, à utiliser pendant quatre ou cinq jours. Ils sont beaucoup plus sûrs que de surélever la ruche d'un pouce ou plus pour la ventilation. Ils sont également indispensables pour de nombreuses autres occasions. Je ne m'en passerais pas, même si la dépense était dix fois supérieure à ce qu'elle est.

DESCRIPTION DE L'ÉMISSION D'ESSAI.

Quand le jour est beau et qu'il n'y a pas trop de vent, les premiers essaims sortent généralement de dix heures à trois heures ; si vous êtes à l'affût, la première indication extérieure d'un essaim sera un nombre inhabituel d'abeilles autour de l'entrée, de une à soixante minutes avant leur départ. La plus grande confusion semble régner, les abeilles courent dans toutes les directions ; l'entrée apparemment fermée par la masse des abeilles (peut-être une exception sur vingt), bientôt une colonne venant de l'intérieur force un passage vers l'air libre ; ils se précipitent par centaines, tous faisant vibrer leurs ailes en marchant ; et à quelques centimètres de l'entrée, montez dans les airs ; certains courent sur le côté de la ruche, d'autres jusqu'au bord du plancher. Si vous avez vu la vieille reine sortir en courant la première, et les autres la suivre, comme on nous le dit souvent, vous avez vu ce que je n'ai jamais fait dans un premier essaim ! Les deuxième et troisième essaims se comportent de manière très différente. J'ai vu l'émission de vieilles reines à plusieurs reprises, mais pas avant que la moitié de l'essaim ne soit sortie.

Les abeilles, lorsqu'elles sortent de la ruche, décrivent des cercles de quelques pieds seulement, mais à mesure qu'elles s'éloignent, elles s'étendent sur une superficie de plusieurs bâtonnets. Leurs mouvements sont beaucoup plus lents que d'habitude, en quelques minutes on en voit des milliers tourner dans toutes les directions possibles ! Un essaim peut être vu et entendu à distance, là où cinquante ruches, habituellement en activité, ne seraient pas remarquées ! À la sortie de la ruche, ou peu après, une branche d'un arbre ou d'un buisson est généralement sélectionnée sur laquelle se regrouper. Moins d'une demi-minute après l'indication de l'endroit, même lorsque les abeilles sont réparties sur un acre, elles sont rassemblées dans le voisinage immédiat, et toutes se regroupent en un corps cinq à dix minutes après avoir quitté la ruche. Il faut maintenant les mettre en ruche immédiatement, car ils montrent de l'impatience s'ils sont laissés longtemps, surtout au soleil ; aussi, si une autre souche envoyait un essaim pendant qu'ils étaient là, ils seraient sûrs de se mélanger.

LA MANIÈRE DE HIVING PEUT ÊTRE VARIÉE.

La manière dont ils sont placés dans la ruche n'a que peu d'importance, pourvu qu'ils soient tous faits pour y entrer. Procédez comme cela convient le mieux ; une vieille table ou un vieux banc est très bon pour les tenir à l'écart de l'herbe s'il devait y en avoir ; s'il n'y a pas grand chose sur le chemin, posez votre planche inférieure sur le sol, mettez-la à niveau, placez votre ruche dessus et soulevez un bord d'un pouce ou plus pour donner aux abeilles une chance d'entrer.

MÉTHODE HABITUEL.

Coupez la branche aux abeilles, si cela peut être aussi bien fait, et secouez-la devant la ruche, une partie la découvrira, et commencera aussitôt une vibration de leurs ailes ; ceci, je suppose, est un appel pour les autres. La connaissance d'une nouvelle maison trouvée semble être communiquée de cette manière, car elle est maintenue jusqu'à ce que tous soient entrés. Un grand nombre sont susceptibles de s'arrêter près de l'entrée, la fermant ainsi presque ou complètement et empêchant les autres d'entrer. quand ils se rassembleront à l'extérieur. Vous pouvez accélérer l'affaire avec un bâton ou une plume, en les repoussant doucement ; et une autre partie entrera. Lorsque des moyens doux ne les feront pas entrer dans un délai raisonnable, et qu'ils paraissent obstinés, un peu d'eau aspergée sur eux facilitera grandement les opérations, alors que rien d'autre ne le fera. (Soyez prudent et n'en faites pas trop, en utilisant trop d'eau, ils peuvent être tellement mouillés qu'ils ne bougent pas du tout.)

Lorsqu'ils se regroupent sur une branche que vous ne souhaitez pas couper, placez votre planche inférieure aussi près que possible ; dessus, posez deux bâtons d'environ un pouce de diamètre, de même longueur : essayez la ruche et voyez si tout va bien ; puis retournez-le de bas en haut, directement sous la partie principale du cluster ; si vous avez un assistant, laissez-le secouer suffisamment la branche pour détacher les abeilles ; la plupart tomberont directement dans la ruche. S'il n'y a pas d'assistant, il n'est pas nécessaire d'attendre (je l'ai fait cent fois sans aide) ; avec le fond de la ruche, frappez assez fort le dessous des branches pour les déloger, puis retournez-la sur la planche ; les bâtons empêcheront le fond d'écraser de nombreuses abeilles.

QUAND HORS DE PORTÉE.

J'ai grimpé une échelle de quinze pieds, j'ai ainsi mis les abeilles dans la ruche et j'ai reculé sans difficulté. Après avoir remis la ruche à sa place, il arrive parfois qu'une partie reparte ; dans ce cas, une petite branche pleine de feuilles doit être tenue directement en dessous et à proximité d'elles, et autant de secousses que possible dessus. Tenez-le immobile et secouez l'autre pour éviter qu'ils ne s'y regroupent ; vous les aurez bientôt tous rassemblés, prêts à être abattus et placés près de la ruche. Un panier à anse ou une grande casserole en fer blanc peuvent être placés sur l'échelle au lieu de la ruche, lorsqu'ils peuvent être facilement vidés devant celle-ci. Mais très peu s'envoleront en descendant. Si vous réussissez à attraper presque toutes les abeilles du premier coup, et qu'il n'en reste que peu, il suffira de secouer la branche pour les empêcher de tenir fermement, et tournera leur attention vers celles d'en bas, où celles qui ont déjà trouvé une ruche. feront de leur mieux pour les appeler. Lorsque la ruche est retournée pour la première fois, la plupart des abeilles tombent sur la planche et se précipitent dehors, mais dès qu'on se rend compte qu'un foyer a été trouvé, un bourdonnement commence à l'intérieur ; cela communique rapidement le fait à ceux de l'extérieur, qui se retournent immédiatement , face à la ruche et fredonnent de concert, en entrant.

Un autre plan peut être adopté, même s'il est haut de quinze pieds ; quand la branche n'est pas trop grande et qu'il n'y a pas trop d'obstacle en dessous. Préparez deux ou trois poteaux d'éclairage de longueur appropriée ; choisissez ceux qui ont une branche à l'extrémité supérieure, suffisamment grande pour contenir un panier de deux boisseaux. Celui-ci est élevé directement sous l'essaim ; avec une autre perche, les abeilles sont toutes délogées, tombent dans le panier et sont rapidement descendues. Maintenant, si vous avez tout compris, jetez un drap dessus pendant quelques instants, pour empêcher leur fuite. Ils deviennent rapidement silencieux et peuvent être installés en ruche sans que beaucoup retournent à la branche, comme ils le font lorsqu'ils tentent de les installer immédiatement.

Je les fais souvent commencer à se regrouper près du sol, ce qui est très pratique pour la ruche. Dans un tel cas, je n'attends pas que tout soit rassemblé, mais dès qu'un tel endroit est indiqué, je prépare la planche et la ruche. Lorsqu'un litre environ est récolté, secouez-le dans une ruche et installez-la ; l'essaim ira désormais vers cela, au lieu de la branche, surtout si cette dernière est un peu secouée. Lorsque de nombreux stocks sont détenus, il est conseillé d'être aussi rapide que possible. Un essaim se regroupera ainsi beaucoup plus tôt que lorsqu'il est autorisé à se regrouper.

QUAND ILS NE PEUVENT PAS ÊTRE SÉCOULÉS.

Les essaims arrivent parfois dans des endroits où il est impossible de les arracher ou de couper une branche, comme le tronc d'un arbre, ou une grosse branche à proximité. Dans ce cas, placez la ruche à proximité, comme d'abord indiqué ; prenez une grande louche en fer blanc, un récipient très pratique à cet effet, et plongez-la pleine d'abeilles ; d'une main, retournez la ruche ; avec l'autre, jetez-y les abeilles ; certains d'entre eux découvriront qu'une maison est prévue et lanceront l'appel pour les autres (par la vibration de leurs ailes), et le reste pourra se vider devant la ruche lorsque vous les tremperez. J'ai connu quelques cas où la première louche pleine s'est épuisée et a rejoint les autres sans découvrir qu'ils étaient dans une ruche, mais c'est rarement le cas. Lorsque vous faites entrer la reine, il n'y a aucun problème avec le reste, même s'il en reste beaucoup ; dès qu'ils s'aperçoivent que la reine n'est plus parmi eux, cela peut se savoir à leurs mouvements inquiets, et ils partiront bientôt et rejoindront ceux de la ruche ; mais si la reine est encore sur l'arbre, et qu'une douzaine seulement avec elle, elles quitteront la ruche et se regrouperont à nouveau.

TOUS DOIVENT ÊTRE FAIT POUR ENTRER.

Dans tous les cas, assurez-vous de les faire tous participer ; un groupe à l'extérieur peut contenir la reine, inconsciente d'une maison si proche ; et la conséquence probable pourrait être qu'elle partirait pour un séjour misérable dans les bois.

DOIT ÊTRE APPORTÉ AU STAND IMMÉDIATEMENT.

Quand tout le monde est dedans, à l'exception de quelques-uns qui vont voler, laissez la ruche s'approcher du plateau ; saisissez-le et portez-le immédiatement jusqu'au stand qu'ils doivent occuper, et soulevez le bord avant d'un demi-pouce ; laissez le dossier reposer sur la planche ; cela leur donnera les moyens de remonter s'ils tombent, ce que font souvent les grands essaims par temps chaud. Si le fond est à un pouce ou plus de la planche lorsque les abeilles tombent, rien n'empêche qu'elles se précipitent de tous côtés - leurs moyens de se relever sont mauvais - si la reine sort avec précipitation, il y a des chances pour leur départ.

PROTECTION DU SOLEIL NÉCESSAIRE.

Une autre chose est très importante ; *les essaims doivent être protégés du soleil pendant plusieurs jours, par temps chaud* , de neuf heures à trois ou quatre heures ; et puis si la chaleur est très accablante et que les abeilles se rassemblent dehors, aspergez-les d'eau et enfoncez-les ; et en mouillant la ruche de temps en temps, elle emportera une grande partie de la chaleur et la rendra beaucoup plus confortable.

Buissons de regroupement.

S'il n'y a pas de grands arbres à proximité de votre rucher, tant mieux, car vos essaims ne risqueront alors pas de s'abattre dessus ; mais tous les apiculteurs ne sont pas aussi chanceux, moi-même étant du nombre. Dans un tel endroit, il est nécessaire de prévoir un endroit sur lequel ils puissent se regrouper ; procurez-vous des buissons de six ou huit pieds de haut (la pruche est préférable); coupez les extrémités des branches, sauf quelques-unes près du sommet : fixez le tout avec des ficelles pour éviter qu'il ne se balance sous les vents ordinaires ; faites un trou dans la terre assez profond pour les contenir et assez grand pour pouvoir être facilement retiré. Les abeilles seront susceptibles de se regrouper sur certains d'entre eux ; on peut alors les élever et les abeilles s'établir en ruche sans difficulté. Un tas de têtes de molène sèches attachées ensemble au bout d'un poteau constitue un très bon endroit pour le regroupement ; il ressemble tellement à un essaim que les abeilles elles-mêmes semblent parfois trompées. Je les ai souvent vus quitter une branche où ils avaient commencé à se regrouper et s'y installer lorsqu'ils étaient tenus à proximité.

Les raisons pour déplacer immédiatement l'essaim vers le stand sont qu'il est généralement plus pratique de l'observer au cas où il serait disposé à partir ; de nombreuses abeilles peuvent également être sauvées. Tous ceux qui sortent de la ruche marquent l'emplacement comme au printemps ; plusieurs centaines partiront probablement le premier jour ; quelques-uns peuvent partir plusieurs fois ; lorsqu'ils sont retirés la nuit, ils retournent au stand de la veille et sont généralement perdus ; tandis que, s'ils sont transportés immédiatement vers un stand permanent, cette perte est évitée.

Ceux qui restent en vol à ce moment-là retournent à l'ancien stock, ce que ne feront pas toujours ceux qui reviennent de l'essaim le lendemain. Le moment n'est pas plus venu de les déplacer maintenant que dans un autre. Il n'est pas nécessaire d'objecter et de dire qu'« il faudra trop de temps pour attendre que les abeilles entrent » ; cela ne suffira pas. J'insisterai pour que vous fassiez entrer toutes les abeilles avant de sortir. Je considère cela comme une fonctionnalité essentielle dans la gestion. Je ne dirai pas que mes instructions les empêcheront *toujours* d'aller dans les bois, mais ce que je dis, c'est que sur les centaines que j'ai hébergées , aucune n'en est jamais sortie. Il est possible qu'une bonne gestion n'ait eu aucune influence sur mon succès, et pourtant une opinion de ce genre est répandue depuis longtemps.

COMMENT SONT GÉRÉS GÉNÉRALEMENT LES ESSAIS QUI PARTENT POUR LES BOIS.

Certains apiculteurs de mes voisins perdent un quart ou la moitié de leurs essaims par vol, et comment font-ils ? Quand le mot est donné : « Essaimage d'abeilles », une corne de fer-blanc, une poêle en fer-blanc, des cloches ou tout ce qui pourrait faire un « vacarme horrible », est saisi dans la précipitation du moment, et autant de bruit que possible est fait. , pour les regrouper *;* (ce qu'ils feraient naturellement sans la musique, du moins tous les miens en ont. Cela a probablement donné lieu à l'opinion d'une vieille dame, qui *savait que* "tambourer sur une poêle faisait du bien, car elle l'avait essayé.") Très souvent une ruche doit être construit, ou un ancien impropre à l'usage, a besoin de quelques bâtons ou de quelque chose pour prendre du temps. Lorsque la ruche est obtenue, elle doit être lavée avec quelque chose d'agréable pour qu'elle plaise aux abeilles ; il faut badigeonner l'intérieur d' un peu de miel ; le sucre et l'eau, la mélasse et l'eau, le sel et l'eau, ou le sel et l'eau frottés avec des feuilles de caryer, « sont la meilleure chose au monde » ; plusieurs autres choses sont tout aussi bonnes, et certaines sont meilleures. Même le whisky, ce fléau de l'homme, leur a été offert en guise de pot-de-vin pour rester, et parfois ils se laissent convaincre et partent travailler.

RIEN QUE DES ABEILLES NÉCESSAIRES DANS UNE Ruche.

Or, je ne peux pas dire positivement que ces choses font du mal, mais je suis tout à fait sûr qu'elles ne font aucun bien, car il n'y a besoin que d'abeilles dans une ruche. Est-il raisonnable de supposer qu'ils sont friands de tous les « bibelots » qu'on leur donne ? Je n'en ai jamais utilisé et je n'aurais pas pu faire mieux. Je prends soin que la ruche soit douce et propre, et qu'elle ne soit pas trop lisse à l'intérieur ; une vieille ruche qui a déjà été utilisée est ébouillantée et grattée.

Mais à la manière dont ils accueillent les abeilles, une fois que la ruche est prête. Une table est dressée et une nappe étendue dessus ; des bâtons sont mis pour élever la ruche d'un pouce ou plus : s'ils réussissent à attraper l'essaim même à l'extérieur de la ruche, il est laissé ; s'ils entrent, c'est bien ; s'ils s'en vont, pourquoi espérer « plus de chance la prochaine fois ». La ruche est laissée sans abri au soleil brûlant et quand il n'y a pas de vent, la chaleur devient bientôt insupportable, ou du moins très accablante ; les abeilles pendent en ficelles lâches, au lieu d'un corps compact, comme lorsqu'elles sont conservées au frais ; ils sont très susceptibles de tomber, et quand ils le font, ils se précipiteront de tous côtés : si la reine a la chance de tomber avec eux, ils *peuvent* « sortir ». Les deux tiers de toutes les abeilles qui vont dans les bois sont traitées de cette manière ou d'une manière similaire, et ne peut-on pas dire qu'elles sont équitablement chassées ?

PARTIR RARE SANS GROUPEMENT.

Peut-être qu'un essaim sur trois cents partira vers les bois sans se regrouper au préalable. J'en ai eu trois fois plus, dont aucune ne m'a jamais quitté ainsi. Pourtant, j'ai la preuve incontestable que certains le feront. Trois cas se sont produits près de chez moi qui m'ont convaincu du fait. Deux furent perdus, l'autre fut suivi jusqu'à un arbre, à un demi-mille de là ; J'ai aidé à couper l'arbre et à les mettre en ruche. La cavité dans laquelle ils entraient était très petite et contenait de vieux rayons, fabriqués par un essaim un an ou deux auparavant, qui étaient probablement morts de faim, car il y avait trop peu de place pour stocker suffisamment de miel pour l'hiver. Cet essaim, une fois installé dans la ruche et ramené chez lui, est resté parfaitement satisfait.

LES ESSAMMENTS CHOISISSENT-ILS UN EMPLACEMENT AVANT L'ESSAISAGE ?

La question est souvent posée : tous les essaims ont-ils un endroit surveillé avant de quitter le stock parental ? La réponse à cette question doit toujours être une conjecture. Je pourrais proposer quelques circonstances indiquant très fortement l'affirmative, et autant le négatif ; et je le laisserai passer là-dessus. Pourtant, je pense que si les abeilles sont correctement soignées, quatre-vingt-dix-neuf essaims sur cent préféreront une ruche bien propre à un arbre pourri dans les bois.

MOYENS D'ARRÊTER UN ESSAI.

J'ai eu trois essaims qui faisaient exception aux règles générales, me causant quelques ennuis en s'échappant après avoir été mis en ruche ; la troisième et la quatrième fois qu'ils sont partis, j'ai jeté de l'eau parmi eux, provoquant une véritable averse ; quand mon seau était plein, j'utilisais de la terre ; ils ne parcoururent qu'une courte distance et se regroupèrent de la manière habituelle. Ces abeilles avaient-elles maintenant l'intention de partir et leurs projets étaient-ils contrecarrés par l'eau et la terre ? Je n'en suis pas aussi sûr que la vieille dame, qui *savait* que « jouer du tambour sur une poêle en fer blanc faisait du bien », mais j'ai tendance à penser que cela a eu un certain effet. J'ai entendu parler de plusieurs cas où des essaims ont été apparemment arrêtés, en jetant de la terre parmi eux, alors qu'ils passaient au-dessus d'un champ où des hommes travaillaient. Nous savons qu'ils n'aiment pas être mouillés, car nous les voyons se précipiter chez eux à l'approche d'une douche ; ou bien on peut à tout moment les chasser dans la ruche en les aspergeant d'eau. Jeter de l'eau dans l'essaim est une sorte d'imitation de douche, et la terre en est quelque chose comme ça. Qu'ils soient utiles ou non, ces essaims quittant la ruche étaient plutôt suspects, et je devrais réessayer dans des circonstances similaires.

UNE QUELQUE COMPULSION.

Après les avoir introduits dans la ruche pour la quatrième fois, j'ai décidé de ne pas être déconcerté et d'avoir encore plus de problèmes de ce genre, et peut-être d'aller enfin dans les bois, donnant ainsi le mauvais exemple. J'ai mis sous la ruche le panneau inférieur en toile métallique, j'ai ouvert deux ou trois trous sur le dessus et je les ai également recouverts de toile métallique (c'était pour laisser l'air circuler) ; on leur donna une quantité de miel et d'eau, puis ils furent transportés à la cave et gardés prisonniers quatre jours, sauf une demi-heure avant le coucher du soleil ; lorsqu'il était trop tard pour partir en voyage, je les sortais pour fournir quelques nécessités, puis je les remettais à la cave. En quatre jours, quand on leur donne *suffisamment de miel*, un bon essaim remplira à moitié de rayons une ruche ordinaire. Certains des premiers œufs déposés seront sur le point d'éclore en larves , ce qui semblerait trop difficile à laisser. Je les ai maintenant mis dehors et leur ai donné la liberté ; ombrager la ruche, etc., comme indiqué précédemment. Ils se montrèrent tous fidèles et travailleurs, prospères comme les autres. Si leur projet concernait un endroit éloigné, ils ont finalement fait bonne figure.

Jusqu'où iront-ils à la recherche d'une maison ?

La distance qu'ils parcourront à la recherche d'un logement est également incertaine. J'ai entendu dire qu'ils avaient parcouru sept milles, mais je n'ai pas pu savoir comment le fait était prouvé. Je n'ai aucune expérience personnelle en la matière, mais je vais raconter une circonstance qui s'est produite près de chez moi il y a quelques années. Un voisin était en train de labourer, lorsqu'un essaim passa sur lui ; étant près de la terre, il « les bombardait de bon cœur » avec la terre meuble qu'il avait labourée, ce qui semblait les faire monter, ou plutôt descendre, alors qu'ils se regroupaient sur un buisson très bas ; ils étaient en ruche et ne causaient plus de problèmes. Un homme vivant à environ trois milles de ce voisin, ce jour-là, a rassemblé un essaim vers onze heures et les a laissés se réchauffer au soleil comme décrit il y a une page ou deux ; vers trois heures, leur réserve de patience était probablement épuisée, lorsqu'ils résolurent de chercher un meilleur abri. Ils s'éloignèrent en toute hâte, sans même attendre de remercier leur propriétaire pour la tartinade sur sa table, les « laines » et les bonnes choses odorantes avec lesquelles il avait frotté leur ruche. Ils ne lui ont donné aucun préavis de leur intention de « démissionner », jusqu'à ce qu'ils déménagent ! Toutes leurs marchandises étant prêtes à être emballées, ils furent bientôt en route, accompagnés par leur propriétaire en musique ; mais il est incertain s'ils marchèrent avec une précision martiale, en gardant le temps. Dans ce cas, les abeilles ont pris les devants ; l'homme avec sa musique de casserole tenait la marche et se trouva bientôt à une distance respectueuse. Soit ils n'étaient pas d'humeur, à ce moment-là, à se laisser charmer par des sons mélodieux, soit leurs affaires étaient trop urgentes pour leur permettre de s'arrêter et d'écouter ! Leurs moyens de locomotion étant supérieurs au sien, il abandonna désespéré, essoufflé, après avoir suivi environ un kilomètre. Une autre personne, à peu près au même moment de la journée, aperçut un essaim se déplaçant dans la même direction que le premier ; il les suivit également jusqu'à ce qu'il soit obligé de céder à leurs plus grandes facilités de voyage. Un troisième découvre leur fuite et tente une course, mais, comme les autres, se retrouve bientôt derrière. Le voisin mentionné ci-dessus les vit et pensa à la terre fraîche qu'il avait labourée et qu'il jetait parmi eux jusqu'à ce qu'ils s'arrêtent. Jusqu'où ils seraient allés, le cas échéant, reste à deviner. Que ce soit le même essaim qui ait commencé à trois milles de distance, cela semble presque certain ; la direction était la même que celle vue par tous, jusqu'à ce qu'ils soient arrêtés ; l'heure de la journée correspondait également exactement.

Nous revenons maintenant à l'émission des essaims. Il y aura certaines urgences à prévoir et quelques exceptions à signaler.

DEUX OU PLUS ESSAMMENTS SUSCEPTIBLES DE S'UNIR.

Si nous prévoyons de conserver de nombreux titres, il est probable que deux ou plusieurs d'entre eux seront émis en même temps ; et quand ils le font, ils se regroupent presque toujours (j'ai connu un jour un cas où seulement trois stocks étaient conservés ; ils pullulaient tous et se regroupaient). Il est clair que plus le nombre de titres est élevé, plus ces chances sont multipliées.

DÉSAVANTAGE.

Un premier essaim, s'il est de taille habituelle, contiendra suffisamment d'abeilles pour le profit, mais deux d'entre elles travailleront ensemble sans se disputer et emmagasineront environ un tiers de plus que ce qu'elles feraient seules ; c'est-à-dire que si chaque essaim recevait 50 livres, les deux ensemble ne dépasseraient pas 70 livres, peut-être moins. Voici donc une perte de 30 livres, sans compter qu'un des essaims est sur le point de disparaître pour une autre année ; parce que de tels essaims doubles ne sont généralement pas meilleurs au printemps suivant en tant que stock, et souvent pas aussi bons qu'un seul. Vous verrez donc l'avantage de séparer les premiers essaims.

PEUT SOUVENT ÊTRE ÉVITÉ.

"Mieux vaut prévenir que guérir." Nous pouvons, si nous restons vigilants, empêcher plusieurs émissions à la fois. Cela dépend dans une large mesure de notre connaissance des indications. J'ai dit qu'avant de commencer à s'envoler, ils se rapprochaient en grand nombre de l'entrée ; il peut y avoir une exception sur vingt, où les premiers indices seront une colonne d'abeilles se précipitant hors de la ruche. Pour éloigner un peu cette question de la surface, jetons un coup d'œil à l'intérieur ; c'est-à-dire si nos ruches contiennent des boîtes en verre, telles que celles qui ont été recommandées. C'est un avantage de savoir qui est sur le point de lancer ses essaims, le plus longtemps à l'avance.

INDICATIONS D'ESSAIEMENT À L'INTÉRIEUR DE LA RUCHE.

Ces boîtes en verre sont généralement remplies d'abeilles ; avant de partir, on peut les voir en agitation, bien avant qu'une agitation inhabituelle ne soit visible à l'extérieur, parfois pendant près d'une heure. La même chose peut être remarquée dans une ruche en verre. Or, par beau temps, lorsqu'on peut s'attendre à de nombreux essaims, il est de notre devoir de surveiller de près, surtout lorsque le temps a été défavorable depuis plusieurs jours. Un certain nombre de souches peuvent avoir terminé leurs cellules royales pendant les intempéries et être prêtes à sortir dès la première heure d'ensoleillement qui survient en milieu de journée. Nous devons nous attendre à de tels phénomènes, et dans les grands ruchers, il peut y avoir des problèmes, à moins que vous ne preniez quelques précautions. Si vous n'avez pas pris soin (ce que peu de gens feront), par des examens antérieurs, de savoir lesquels sont prêts, dès que l'on a commencé ou commencé à voler, regardez tous les autres qui sont en état de pulluler ; ou, ce qui est bien mieux, regardez avant que quiconque ait commencé. Même si rien d'inhabituel n'est visible à l'entrée, soulevez le couvercle des cartons. Si les abeilles qui s'y trouvent sont toutes calmes comme d'habitude, aucun essaim ne doit être appréhendé immédiatement et vous aurez probablement le temps d'en installer une ou deux d'abord.

EMPÊCHER L'ÉMISSION D'UN ESSAI PENDANT UN TEMPS.

Mais si vous découvrez les abeilles courant çà et là en grande agitation, même s'il y en a peu à l'entrée, vous ne devriez pas perdre de temps à asperger celles qui sont dehors avec de l'eau provenant d'un arrosoir ou d'un autre moyen. Ils entreront immédiatement dans la ruche pour éviter la supposée averse. Dans une demi-heure, ils seront prêts à repartir, et les autres pourront alors être sécurisés. J'ai eu, dans un rucher, douze ruches toutes prêtes en un jour, et j'ai effectivement essaimé ; dont plusieurs auraient commencé en même temps, s'ils n'avaient pas été retenus avec de l'eau, n'en autorisant qu'un seul à la fois, les gardant ainsi séparés. Ils avaient été retenus par les nuages qui se sont dissipés vers midi.

POUR EMPÊCHER LES ESSAIS DE S'UNIR À CEUX DÉJÀ HIVÉS.

Lorsque l'un des essaims suivants était disposé à s'unir à ceux déjà en ruche, un drap était jeté pour les empêcher d'entrer. J'en avais quatre donc couverts à la fois. Un assistant, dans de tels cas, est très important ; l'un peut observer les symptômes et les retenir, tandis que l'autre héberge les essaims.

Parfois, lorsque vous êtes prêt à affronter un essaim et que vous attendez qu'un essaim démarre, deux peuvent le faire en même temps. Chaque fois qu'une pièce s'est envolée, je n'ai jamais réussi à arrêter le problème : par conséquent, j'ai trouvé inutile d'essayer de la repousser ou de la faire reculer dans de tels cas. Pour réussir, le moyen doit être utilisé en saison, avant le départ de l'essaim.

QUAND DEUX SONT UNIS, LA MÉTHODE DE SÉPARATION.

Deux ou plusieurs essaims se regrouperont et ne se disputeront pas s'ils sont placés dans une seule ruche ; Je vous ai déjà parlé des inconvénients. À moins que les affaires ne soient très urgentes, votre temps ne peut être mieux employé qu'à les diviser. Premièrement, il est nécessaire de prévoir une bonne réserve de patience, car le travail peut être court ou long. Obtenez deux ruches vides et divisez les abeilles aussi égales que possible. C'est généralement le meilleur moyen d'étendre une toile sur le sol, de secouer les abeilles au centre , et de placer les ruches de chaque côté de la masse, leurs bords relevés pour permettre aux abeilles d'entrer ; si un trop grand nombre est disposé à entrer dans une ruche, éloignez-la. S'ils se regroupent dans une situation où ils ne peuvent pas atteindre la terre en un seul corps, ils doivent être retirés comme indiqué précédemment, mais, dans ce cas, en plaçant une louche pleine dans chaque ruche alternativement, jusqu'à ce que tous soient dedans. fait pour en presser quelques-uns pour entrer ; gardez l'entrée dégagée et remuez-les souvent ; ou aspergez-les d'un très peu d'eau, car ils ne devraient pas pouvoir arrêter de bourdonner jusqu'à ce que tous soient dedans. Nous avons une chance sur deux d'avoir une reine dans chacun. Les deux ruches devraient maintenant être espacées de vingt pieds ; s'il y a une reine dans chacune d'elles, les abeilles des deux resteront tranquilles et le travail sera terminé ; mais sinon, les abeilles de l'une des ruches démunies le manifesteront bientôt en courant dans toutes les directions, et, quand la reine ne peut être trouvée, elles partiront pour l'autre ruche, où il y en a probablement deux, quelques-unes à la fois. Or il existe deux ou trois méthodes pour séparer ces reines ; La première consiste à vider les abeilles et à procéder comme avant, une sorte de jeu de hasard, qui peut réussir au prochain essai et qui devra peut-être être répété. Une autre façon est que, dès qu'on reconnaît laquelle est sans reine, avant que beaucoup d'abeilles ne partent, on étale un drap ; placez cette ruche dessus, et attachez les coins par-dessus pour fixer les abeilles pour le moment, tournez la ruche sur le côté pour le moment pour leur donner de l'air ; ou bien on peut le laisser tomber sur une planche inférieure en toile métallique et boucher le trou sur le côté, et cela risquerait moins d'étouffer les abeilles, s'il pouvait être fixé au fond et faire reposer la ruche sur le côté ; lorsque cette division sera assurée, procurez-vous une autre ruche et mettez-en en pot celles avec les reines ; laissez-les entrer comme avant, puis séparez-les, etc., en surveillant le résultat ; si les reines ne sont pas encore séparées, on le saura par les mêmes apparences. Le processus doit être continué jusqu'à la séparation, sinon le nombre avec les reines peut être facilement examiné et l'une d'elles trouvée ; en effet, une vigoureuse surveillance doit être maintenue dès le début, et les reines capturées, si possible.

AUCUN DANGER DE PIQUER PAR LA REINE.

Aucun danger de piqûre n'a besoin d'être appréhendé, car elle ne se rabaissera pas à l'utiliser pour un ennemi commun ; elle doit avoir un antagoniste *royal* . Lorsqu'on réussit à en obtenir un, cela suffit ; mettez-la dans un gobelet ou dans un endroit sûr ; puis placez vos abeilles dans deux ruches, placez-les comme indiqué, et vous saurez bientôt où votre reine est nécessaire. Après tout, les deux ruches ne doivent pas être à moins de vingt pieds, au moins le premier jour ; peut-être quarante serait-il encore mieux. Lorsque deux essaims sont mélangés, puis séparés, il est évident qu'une partie de chaque essaim doit se trouver dans les deux ruches. Une reine dans chacune doit bien sûr être étrangère à au moins une partie des abeilles ; ceux-ci pourraient, si leur propre mère était trop proche, la découvrir, et laisser l'étranger pour une vieille connaissance, et, en partant, appeler ou attirer tout le monde avec eux, y compris la reine. J'ai connu quelques cas de ce genre.

QUELQUES PRÉCAUTIONS POUR VIVER DEUX ESSAIS ENSEMBLE.

Si vous êtes disposé à les séparer, mais craignez de travailler à ce point parmi eux au milieu de la journée, ou s'il y a danger d'émissions supplémentaires, mélangez-vous avec eux et ajoutez à votre perplexité, dont vous avez déjà cela suffit, alors vous pouvez les rassembler en un seul essaim ; mais, au lieu d'un panneau inférieur, retournez une ruche vide et placez celle avec l'essaim dessus, et insérez un coin entre elles, pour la ventilation. Comme de nombreuses abeilles sont susceptibles de tomber, dans ce cas, la ruche inférieure les attrapera et il y aura moins de risque de partir. Laissez-les rester jusqu'au coucher du soleil, moment où une autre démarche pourra être entreprise pour trouver une reine, bien qu'à ce moment-là on en tue parfois ; pourtant il est bon de le savoir. Emmenez-les dans un endroit à l'abri du soleil, car un moins grand nombre volera pendant l'opération.

COMMENT TROUVER LA REINE, QUAND DEUX ÉTRANGERS SONT ENSEMBLE.

Tout d'abord, cherchez dans la ruche inférieure une reine morte, et si aucune n'y est trouvée, cherchez soigneusement, autant que possible, une petite grappe compacte d'abeilles, de la taille d'un œuf de poule, qui peut être roulée sans se séparer. . Sécurisez ce cluster dans un gobelet ; il est bien sûr qu'une des reines est prisonnière au milieu ; [16] si deux sont vus, prenez les deux. Puis divisez les abeilles, et donnez une reine à celle qui est démunie ; ou, si vous en avez deux, un pour chacun, selon le cas. Il serait bon de vérifier d'abord si la reine était vivante, en enlevant les abeilles autour d'elle. Mais si vous ne trouvez rien de tel, étendez un drap sur le sol, secouez les abeilles à un bout et posez la ruche à l'autre ; ils commenceront immédiatement une marche vers la ruche. Vous pouvez maintenant voir le cluster, ou non ; mais ils se disperseront en marche et donneront une bonne chance de voir Sa Majesté, quand un gobelet sera la chose la plus commode à placer sur elle. Peu importe si quelques abeilles sont enfermées avec elle, il n'y a alors aucun risque, dans votre empressement à attraper la reine, de vous emparer d'une ou deux ouvrières. Un morceau de vitre peut être glissé dessous, et vous la mettez en sécurité, et à ce moment-là, vous saurez ce qu'il faut faire ensuite. Cette opération ne pourrait pas être effectuée en pleine journée ou au soleil, car trop d'abeilles voleraient et gêneraient grandement.

Si vous ne parvenez pas à trouver une reine et ne parvenez pas à la diviser en conséquence, ou si vous décidez, par manque de temps, de patience ou d'énergie, de les laisser ensemble au début, il n'est pas nécessaire d'acquérir une ruche plus grande. que d'habitude pour deux essaims ; ils trouveront certainement de la place par temps froid : s'ils sont plus de deux, ils *doivent* être divisés par tous les moyens ; ce sera un désavantage pendant encore un an. Pendant les quatre premiers jours, lorsque deux grands essaims sont ensemble, il est nécessaire de garder une ruche inversée sous eux, mais cela ne suffira pas plus longtemps, car ils pourraient étendre leurs rayons dans la ruche inférieure.

BOITES POUR ESSAIS DOUBLES IMMÉDIATEMENT.

Il faut ensuite le retirer et immédiatement mettre en place des boîtes qu'il faut remplacer par des vides, au fur et à mesure qu'elles sont remplies. Pourtant, ce miel supplémentaire ne représente pas autant d'avantages qu'une augmentation des stocks ; quand c'est un objet, je recommanderai une autre disposition.

RETOUR D'UNE PIÈCE À L'ANCIEN STOCK.

Séparez un tiers ou plus des deux essaims, en étant sûr qu'il n'y a pas de reine avec cette partie, (par l'épreuve donnée de les mettre à distance), puis remettez-les dans l'un des anciens cep ; ils entreront immédiatement sans contestation et en ressortiront au bout de neuf jours environ, ou dès qu'une jeune reine sera mûre pour les accompagner. Il peut y avoir une exception à cette règle, soit un sur vingt. J'aurais recommandé ce cours dans tous les cas de ce genre, mais il y aura une perte de temps pour les abeilles de l'ancien stock ; parce qu'ils ont tendance à être plutôt oisifs, même lorsqu'ils travaillent dans les caisses ; et ici il y a une perte de huit ou dix jours. Les récoltes d'un bon essaim peuvent être estimées à au moins une livre par jour (souvent deux ou trois). Un essaim qui remplit juste la ruche produirait au moins dix livres de miel en boîte, s'il avait pu être localisé dix jours plus tôt. . Une autre méthode encore peut être adoptée lorsque vous avez un très petit essaim, qui ne remplira probablement pas la ruche et qui n'est pas resté en ruche plus de deux ou trois jours. Un tiers de vos deux essaims peut être mis avec cela ; en prenant soin, comme auparavant, de ne pas laisser partir avec eux votre seule reine.

MÉTHODE D'UNION.

La manière de procéder est très simple ; placez-les dans une ruche comme indiqué précédemment, et placez-les devant celle dans laquelle vous souhaitez qu'ils entrent, ou inversez-la, en plaçant l'autre dessus et laissez-les courir.

QUAND DES SOINS SONT NÉCESSAIRES.

Sauf le jour de l'essaimage, il faut veiller à ne pas introduire un petit nombre avec un grand essaim ; ils sont susceptibles d'être détruits. Le danger est bien plus grand que de rassembler un nombre à peu près égal ou un grand nombre avec quelques-uns. Le jour où les problèmes pullulent, ils se mélangeront généralement pacifiquement, mais à mesure que le temps s'écoulera entre les problèmes, la probabilité de se quereller augmentera également. Pourtant, j'ai réuni deux familles en nombre à peu près égal à l'automne et au printemps et, à quelques exceptions près, je n'ai eu aucune difficulté.

CAPTEUR D'ESSAI.

Il existe une autre méthode pour séparer les essaims, inventée et utilisée par un certain M. Loucks , de Herkimer Co., New York. Il l'appelle un attrape-essaim ; il en possède une demi-douzaine et dit qu'il ne s'en passerait pas pendant une saison, pour cinquante dollars, car il possède un grand rucher. J'en ai fait un aussi près que possible d'après le sien, sans prendre la mesure exacte. J'ai sorti quatre poteaux d'éclairage de quatre pieds et demi de long et d'un pouce carré ; puis douze morceaux d'étoffe d'un quart de pouce, larges de quatre pouces ; les quatre pour les premiers douze pouces de long, car les deux du bas mesuraient quatorze pouces de long, et deux en avaient vingt. Celles-ci ont été soigneusement clouées aux extrémités des poteaux, ce qui en fait un cadre vertical, les quatre autres pièces ont été clouées au milieu, ce qui a rendu le cadre plus ferme. J'ai fait un cadre pour le dessus, composé de quatre pièces, chacune d'un pouce et demi de largeur et d'un demi-pouce d'épaisseur, coupées en deux aux extrémités et clouées ensemble, et fixées par des charnières sur un côté du dessus, et un loquet pour maintenir il s'est fermé. Le tout était maintenant recouvert d'un tissu très fin pour laisser passer la lumière, mais pas assez ouvert pour laisser passer les abeilles (M. Loucks utilisait un tissu fait pour les passoires à fromage.) J'avais maintenant un cadre couvert de quatre pieds et demi de haut, 12 pouces carrés en haut, en bas 14 par 20, avec une porte ou un couvercle en haut, pour laisser sortir les abeilles. De chaque côté du bas, j'ai punaisé un morceau de mousseline commune, long d'environ un mètre. Lorsqu'un essaim est prêt à sortir, le fond de ce cadre est dressé devant la ruche, un bord du fond repose sur le fond, l'autre contre le côté de la ruche ; le sommet part de la ruche à un angle d'environ 45 degrés, sous lequel un support est placé pour le maintenir. La mousseline du bas est à enrouler autour de la ruche sur le côté pour empêcher les abeilles de s'échapper. L'essaim s'y précipite sans aucune hésitation .

Une fois la sortie terminée, la mousseline du bas est tirée dessus, et le cadre est mis en position verticale et laissé reposer quelques minutes pour que les abeilles se taisent en haut. Il faut maintenant le coucher sur le côté, ouvrir la porte et installer les abeilles. Dans les quelques essais que je lui ai fait, j'ai réussi sans difficulté. Mais je ferai remarquer que les stocks dont les essaims sont capturés de cette manière ne doivent pas être élevés par l'arrière, car une partie de l'essaim sortirait par là et n'entrerait pas dans le filet. M. Loucks avait sa ruche directement sur le plateau ; et il m'a dit qu'il les avait gardés ainsi pendant toute la saison : les seuls points d'entrée étaient une pousse sortant du bas de la face avant, d'environ trois pouces de largeur sur un demi-pouce de profondeur, et un trou dans le côté à quelques pouces de hauteur. Vous vous apercevrez donc que les stocks à partir desquels les essaims sont ainsi constitués en ruche doivent y être préparés au préalable. De plus, cela ne servira à rien aux apiculteurs qui dépendent de l'observation de leurs essaims dans les airs. Il ne sera bénéfique que dans les grands ruchers, où plusieurs essaims sont susceptibles de sortir en même temps ; les indications d'essaimage bien comprises, et le rucher aux aguets.

LES ESSAIS RETOURNENT PARFOIS.

De temps en temps, un essaim apparaîtra et, en quelques minutes, il reviendra à l'ancien stock. M. Miner donne à cela une cause très ingénieuse et romantique, mais malheureusement il n'y a que peu de faits pour soutenir cette hypothèse (du moins je ne les ai pas découverts). Il y a d'autres causes qui me paraissent plus raisonnables ; le plus courant est l'incapacité de la vieille reine à voler, à cause de son poids d'œufs, de sa vieillesse ou de toute autre raison. Il m'est arrivé quelquefois, après le retour de l'essaim, de trouver la reine près du cheptel et de la remettre en place, et le lendemain elle ressortait et s'envolait sans difficulté (peut-être avait-elle déchargé quelques-uns de ses œufs).

Leur retour est plus fréquent par temps venteux ou lorsque le soleil est partiellement obscurci par les nuages. Les trois quarts environ ne seront réémis que lorsqu'une jeune reine sera arrivée à maturité, huit ou dix jours après ; et quelques-uns, pas du tout. Mais lorsque la reine revient avec l'essaim, ils ressortent généralement le lendemain ou le lendemain, et certains seulement le troisième ou le quatrième. J'ai connu deux cas où ils ont été émis à nouveau le même jour.

RÉPÉTITION EMPÊCHÉE.

Parfois, un essaim sort et revient trois ou quatre jours de suite, mais j'y remédie généralement, car cela est souvent dû à quelque incapacité de la reine, et elle peut être fréquemment trouvée alors que l'essaim sort de la ruche, incapable de voler. . Dans de tels cas, il suffit d'avoir un gobelet prêt et de le surveiller ; et dès qu'elle apparaît, attachez-la, récupérez la ruche vide pour l'essaim, un drap, et posez une planche de fond à quelques pieds du cep. L'essaim reviendra certainement ; les premières abeilles qui se poseront sur la ruche émettront l'appel ; dès que vous vous en apercevez, ne perdez pas de temps à poser le vieux cep sur la planche et à jeter le drap dessus pour empêcher les abeilles d'entrer. Mettez le nouveau à sa place sur le support, et la reine dedans ; dans quelques minutes, l'essaim sera dans la *nouvelle* ruche, lorsqu'il pourra être retiré et l'ancienne remplacée. C'est ce que j'ai fait plusieurs fois. Mais si l'essaim commence à se regrouper dans un endroit convenable, une fois que vous avez attrapé la reine, en étant prompt, elle peut être mise avec l'essaim, avant qu'ils ne l'aient manquée, et peut être mise en ruche de la manière habituelle.

RESPONSABILITÉ D'ENTRER DES STOCKS MAUVAIS.

Dans tous les cas, qu'on installe ou non une nouvelle ruche à la place de l'ancienne, chaque fois qu'un essaim revient, si d'autres souches se rapprochent de chaque côté, elles sont bien sûres de recevoir une partie des abeilles, probablement quelques centaines ; ceux-ci seront certainement massacrés. Pour éviter cela, il est nécessaire de jeter des draps dessus jusqu'à ce que l'essaim se soit rassemblé dans sa propre ruche. C'est une autre raison pour laquelle il y a beaucoup d'espace entre les stocks. Si aucune reine n'est découverte lors de leur émission ou de leur retour, elle doit être recherchée à proximité de la ruche, et remise si elle est trouvée, et l'essaim sera susceptible de sortir plusieurs jours plus tôt que d'attendre une jeune reine.

Lorsque la vieille reine est effectivement perdue et que les abeilles sont revenues attendre une jeune, elle est souvent prête à partir un ou deux jours avant le temps requis pour un deuxième essaim. Je ne peux pas dire si un plus grand nombre d'abeilles dans l'ancien stock créant plus de chaleur animale fait mûrir la chrysalide en moins de temps qu'un stock éclairci par la coulée d'un essaim, ou pour une autre raison. Je le mentionne parce que je sais que cela se produit fréquemment, mais pas invariablement. Un essaim en vol, non accompagné d'une reine, est plus dispersé que d'habitude.

LES PREMIERS NUMÉROS CHOISISSENT GÉNÉRALEMENT LE BEAU TEMPS.

Les premiers essaims sont généralement plus exigeants quant aux conditions météorologiques que les essaims suivants. Ils ont plusieurs jours pour choisir, après que ces cellules royales soient prêtes, et avant que les reines soient mûres ; et ils en prennent généralement une bonne. Mais là encore, il y a des exceptions. Une fois, j'ai eu deux premiers essaims émis dans un vent qui maintenait chaque branche d'arbre et de buisson en agitation à un tel degré qu'il était impossible de trouver un tel endroit pour se regrouper. J'attendais leur retour à l'ancienne ruche ; mais il y avait encore d'autres exceptions. Après avoir répété une tentative infructueuse sur les branches, ils y renoncèrent et descendirent parmi les herbes sur la « terre ferme ». Cela s'est produit après plusieurs jours de temps pluvieux. Le lendemain étant agréable, douze en sortirent ; prouvant presque que le vent de la veille en avait retenu une partie. J'en connaissais aussi un à émettre sous une douche, qui projetait beaucoup d'entre eux au sol avant qu'ils ne puissent se regrouper. Dans ce cas, la douche a été soudaine, le soleil a brillé presque jusqu'au moment où il a commencé à pleuvoir. À peu près à ce moment-là, l'essaim a commencé alors qu'il semblait qu'ils ne voulaient pas faire demi-tour.

APRÈS LES ESSAIS.

Après les essaims sont les deuxième et troisième issues (ou toutes après la première) d'un stock ; et c'est une affaire tout à fait différente de la première, comme le sont aussi certains premiers essaims, lorsque la vieille reine a été perdue, emmenée par de jeunes reines.

LEUR TAILLE.

Les deuxièmes essaims sont généralement moitié moins grands que le premier, le troisième moitié aussi grand que le deuxième, le quatrième encore moins ; avec quelques variantes. Je donne des traits généraux, en ne remarquant que les exceptions qui surviennent le plus fréquemment ; d'autres surviennent parfois, mais si rarement qu'il est jugé inutile de les mentionner.

TEMPS APRÈS LE PREMIER.

Chaque fois que le premier essaim d'une saison prospère *n'a pas été retenu par le mauvais temps* , la première des jeunes reines de l'ancien stock est prête à émerger au bout de huit jours environ. Nous supposerons le premier essaim émis dimanche ; une semaine à partir du mardi suivant sera généralement dès que le deuxième sera attendu.

PASSEPOSE DE LA REINE.

Le lundi soir précédent, ou le mardi matin, en approchant votre oreille de la ruche, et en écoutant attentivement cinq minutes, vous entendrez un bruit de sifflet distinct, comme le mot *peep, peep*, prononcé plusieurs fois de suite, puis un intervalle de silence; deux ou plusieurs peuvent être souvent entendus en même temps ; celui de l'un sera aigu et fin, celui de l'autre rauque, court et rapide. Ce sifflement est facilement entendu par *quiconque* n'est pas réellement sourd, et il n'y a pas le moindre danger qu'il soit pris pour un bourdonnement quelconque ; en fait, il ne faut pas le confondre avec autre chose *que du piping*, même lorsque vous l'entendez pour la première fois. Ces notes ne pourront probablement jamais être entendues sauf lorsque la ruche contient plusieurs reines.

PEUT TOUJOURS ÊTRE ENTENDU AVANT ET APRÈS L'ESSAI.

Je *n'ai jamais manqué de l'entendre*, avant un deuxième essaim, ou après le premier, chaque fois que j'écoutais ; et chaque fois que je l'ai écouté et que je ne l'ai pas entendu au moment opportun, je n'ai jamais connu un deuxième essaim !

LE TEMPS DE CONTINUATION VARIE.

L'heure de début sera plus tardive que cette règle dans certains stocks, si le temps est frais ou s'il ne reste pas beaucoup d'abeilles ; cela peut prendre dix ou douze jours. Je l'ai trouvé une fois quatorze avant de l'entendre. De plus, l'essaim peut ne pas émettre deux ou trois jours après que vous l'avez entendu. Plus les délais d'essaim sont longs, plus la tuyauterie sera bruyante ; Je l'ai entendu distinctement à vingt pieds, en écoutant attentivement quand je savais qu'on était ainsi engagé ; mais au début c'est plutôt faible. En posant l'oreille contre la ruche, on peut l'entendre même en pleine journée, ou à tout moment avant l'émission. La durée pendant laquelle il peut être entendu auparavant semble être à nouveau régie par le rendement en miel ; lorsqu'ils sont abondants, il est courant qu'ils sortent le lendemain ; mais lorsqu'ils sont un peu rares, ils durent beaucoup plus longtemps, très souvent trois ou quatre jours. Dans ces cas, des troisièmes essaims se produisent rarement.

TEMPS ENTRE LE DEUXIÈME ET LE TROISIÈME PROBLÈME.

Les sifflements des troisièmes essaims (au moment de leur émission) peuvent généralement être entendus le soir après le départ du deuxième, bien qu'un jour intervienne généralement entre leurs émissions.

Ici, mon expérience est en contradiction avec celle de nombreux écrivains, qui donnent plusieurs jours entre le deuxième et le troisième. Je ne me souviens pas d'un cas de plus de trois jours d'intervalle, mais beaucoup en moins, plusieurs le lendemain, et un le même jour du second ! J'ai eu l'exemple d'un essaim perdant sa reine (la vieille) lors de sa première sortie, et je suis revenu attendre les jeunes ; lorsqu'ils furent prêts, un nombre inhabituel d'abeilles étaient présentes ; trois essaims émis en trois jours ! Le quatrième, un autre sortit et revint ; le cinquième jour, il est parti ; faisant quatre essaims réguliers en cinq jours. Le huitième, le cinquième essaim est parti ! Bien que je n'ai jamais eu cinq essaims d'un stock auparavant, je m'y attendais pourtant, du fait d'entendre le sifflement le lendemain soir après le départ du quatrième. La tuyauterie avait continué dans cette ruche depuis la veille au soir du premier essaim jusqu'au départ du dernier.

NE PAS TOUJOURS ÊTRE DÉPENDANT.

Un stock sur quinze peut commencer à canaliser, mais n'envoyer aucun essaim. Les abeilles changeront d'avis quant à leur sortie et tueront leurs reines, ou permettront à l'aînée d'entre elles de détruire les autres, ou d'une autre manière, car elles n'essaiment pas toujours dans de telles circonstances. Mais quand la tuyauterie continue pendant vingt-quatre heures, je n'ai jamais connu *qu'une panne* ! J'en ai connu quelques-uns (deux ou trois) pour commencer cette tuyauterie, alors que je supposais que la vieille reine était encore présente et n'avait pas quitté la ruche, à cause du mauvais temps, mais un essaim est sorti peu après. Aussi, trois cas où j'ai supposé que la vieille reine avait perdu, pour une autre cause que de conduire un essaim, et que le cheptel avait élevé quelques jeunes pour suppléer à sa place. Cela s'est produit pendant ou à proximité de la saison d'essaimage, et un ou deux problèmes en ont été la conséquence. Un cas s'est produit trois semaines avant la saison et l'essaim mesurait environ la moitié de la taille habituelle. Lorsqu'un essaim est sorti et est revenu à la fin de la saison d'essaimage, il est beaucoup plus probable qu'il réapparaisse, que s'il dépendait d'une vieille reine pour chef, qui n'était pas sortie. Ceux-ci arriveront parfois une semaine ou dix jours plus tard que d'autres. Une fois, j'ai retenu le premier essaim par temps pluvieux, et le second est sorti le cinquième jour après ; plusieurs autres cas les septième et huitième ; et un aussi tard que le seizième, après le premier.

UNE RÈGLE POUR LE TEMPS DE CES QUESTIONS.

On peut poser en règle générale que tous les essaims suivants *doivent* être sortis le dix-huitième jour à compter du premier. Je n'ai jamais trouvé d'exception, à moins que ce qui suit puisse être considéré comme tel : Lorsqu'un essaim est parti au milieu du mois de mai, et un autre le premier juillet, sept semaines après, mais deux cas de ce genre se sont produits, et ceux-ci je les considère plutôt en détail. la lumière des premiers essaims, qui partent dans les mêmes circonstances, laissant les rayons de l'ancien stock remplis de couvain, les cellules royales terminées, etc. Un essaim peut produire des essaims en juin, et un essaim de sarrasin en août, selon le même principe.

QUAND IL EST INUTILE DE S'ATTENDRE À PLUS D'ESSAIS.

Ainsi, les apiculteurs n'ayant que peu de cheptels trouveront inutile de surveiller leurs abeilles lorsque le dernier des premiers essaims sera sorti seize ou dix-huit jours auparavant. Bien des ennuis peuvent ainsi être évités en comprenant cette question. Lors de mes débuts en apiculture, je souhaitais la plus grande augmentation possible des stocks. J'en avais quelques-uns qui avaient lancé le premier essaim et qui se sont regroupés peu de temps après. Je les ai observés en vain pendant des semaines et des mois, m'attendônt à un autre essaim. Mais si j'avais compris le *modus operandi* , comme le lecteur peut maintenant le comprendre, j'aurais fini avec toute mon anxiété, ainsi que de regarder, en quinze jours. En fait, cela a duré deux mois. Je n'ai trouvé personne pour m'éclairer sur ce sujet, ni même pour me dire quand la saison d'essaimage était terminée, et j'ai failli l'observer tout l'été !

PLURALITÉ DE REINES DÉTRUITES.

Lorsque les abeilles, les reines ou toutes ensemble, décident qu'il ne doit plus y avoir d'essaims, la pluralité des reines est détruite et il n'en reste plus qu'une. Il est probable que la reine la plus âgée et la plus forte élimine les autres, généralement dans les cellules.

J'ai fait élever autrefois des reines artificielles, à titre expérimental, à partir d'œufs communs, au sommet d'une ruche, dans une petite boîte en verre, où il n'y avait de place que pour un seul rayon, ce qui me permettait de voir tous les détails.

LA MANIÈRE.

Après que la première reine eut atteint sa maturité et eut quitté sa cellule, je la rattrapai dans les six heures, profitant de ses sœurs cadettes, qui étaient encore enfermées et ne pouvaient évidemment opposer aucune résistance. Elle a d'abord fait une ouverture qui lui permettrait d'atteindre l'abdomen de son concurrent (c'est probablement le plus vulnérable). Dès que celui-ci fut suffisamment grand pour accueillir son corps, elle l'enfonça, lui infligeant la piqûre mortelle. Celui-ci fut ensuite laissé à un autre, qui partagea bientôt le même sort. Si des mouvements rapides et malveillants sont des indications de haine, elle s'est manifestée ici très clairement. Les abeilles ont élargi l'orifice et ont arraché les reines désormais mortes.

Or, si je devais dire que toutes les reines ont été expédiées de cette manière, simplement parce que j'en suis témoin dans ce cas, ce serait appliquer le principe que je m'efforce d'éviter : c'est-à-dire juger tous les cas d'après un ou deux faits solitaires. . Dans l'état actuel des choses, cela confirme quelque peu ce que d'autres ont dit. Je supposerai donc, jusqu'à ce que d'autres preuves le contredisent, que la première reine parfaite quittant sa cellule se charge de détruire toutes les rivales dans leur berceau, dès qu'il est décidé qu'il n'y aura plus d'essaims. En gardant l'herbe, les mauvaises herbes, etc., à l'écart du cheptel, ces reines mortes, au fur et à mesure qu'elles sont sorties, peuvent être fréquemment trouvées. Ceux qui sont enlevés pendant la nuit peuvent souvent se retrouver sur le plancher le matin. J'en ai trouvé une douzaine par stock. Si le stock n'envoie qu'un seul essaim, ils peuvent être trouvés à peu près au moment où, ou un peu avant que vous entendiez la tuyauterie. Mais si des essaims sortent après, ils le seront, ou pourront être trouvés le lendemain matin après qu'il aura été décidé qu'il n'y en aura plus. Il est très rare que toutes les reines élevées soient nécessaires. Ils se font une règle, dans la mesure où ils ont le contrôle, de procéder selon des principes de sécurité, en ayant un peu plus que juste assez. Lorsque plusieurs de ces corps sont jetés et qu'aucun sifflement ne se fait entendre, il n'y a plus lieu de s'attendre à un nouvel essaimage. Mais si vous entendez le sifflement un jour ou deux après avoir trouvé une reine morte, vous pouvez encore chercher l'essaim.

THÉORIE DOUTÉE.

Il est dit que lorsque les abeilles décident qu'un essaim ultérieur doit naître, la première reine arrivée à maturité n'est pas autorisée à quitter sa cellule, mais y est gardée prisonnière et nourrie jusqu'à ce qu'elle veuille sortir avec l'essaim. Cela peut être vrai dans certains cas (même si cela n'a pas été prouvé de manière satisfaisante), mais je suis sûr que ce n'est pas le cas dans tous.

Lorsqu'elle est confinée dans sa cellule, comment s'assure-t-elle de la présence des autres ? En sortant de la cellule, cette connaissance s'obtient facilement. Huber dit qu'elle le fait, et qu'elle est « enragée par l'existence des autres et s'efforce de les détruire alors qu'elle est encore dans la cellule, ce que les ouvriers ne permettent pas ; c'est tellement irritant pour sa majesté qu'elle émet ce son particulier ». De plus, les deuxième et troisième essaims peuvent contenir plusieurs reines, fréquemment deux, trois et quatre ; même six à la fois sortent. S'il fallait les arracher, après que les ouvrières aient décidé qu'il était temps de partir (car il *faut qu'elles* le décident quand les reines seront enfermées), elles ne seraient guère de saison.

APRÈS DES ESSAIS D'APPARENCE DIFFÉRENTE DU PREMIER AU MOMENT DE L'ÉMISSION.

Une autre chose est qu'après le début des essaims, l'apparence de l'entrée est complètement différente de la première, à moins qu'il n'y ait un nombre inhabituel d'abeilles. J'ai dit cela peu de temps auparavant, que ceux-là étaient dans un tumulte apparent, etc. Mais après, les essaims donnent rarement un tel avis. On voit parfois une ou plusieurs jeunes reines sortir et revenir plusieurs fois en quelques minutes, dans une frénésie parfaite ; vole parfois sur une courte distance et revient avant que l'essaim ne démarre (ce qu'elle ne pourrait pas faire si elle était confinée). Les ouvrières semblent plus réticentes à partir que lors des premiers essaims, lorsque la mère était la dirigeante au lieu de la sœur. Même une fois que l'essaim est en mouvement , elle peut revenir et entrer dans la ruche un instant. Sans doute juge-t-elle nécessaire d'animer ou d'inciter le plus grand nombre à partir avec elle. Une personne observant pour la première fois l'émission d'un deuxième essaim dans ces circonstances, et trouvant la reine partant en premier, devinerait très probablement que *tous* doivent être pareils. Peut-être que le prochain sera différent ; la première chose vue pourrait être l'essaim qui part, et aucune reine n'est découverte du tout. Mais revenons à l'emprisonnement des reines. J'ai un autre fait en objection. J'ai vu une fois une reine courir dans une ruche en verre, alors qu'elle cherchait un deuxième essaim. Elle était près du verre, semblait agitée, s'arrêtant de temps en temps pour faire vibrer ses ailes, ce qui était simultané avec le sifflement, et semblait y arriver. Les ouvriers ne semblaient guère lui prêter attention. Le lendemain, l'essaim est parti. Voici au moins un exemple où elle n'a pas été confinée jusqu'au moment de son départ, ce qui constitue une exception, sinon une règle. Quoi qu'il en soit, j'admets que cela ne fait que peu de différence pour le rucher pratique, de toute façon ; mais pour le lecteur qui s'intéresse à l'histoire naturelle de l'abeille, la vérité est importante.

HEURE DE LA JOURNÉE, MÉTÉO, ETC.

Ces essaims ultérieurs ne sont pas très exigeants en matière de météo ; des vents violents, quelques nuages et parfois une légère pluie ne les dissuaderont pas *toujours* . Ils ne sont pas non plus très précis sur l'heure de la journée. Je les ai vus, par une chaude matinée, émettre avant sept heures et après cinq HEURES. Ces choses doivent être comprises ; car, lorsqu'on attend des essaims ultérieurs (dont la tuyauterie donnera l'avertissement), il faut les surveiller par temps, et à des époques où les premiers n'oseraient pas partir.

DES ESSAIS NÉCESSAIRES À VOIR.

Il est essentiel que vous les voyiez, afin de savoir où ils se regroupent, sinon il pourrait être difficile de les trouver. Ils ont tendance à s'éloigner plus de la souche parentale que les autres ; parfois cinquante bâtons, puis s'installent en deux endroits, peut-être à cette distance l'un de l'autre, dans un endroit élevé ou peu pratique d'accès. (Que je ne sois pas mal compris : je ne dis pas qu'ils le font tous, ni même la majorité ; mais je tiens à dire qu'une plus grande partie de ces essaims le font que du premier.) S'ils se regroupent en deux endroits, une reine peuvent être dans chacun, et ils resteront, et lorsque vous en aurez conservé une partie, vous penserez peut-être que vous avez tout. Si un groupe est sans reine, ils rejoindront l'autre s'ils sont proches ; mais lorsqu'il est éloigné, il est très probable qu'il revienne bientôt à l'ancien stock, à moins qu'il ne soit mis en place. J'avais un essaim de lumière à deux endroits, dans des directions exactement opposées par rapport au stock.

Dans l'un d'entre eux, un bon essaim s'était regroupé ; dans l'autre, certains moins d'une pinte. La petite partie avait une ou plusieurs reines, l'autre aucune. Cela se percevait immédiatement à leurs mouvements. Maintenant, si nous fournissons une ruche à un essaim et en demandons à quelques-uns d'établir l'appel ou le bourdonnement, ils ne partiront pas tant que cela ne sera pas arrêté. Il n'y a généralement aucune difficulté à le démarrer. Le moyen le plus sûr est d'en mettre une partie ou la totalité directement dans la ruche. Il faut quelques minutes pour se calmer et rater la reine. Dans mon cas, je les ai mis dans la ruche et, avant qu'ils ne ratent la reine, je les ai portés jusqu'à la petite grappe que j'ai mise dans une louche et que j'ai vidée devant la ruche ; ils entrèrent, et tous étaient paisibles. Vous verrez donc la nécessité de surveiller de tels essaims, pour voir s'il n'y a pas de séparation, du moins.

RETOUR APRÈS LES ESSAMINS À L'ANCIEN STOCK.

On a beaucoup parlé du retour des essaims à l'ancienne souche ; dont les avantages dépendront du moment de l'émission ; si tardif ou précoce, le rendement en miel, etc. Il serait inhabituel d'avoir de nombreux essaims sans un rendement libéral en miel, pour le moment ; mais raconter sa continuation est la question à laquelle il faut répondre. Des deuxièmes et même des troisièmes essaims, s'ils sont précoces dans la saison et si le miel reste abondant, peuvent former des ruches et ceux-ci, ainsi que l'ancien stock, prospéreront. Ici, le rucher a besoin d'un peu de jugement et d'expérience pour le guider.

QUAND ILS DOIVENT-ILS ÊTRE RETOURNÉS.

Il est toujours préférable, si possible, d'avoir de bonnes familles solides. Lorsque les essaims arrivent en retard, il est plus sûr de les rapporter, car le vieux stock en aura besoin pour reconstituer la ruche et se préparer à l'hiver. Aussi, un moins grand nombre de vers l'infesteront, lorsqu'il sera bien pourvu d'abeilles ; et les chances d'obtenir du miel en boîte sont plus grandes.

MÉTHODE POUR LE FAIRE.

Mais le processus de retour nécessite un peu de patience et de persévérance. J'ai dit qu'il pouvait y avoir une douzaine de jeunes reines dans l'ancienne souche. Supposons maintenant qu'un, deux ou plusieurs partent avec l'essaim, et que vous reveniez tous ensemble, rien n'empêche qu'ils fassent à nouveau sortir l'essaim le lendemain. C'est pourquoi la politique est de garder les reines à l'écart. Le moindre ennui est de les mettre en ruche comme d'habitude et de les laisser reposer jusqu'au lendemain matin. Cela vous évitera d'avoir à en chercher plus d'un, s'il devait y en avoir plus, car tous sauf ceux qui seront détruits à ce moment-là. Il y a aussi une chance pour que l'ancienne souche décide qu'il n'y en aura plus et permette que tous, sauf un, y soient tués. Lorsque tel est le cas, et que vous trouvez celui avec l'essaim, vous n'aurez plus aucun problème à le rééditer. Ils doivent être restitués dès le lendemain matin, sinon ils pourraient ne pas être d'accord, même lorsqu'ils seront placés dans l'ancienne maison. Pour les rendre, et trouver facilement une reine, procurez-vous une large planche de quelques pieds de long ; qu'une extrémité repose sur le sol, l'autre près de l'entrée, afin qu'ils puissent entrer dans la ruche sans voler ; puis secouez l'essaim à l'extrémité inférieure de la planche ; mais peu d'entre eux voleront, mais commenceront bientôt à courir vers la ruche ; le premier qui découvre l'entrée lancera l'appel pour les autres. S'ils ne le découvrent pas, ce qui est parfois le cas, dispersez-en quelques-uns à proximité, et ils commenceront bientôt à marcher, alors que vous devrez surveiller et sécuriser la reine, car ils se propagent et donnent une bonne chance. En appliquant votre oreille sur la ruche, le passepoil vous indiquera si elle doit émettre à nouveau. Il est évident, si vous suivez ces instructions, que l'essaim ne peut pas sortir plusieurs fois avant que son stock de redevances ne soit épuisé ; et quand il ne restera plus qu'une reine, la cornemuse cessera et il n'y aura plus de problème. Pour éviter ces essaims ultérieurs, certains auteurs recommandent de retourner la ruche et de supprimer toutes les cellules royales sauf une. C'est ce que j'ai trouvé impraticable avec un grand nombre de stocks. Certaines cellules sont trop proches du sommet pour être vues, par conséquent on ne peut pas toujours y compter. Quant à la règle relative au retour, il est quelque peu difficile d'en donner une. Si je dois dire, revenez à toutes les émissions après le 20 juin, la variation de saison pourrait être de deux ou trois semaines, même sous la même latitude ; c'est-à-dire que l'ensemble des fleurs qui avaient fleuri à cette date au cours d'une saison pourrait, une autre année, nécessiter deux semaines de plus pour sortir. De plus, le 20 juin, à la latitude de New York, est aussi tard que le 4 juillet dans de nombreux endroits plus au nord. J'ai eu une fois un deuxième essaim le 11 juillet, qui a bien hiverné, ayant presque rempli la ruche. Pourtant, certaines saisons, les premiers essaims, dès la fin du mois de juin, n'ont pas réussi à en récolter suffisamment. Dans les régions où l'on cultive beaucoup de sarrasin, les essaims tardifs contribuent davantage à remplir leurs ruches que là où il n'y en a pas.

PLUS DE SOINS NÉCESSAIRES APRÈS LES ESSAIS LORS DE LA VIDÉO.

S'il est jugé préférable de créer une ruche après les essaims et de risquer toutes les chances, ils devraient recevoir un peu plus d'attention après la première semaine ou les deux premières semaines, pour détruire les vers ; un peu de soins en temps opportun peut éviter des blessures considérables. Ils sont susceptibles de construire plus de rayons que les autres, en proportion du nombre des abeilles ; par conséquent, ces peignes ne peuvent pas être correctement recouverts et protégés. Le papillon a la possibilité d'y déposer ses œufs et, parfois, de les détruire entièrement.

DEUX PEUVENT ÊTRE UNIS.

Chaque fois que ces essaims sortent assez près les uns des autres, il est préférable de les unir. J'ai dit que les seconds essaims étaient généralement deux fois moins grands que le premier. D'après cette règle, deux seconds essaims contiendraient autant d'abeilles qu'un premier, et quatre du troisième, ou un du deuxième essaim, et deux du troisième, etc. Si le premier et le deuxième sont de taille ordinaire, je crois qu'il convient de toujours rendre le troisième. Mais dans les grands ruchers, il est courant qu'ils sortent sans avertissement préalable, juste au moment où le premier s'en va, et s'entassent dans leur compagnie, semblant aussi à l'aise que s'ils étaient également respectables.

Chaque fois que les ruches contenant nos essaims sont pleines ou très proches, les boîtes doivent être installées sans délai, à moins que la saison du miel ne soit si proche de la fin qu'elle ne soit pas nécessaire.

J'ai trouvé avantageux de mettre en ruche quelques-uns de ces très petits essaims, exprès pour conserver les reines, pour approvisionner quelques vieux stocks qui perdent parfois les leurs à l'extrême fin de la saison d'essaimage. Les cas qui seront mentionnés à la fin du chapitre suivant. J'essaie d'en conserver un pour environ vingt stocks qui ont envahi.

CHAPITRE XIV.

PERTE DE REINES.

D'ESSAMERS QUI PERDENT LEUR REINE.

Les essaims qui perdent leur reine dans les premières heures après avoir été mis en ruche retournent généralement dans la souche parentale ; à l'exception du fait qu'ils s'unissent parfois à d'autres. Si beaucoup de temps s'est écoulé avant la défaite, ils restent, à moins qu'ils ne se trouvent sur le même banc qu'un autre. Sur un stand séparé, ils continuent leur travail, mais un grand essaim diminue rapidement et remplit rarement une ruche de taille ordinaire. Une circonstance singulière concerne un essaim qui construit des rayons sans reine. Je n'ai jamais vu personne le remarquer, et ce n'est peut-être pas toujours le cas, mais *chaque* fois que j'ai eu connaissance, je l'ai trouvé ainsi. Autrement dit, les quatre cinquièmes des rayons sont des cellules de faux-bourdons ; pourquoi ils les construisent ainsi est un autre sujet de spéculation, dont je m'efforcerai dans ce cas de m'abstenir.

UNE SUGGESTION ET UNE RÉPONSE.

Il a été suggéré comme une spéculation rentable, "de mettre en ruche un grand essaim sans reine, et de leur donner un morceau de rayon à couvain contenant des œufs, d'en élever un, puis, dès qu'il est parvenu à maturité, de les en priver, en leur donnant leur un autre morceau de rayon, et continuez-le tout au long de l'été, en mettant des boîtes pour le surplus de miel. Les abeilles n'ayant pas de jeunes couvains pour consommer du miel, elles ne perdront pas de temps ni ne prendront soin de les allaiter, et par conséquent elles le seront. permis de stocker de grandes quantités de miel excédentaire.

Cela semble très plausible et quelque peu concluant pour une personne sans expérience. Si le succès dépendait de quelque animal dont la durée de vie serait un peu plus longue, il serait préférable de calculer de cette façon. Mais comme une abeille voit rarement l'anniversaire de son anniversaire et que la plupart d'entre elles périssent au cours des premiers mois de leur existence, c'est une mauvaise économie. On constatera que la plus grande quantité de notre surplus de miel provient de nos stocks prolifiques. Il est donc primordial que chaque essaim et chaque souche ait une reine pour réparer cette perte constante.

Une question contestée.

Nous abordons maintenant un autre point controversé de l'histoire naturelle, relatif au départ de la reine à tout moment, sauf lorsqu'elle mène un essaim. La plupart des écrivains disent que la jeune reine quitte la ruche et rencontre son amant, le faux-bourdon, en vol. D'autres le nient *positivement* , ayant regardé tout un été sans voir son altesse partir. En conséquence, ils sont arrivés à la conclusion très plausible et apparemment cohérente, que la nature n'a jamais voulu qu'il en soit ainsi, puisque cela doit se produire à une époque où l'existence de toute la famille dépend entièrement de la vie de la reine. Le cheptel ne contient alors ni œufs ni larves , dont on pourrait en élever une autre, si elle devait être perdue. "Dans de tels moments, les chances d'être dévoré par les oiseaux, emporté par les vents et d'autres victimes sont trop nombreuses, et il est peu probable que le Créateur l'aurait arrangé ainsi." Mais les faits sont des choses têtues ; ils ne céderont pas un rien pour favoriser « l'hypothèse la plus finement formulée » ; ils sont souvent obstinés et provocants. Lorsque l'homme, sans l'observation nécessaire, examine la nature animée et découvre, à peine une exception près, que les mâles et les femelles sont à peu près égaux en nombre, il est prêt, et conclut souvent qu'une abeille parmi des milliers ne peut être la seule capable de de reproduction ou de dépôt d'œufs. Eh bien, l'idée est absurde ! Et pourtant seule une petite observation viendra bouleverser ce raisonnement très cohérent et analogue. Il semble en être ainsi des excursions des jeunes reines. J'ai été obligé, bien qu'à contrecœur, d'admettre qu'ils quittaient la ruche. Que leur but soit de rencontrer les drones, je ne peux pas le contredire pour le moment. De plus, lorsque la reine est une fois fécondée, cela fonctionne à vie (c'est pourtant une autre anomalie), car je ne l'ai jamais vue sortir à nouveau dans ce but. À quoi servent alors les dix mille drones qui ne remplissent jamais cette fonction importante ? Il semble, en effet, comme un gaspillage inutile de travail et de miel, que chaque bétail en élève quelques douze ou quinze cents, alors qu'un seul peut-être, parfois aucun de tout le nombre, n'est d'aucune utilité. Si le risque est grand dans le départ de la reine, nous le trouvons admirablement arrangé en ce qu'il n'est pas trop fréquent.

UNE MULTITUDE DE DRONES NÉCESSAIRES.

L'instinct apprend à l'abeille à rendre les choses qui lui sont confiées aussi *sûres* que possible. Lorsqu'ils veulent une reine, ils en élèvent une demi-douzaine. Si un ou seulement une demi-douzaine de faux-bourdons étaient élevés, les chances que la reine en rencontre un dans les airs seraient considérablement réduites. Mais lorsqu'il y en a mille dans les airs au lieu d'un, les chances sont mille fois multipliées. Si une souche produit un essaim, il y a une jeune reine à féconder et à récupérer en toute sécurité, sinon la souche est perdue. A chaque départ, il y a un risque qu'elle se perde (une sur quinze). Si le nombre de drones était inférieur à ce qu'il est actuellement, la reine devrait répéter ses excursions proportionnellement avant de réussir. Dans l'état actuel des choses, certains doivent partir plusieurs fois. Les chances et les conséquences sont si grandes que, dans l'ensemble, il vaut sans doute mieux en élever mille inutilement que d'en manquer un juste au moment où on en a besoin. Efforçons-nous donc de nous contenter de l'arrangement actuel, dans la mesure où nous ne pourrions pas l'améliorer, et que probablement, si nous avions été consultés, nous aurions réglé "la chose de telle sorte qu'elle ne marcherait pas du tout".

Mais à quoi servent les faux-bourdons dans des ruches qui n'essaiment pas, et qui n'en ont pas l'intention, situées dans une grande pièce ou dans de très grandes ruches ? De telles circonstances produisent rarement des essaims, mais aussi régulières que le retour de l'été, une couvée de faux-bourdons apparaît. À quoi servent-ils? Supposons que la vieille reine d'une telle ruche meure, laissant des œufs ou de jeunes larves , et qu'une jeune reine soit élevée pour la remplacer. Comment va-t-elle être fécondée sans les drones ? Peut-être leur apprend-on que chaque fois qu'ils en ont les moyens, ils devraient en avoir sous la main pour être prêts en cas d'urgence. Je l'ai déjà dit, quand les abeilles sont nombreuses et le miel abondant, elles ne manquent jamais de les fournir. Une fois, j'ai mis un essaim dans une ruche en verre. La reine était infirme, ayant perdu une de ses jambes postérieures ; deux mois après, elle fut remplacée par une jeune et parfaite. Voici un cas où des drones étaient nécessaires, alors qu'aucune intention d'essaimage n'était indiquée ; la ruche n'était qu'à moitié pleine.

LA REINE SUSCEPTIBLE D'ÊTRE PERDUE DANS SES EXCURSIONS.

Cette excursion de la reine, chaque fois que j'en ai été témoin, avait toujours lieu un peu après le milieu de la journée, lorsque les drones étaient en plus grand nombre. Dans de tels moments, je les ai vus partir au milieu d'une agitation un peu plus grande que d'habitude parmi les ouvriers. J'ai observé leur retour, qui variait entre trois minutes et une demi-heure, et je les ai vus planer autour de leur propre ruche, apparemment incertains quant à savoir s'ils appartenaient à celle-ci ou à la suivante ; dans quelques cas, ils se sont effectivement installés dans la ruche voisine et y auraient péri, sans mon aide pour les redresser.

LE MOMENT OÙ CELA SE PRODUIT.

Ainsi nous voyons que les reines sont perdues dans ces occasions pour une raison quelconque, et une partie d'entre elles en entrant dans la mauvaise ruche, peut-être la plupart d'entre elles ; si c'est le cas, c'est une autre bonne raison pour ne pas regrouper les stocks trop près. Les ruches sont très souvent presque identiques en couleur et en apparence. La reine qui fait son coming-out pour la première fois de sa vie est sans doute déconcertée par cette similitude.

Le nombre de ces pertes au cours d'une saison a varié : une année, la moyenne était de une sur neuf, une autre année, une sur treize et une autre sur vingt. Le délai depuis le premier essaim varie également de douze à vingt jours. Le lecteur inexpérimenté ne doit pas oublier que ce sont les vieux stocks qui ont coulé en essaims, où se produisent ces accidents ; la vieille reine étant partie avec le premier essaim. De plus, tous les essaims ultérieurs sont sujets aux mêmes pertes. Je suggérerais que ceux-ci aient suffisamment d'espace entre les ruches ; s'il faut se serrer, que ce soit les premiers essaims, où la vieille reine n'a pas besoin de sortir. N'ayant jamais vu cette question entièrement discutée, je souhaite être quelque peu particulier et me flatter de pouvoir indiquer au rucher prudent comment conserver quelques stocks et essaims chaque année, c'est-à-dire s'il en conserve beaucoup. Il y a quelques années, j'ai écrit un article pour l'Albany Cultivator. Un abonné de ce journal m'a dit un an après qu'il avait économisé deux actions l'été suivant grâce à l'information ; ils valaient au moins cinq dollars chacun, de quoi payer son journal dix ans ou plus.

Lorsqu'un troupeau ne jette qu'un seul essaim, la reine n'ayant aucune concurrente pour gêner ses mouvements, partira au bout de quatorze jours environ, si le temps est beau ; mais si un essaim postérieur partait, la plus âgée des jeunes reines partirait probablement avec cela, bien sûr : il faudra donc attendre plus tard avant que la suivante soit prête : cela peut prendre vingt jours, ou même plus ; ceux avec des essaims ultérieurs varieront de un à six. Cela *doit toujours* se produire lorsqu'il n'existe ni œufs ni larves , et qu'il ne reste aucun moyen de réparer cette perte ; c'est une perte, et une perte sérieuse ; les abeilles ont autant de problèmes que leur propriétaire, et bien plus encore, elles semblent comprendre les conséquences, et lui, s'il n'en sait rien, n'a aucun problème. S'il en apprend maintenant pour la première fois la nature, il comprendra en même temps le remède.

INDICATIONS DE LA PERTE.

Le lendemain matin, après qu'une perte de ce genre s'est produite, et parfois le soir, on peut voir les abeilles courir dans la plus grande consternation, dehors, çà et là sur les côtés. Certains s'envoleront sur une courte distance et reviendront ; l'un courra vers l'autre, puis vers l'autre, toujours dans l'espoir, sans doute, de retrouver son souverain perdu ! Une ruche voisine, à proximité, sur le même banc, en recevra probablement une portion, qui résistera rarement à une accession dans de telles circonstances. Tout cela se déroulera pendant que les autres ruches seront calmes. Vers le milieu de la journée, cette confusion sera moins marquée ; mais le lendemain matin, cela se manifestera à nouveau, quoique moins clairement, et cessera après le troisième, quand ils seront apparemment réconciliés avec leur sort.

Ils continueront leur travail comme d'habitude, apportant du pollen et du miel. Ici, je suis obligé d'être en désaccord avec les écrivains qui nous disent que tout travail va désormais cesser. J'espère que le lecteur ne se trompera pas en supposant que, parce que les abeilles apportent du pollen, elles *doivent* avoir une reine ; Je peux vous assurer que ce n'est pas toujours le cas.

LE RÉSULTAT.

Le nombre des abeilles diminuera graduellement et disparaîtra au début de l'hiver, laissant une bonne réserve de miel et une quantité supplémentaire de pain d'abeille, comme mentionné précédemment, parce qu'il n'y a pas eu de jeune couvain pour le consommer. C'est le cas lorsqu'une famille nombreuse se retrouve au moment du sinistre. Lorsqu'il ne reste que peu d'abeilles, c'est très différent ; les rayons ne sont pas protégés par une couverture d'abeilles ; le papillon y dépose ses œufs, et les vers achèvent bientôt le tout. Pourtant, les abeilles des autres souches retirent généralement le miel en premier.

ÂGE DES ABEILLES INDIQUÉ.

Des centaines d'apiculteurs perdent ainsi une partie de leurs stocks et ne peuvent invoquer aucun motif raisonnable. "Eh bien", disent-ils, "il n'y avait pas vingt abeilles dans la ruche ; elle était toute pleine de miel", ou de vers, selon le cas. " Peu de temps auparavant, il était plein d'abeilles ; j'en ai récolté trois bons essaims, et cela avait toujours été de premier ordre, mais tout d'un coup les abeilles ont disparu. Je ne comprends pas ! " De tels apiculteurs ne peuvent pas comprendre avec quelle rapidité une famille d'abeilles diminue, lorsqu'il n'y a pas de reine pour reconstituer avec des petits cette mortalité des vieilles. Je doute que la famille la plus nombreuse et la meilleure puisse exister pendant six mois, sans reine pour se renouveler, sauf peut-être pendant l'hiver.

Lorsqu'ils se tiennent à proximité sur un banc, ils disparaissent plus tôt que s'ils se trouvaient sur des supports séparés, car ils rejoignent souvent une ruche voisine lorsqu'ils peuvent y accéder à pied.

NÉCESSITÉ DE SOINS.

Comme ce tumulte ne se voit que quelques jours au plus, il est bon, oui, il faut, de se faire un devoir de jeter un coup d'œil aux ruches à cette période d'essaimage, *chaque matin* ; un coup d'œil suffit pour vous en rendre compte. N'oubliez pas de compter à partir de la date du premier numéro ; cela se produit lorsque les premières cellules royales sont scellées et constitue le meilleur critère pour savoir quand la reine partira. Si le premier essaim sort et revient, cela ne peut faire aucune différence ; comptez dès leur première émission.

REMÈDE.

Lorsque vous découvrez une perte, vérifiez d'abord s'il y a un essaim ultérieur à attendre d'un autre stock (en écoutant la tuyauterie) ; si c'est le cas, attendez qu'il sorte, et obtenez-en une reine pour votre stock ; même s'il n'y en a qu'une, prenez-la et laissez les abeilles revenir ; ils reviendraient probablement le lendemain ; sinon, ce n'est très souvent pas une grande perte.

Si aucun essaim de ce type n'est indiqué, rendez-vous dans un stock qui a lancé un premier essaim en une semaine ; fumez-le et retournez-le, comme indiqué précédemment, trouvez une cellule royale, et avec un large couteau découpez-la, en ayant soin de ne pas la blesser. Celui-ci doit maintenant être fixé dans l'autre ruche dans sa position naturelle, l'extrémité inférieure libre de tout obstacle qui gênerait la sortie de la reine. Cela ne fera que peu de différence, que ce soit en haut ou en bas, à condition qu'il soit protégé contre les chutes.

Je l'introduit généralement par un trou dans le haut, en prenant soin d'en trouver un qui permettra à l'alvéole de passer entre deux peignes. Il étant le plus grand à l'extrémité supérieure, les peignes de chaque côté le soutiendront et laisseront l'extrémité inférieure libre. Dans quelques heures, les abeilles le fixeront définitivement aux rayons avec de la cire. Cette opération ne peut pas être réalisée dans une ruche à chambre, car il est impossible de voir la disposition des rayons à travers les trous. Le mettre en bas est encore plus difficile ; la difficulté est de l'attacher et de l'empêcher de reposer sur le bout. Je l'ai fait comme suit : procurez-vous un *vieux* morceau épais de peigne sec d'environ trois pouces carrés ; découpez un pouce du milieu. À angle droit avec celui-ci, sur un bord du centre , faites-en un autre pour le couper, juste de la taille de la cellule, et faites en sorte que l' extrémité inférieure atteigne l'ouverture. Ce peigne le maintiendra dans la bonne position et pourra reposer sur le plancher. Il peut maintenant être mis dans la ruche en découpant un morceau de rayon pour lui faire de la place si nécessaire.

Peu de temps après l'introduction d'une telle cellule, les abeilles se taisent. Au bout de quelques jours, elle éclot, et ils ont une reine aussi parfaite que si elle eût été une de leurs propres animaux. Cette reine devra bien sûr quitter la ruche et sera tout aussi susceptible d'être perdue, mais pas plus que les autres, et devra être surveillée de la même manière. Il n'est pas nécessaire de chercher une cellule dans un stock qui a lancé son premier essaim plus d'une semaine auparavant, car elles sont généralement détruites à ce moment-là (parfois en manque), à moins qu'elles n'aient l'intention d'envoyer un essaim ultérieur.

MARQUEZ LA DATE DES ESSAIS SUR LA RUCHE.

Si vous avez tellement de stocks que vous ne pouvez pas vous souvenir sans difficulté de la date de chaque essaim, c'est une bonne idée de marquer la date sur un côté ou dans un coin de la ruche, au fur et à mesure qu'elle sort. Vous pouvez alors savoir immédiatement où chercher une cellule lorsque vous le souhaitez.

Il arrive parfois qu'une reine soit perdue à l'extrême fin de la saison d'essaimage, alors qu'aucun autre stock ne contient de telles cellules. Je cherche ensuite le stock ou l'essaim le plus pauvre que j'ai sous la main, celui que je peux me permettre de sacrifier, s'il possède une reine, pour sauver celui qui a subi cette perte ; ce n'est pas souvent le cas, mais c'est parfois le cas. J'ai mis à quelques reprises juste assez d'abeilles auprès de la reine pour la garder dans une boîte, et je les ai gardées à cet effet, comme cela a été mentionné dans le chapitre précédent. Lors de leur introduction, les abeilles sont généralement tuées, mais la reine est préservée.

OBTENIR UNE REINE À PARTIR D'UNE COUGUÉE OUVRIÈRE.

Il y a encore une autre méthode à adopter, c'est d'obtenir un morceau de rayon à couvain contenant des œufs d'ouvrières ou de larves très jeunes. Vous le trouverez généralement sans trop de peine, dans un jeune essaim qui fabrique des rayons ; les extrémités inférieures contiennent généralement des œufs ; prenez un morceau de l'une des feuilles du milieu, long de deux ou trois pouces (vous utiliserez probablement de la fumée à ce moment-là sans le dire). Renversez la ruche qui doit le recevoir, placez le morceau sur le bord entre les rayons, si vous pouvez les écarter assez à cet effet ; ils le maintiendront là, et il y aura alors suffisamment de place pour fabriquer les cellules. Ils élèveront presque toujours plusieurs reines. J'en ai compté neuf fois, c'était tout ce qu'ils avaient de place. Mais pourtant j'ai très peu confiance en de telles reines, elles sont presque certaines de se perdre.

ILS SONT MAUVAIS DÉPENDANCE.

Par conséquent, je recommanderais d'obtenir une cellule royale chaque fois que cela est possible. Il y a encore un autre avantage ; vous aurez une reine prête à pondre des œufs deux ou trois semaines plus tôt que lorsqu'elle est obligée de commencer avec l' œuf. J'ai mis ce morceau de rayon à couvain dans une petite boîte en verre sur le dessus de la ruche au lieu du fond , parce que c'était moins de problèmes, mais dans ce cas, les œufs ont tous été retirés en peu de temps ; si une reine a été élevée dans la ruche ou non, je ne peux pas le dire ; mais cela, je le sais, je n'ai jamais obtenu de reine prolifique, après des expériences répétées de cette manière.

Il semblerait que j'ai eu plus de malheur avec les reines élevées de cette manière que la plupart des expérimentateurs. Je n'ai aucune difficulté à les former à une apparence parfaite, mais je les perds ensuite. Maintenant, soit cela soit dû à un manque de développement physique, en prenant des larves trop avancées pour effectuer un changement parfait, ou bien s'ils ont été élevés si tard dans la saison, que la plupart des faux-bourdons ont été détruits, et la reine a dû en rencontrer un. répéter ses excursions jusqu'à ce qu'elle soit perdue, je suis encore incapable de le déterminer *complètement* . Pour tester la première de ces questions, j'ai retiré plusieurs fois toutes les larves du rayon ; ne laissant que des œufs, afin que toute la nourriture qui leur soit donnée soit de la « bouillie royale », dès le début, et n'eut pas de meilleur succès jusqu'à présent. Pourtant, des reines prolifiques ont parfois été élevées alors que je ne pouvais expliquer leur origine que par des œufs d'ouvrières. Mais vous constaterez qu'il ne faut pas s'y fier en général.

Parfois, après tous nos efforts, une ou deux souches resteront dépourvues de reine. Ceux-ci, s'ils échappent aux vers, stockeront généralement suffisamment de miel dans cette section pour hiverner une bonne famille. Celui-ci devra bien entendu être introduit à partir d'une autre ruche contenant une reine ; mais cela appartient à la direction de Fall.

En ce qui concerne le temps qui s'écoule entre la fécondation de la reine et le début de la ponte, je ne peux pas le dire, mais je suppose qu'il pourrait être d'environ deux ou trois jours. J'ai chassé les abeilles vingt et un jours après le premier essaim, alors qu'aucun deuxième essaim n'était sorti : la jeune reine est sortie le quatorzième jour. J'ai trouvé des œufs et de très jeunes larves . Quand on se souvient que les œufs restent trois jours avant d'éclore, cela montre que le premier d'entre eux doit avoir été déposé environ quatre ou cinq jours. Quand les écrivains nous indiquent le temps exact à une heure (46 ou 48) de l'imprégnation à la pose, je veux bien l'admettre dans ce cas, mais j'ai juste envie de demander comment ils ont fait pour s'en rendre compte ; à quel signe on savait, lorsqu'une reine revenait d'une excursion, si elle avait réussi ou non ses amours ; ou si un autre effort devrait être fait ; et ensuite, comment ils ont réussi à savoir exactement quand le premier œuf a été pondu.

Parfois, une reine est perdue en dehors de la saison d'essaimage, en moyenne environ une sur quarante. C'est le plus fréquent au printemps ; au moins, on le découvre généralement à ce moment-là. La reine peut mourir en hiver, et les abeilles ne nous donnent aucune indication avant leur sortie au printemps. (Parfois, ils peuvent tous déserter la ruche et en rejoindre une autre.) Si nous espérons savoir quand une reine est perdue à cette saison, nous devons la remarquer juste avant la nuit lors des premiers jours chauds, car les matinées ont tendance à être trop fraîches. pour des abeilles à l'extérieur, tout remue-ménage ou agitation inhabituelle, semblable à ce qui a été décrit, montre la perte. C'est le pire moment de l'année pour fournir le remède, à moins qu'il ne se trouve un stock très pauvre contenant une reine, que nous pourrions perdre de toute façon - alors il pourrait être conseillé de le sacrifier pour sauver l'autre, surtout si le dernier contenait toutes les conditions nécessaires à une bonne souche, à l'exception d'une reine. Quelques huit ou dix, que j'ai ainsi gérées, m'ont donné pleine satisfaction. À d'autres moments, je les ai laissés aller jusqu'à la saison d'essaimage, puis je me suis procuré une reine ou j'ai introduit un petit essaim ; alors ils sont tellement réduits qu'ils ne valent que peu de valeur, même s'ils ne sont pas affectés par les vers. Pour éviter ainsi cette perte, il pourrait être avantageux de transférer les abeilles vers le stock suivant, si celui-ci n'est pas déjà trop plein ; ou les abeilles du stock suivant. Que l'âge et l'état des peignes, la quantité des provisions, etc., décident.

CHAPITRE XV.

ESSAMMENTS ARTIFICIELS.
LES PRINCIPES DOIVENT ÊTRE COMPRIS.

Des essaims artificiels peuvent être réalisés en toute sécurité à la bonne saison. Pour l'apiculteur qui souhaite augmenter ses stocks, ce sera un avantage d'en comprendre certains principes. J'ai eu une petite expérience qui a conduit à des conclusions différentes de celles de certains autres. J'ai vu l'affirmer, et j'ai trouvé l'affirmation répétée par presque tous les auteurs, que « toutes les fois que les abeilles seraient privées de leur reine, si elles ne possédaient que des œufs ou des jeunes larves , elles ne manqueraient pas d'en élever une autre », etc. Il existe de nombreux cas où ils font cela, mais il ne faut pas s'y fier, surtout lorsqu'ils sont laissés dans une ruche pleine de rayons, comme tendent à le prouver les expériences suivantes.

QUELQUES EXPÉRIENCES.

Il y a plusieurs années que j'avais quelques stocks bien approvisionnés en abeilles, et tous les signes d'essaimage étaient présents, tels que des regroupements, etc., mais elles ont obstinément adhéré au vieux stock, pendant toute la saison d'essaimage ! D'autres, apparemment moins bien approvisionnés en abeilles, ont rejeté des essaims. Je n'avais que peu de stocks et j'étais très désireux d'en augmenter le nombre ; mais ceux-ci étaient d'une indifférence provocante à mes souhaits. Prenant les affirmations de ces auteurs pour des faits, j'ai raisonné ainsi : selon toute probabilité, il y a suffisamment d'œufs dans chacun de ces stocks. Pourquoi ne pas chasser une partie des abeilles, avec la vieille reine, et en laisser autant que si un essaim en était sorti ? Ceux qui resteront élèveront alors une reine et continueront l'ancienne souche, et j'en aurai six au lieu des trois qui ont été si obstinés. En conséquence, je les ai divisés, examinés et trouvés des œufs et des larves . Bien sûr, tout *doit être bien* . Maintenant, pensais -je, mes stocks peuvent être doublés au moins chaque année. S'ils ne pullulent pas, je peux les chasser.

LE RÉSULTAT INSATISFAISANT.

Mes essaims prospéraient, les vieilles souches semblaient industrieuses, apportant du pollen en abondance, ce qui pour moi à *cette* époque était concluant qu'ils avaient une reine, ou qu'ils l'auraient bientôt. J'ai continué à les observer avec beaucoup d'intérêt, mais d'une manière ou d'une autre, après quelques semaines, il ne semblait plus y avoir autant d'abeilles ; quelques jours plus tard, j'étais *sûr* que non. J'ai examiné les rayons, et voici qu'il n'y avait pas une cellule contenant une jeune abeille de quelque âge que ce soit, pas même un œuf dans aucun de ces vieux ceps. Mes anticipations visionnaires de succès futur ont rapidement rétrogradé à cette époque.

J'avais, il est vrai, mes nouveaux essaims en état d'hiverner, quoique pas tout à fait pleins ; mais les anciens ne l'étaient pas, et rien n'était gagné. J'avais du miel, beaucoup de pain d'abeille et de vieux rayons noirs. Si je les avais laissés tranquilles et mis dans des boîtes, j'aurais probablement obtenu de chacune d'elles vingt-cinq ou trente livres de miel pur, valant cinq fois plus que ce que j'ai obtenu ; d'ailleurs, les vieux stocks, même avec le vieux rayon, auraient été mieux approvisionnés en miel et en abeilles ; dans l'ensemble, c'est bien mieux, comme stocks pour l'hivernage. C'était là une perte considérable, simplement parce qu'on ne comprenait pas la question.

J'ai soigneusement examiné les abeilles et j'ai constaté avec certitude qu'aucune d'elles n'avait de reine. J'ai étouffé le peu qui restait à l'automne. Je ne connaissais alors pas de meilleur moyen. On m'avait dit que l'usage barbare du feu et du soufre faisait partie de la « chance » ; qu'un système plus bienveillant ferait « s'épuiser » les abeilles, etc.

AUTRES EXPÉRIENCES.

A la suite de ces expériences, j'ai pensé que peut-être les secousses des ruches lors de la conduite pourraient avoir un certain effet sur les abeilles et les empêcher d'élever une reine. Cette idée suggérait la ruche en division, alors que la division pouvait se faire tranquillement ; mais le succès était encore incertain. On m'a dit de confiner les abeilles dans l'ancien stock pendant vingt-quatre heures ou plus, après en avoir chassé un essaim ; c'est ce que j'ai essayé, sans meilleurs résultats. Encore une fois, j'ai chassé l'essaim, j'ai regardé la reine et je l'ai remise à l'ancienne souche, obligeant le nouvel essaim à en élever une. Pour être sûr qu'ils le faisaient, j'ai construit une petite boîte d'environ quatre pouces carrés sur deux d'épaisseur ; les côtés en verre. J'y mets le morceau de rayon à couvain contenant les œufs et les larves , puis je le mets sur la ruche contenant l'essaim, ayant des trous pour la communication, un couvercle pour la maintenir dans l'obscurité, etc. Ils étaient très sûrs d'élever des reines, mais pour une raison ou une autre, ils furent perdus après leur maturité.

Or, si d'autres ont mieux réussi que moi dans ces expériences, cela indique qu'elles ont été accompagnées de circonstances favorables qui ne m'ont pas été favorables. Je n'ai pas le moindre doute mais le résultat sera parfois favorable. Pourtant, d'après ce qui précède, j'ai acquis la certitude qu'aucune de ces méthodes n'était fiable. Au lieu de construire une cellule de reine, puis d'y retirer l'œuf ou la larve d'une autre cellule, j'ai toujours constaté que la cellule contenant cet œuf ou cette larve passait de l'horizontale à la perpendiculaire ; les cellules qui se trouvaient dans le chemin ci-dessous ont été coupées, probablement en utilisant le matériau pour en former une pour la royauté, qui, une fois terminée, contient autant de matériau que cinquante ou cent autres.

Mes expériences ne se sont pas arrêtées là. Je peux désormais réaliser des essaims artificiels, et réussir neuf fois sur dix dès le premier effort, et le lecteur peut tout aussi bien faire de même. Cela doit être pendant la saison d'essaimage, ou dès les premiers essaims réguliers. Vous voulez des cellules royales finies que tout stock ayant lancé un essaim fournira (sauf dans de rares cas, où elles sont trop loin parmi les rayons pour être vues.)

UNE MÉTHODE RÉUSSIE.

Lorsque vous êtes tous prêts, faites un stock qui peut épargner un essaim ; si les abeilles sont dehors, soulevez la ruche sur des cales, enfoncez-les avec un peu d'eau et dérangez-les doucement avec un bâton. Maintenant, fumez et inversez-le en plaçant la ruche vide. Si les deux ruches sont de même dimension et ont été faites par un ouvrier, il n'y aura aucune chance pour les abeilles de s'échapper, sauf les trous sur le côté ; vous les arrêterez ; (peu importe un drap noué autour.) Avec un marteau léger ou un bâton, frappez légèrement la ruche plusieurs fois, puis laissez-la reposer cinq minutes. Ceci est très essentiel, car la plupart des abeilles, si on leur en laisse l'occasion, se rempliront de miel après une telle perturbation.

Tous les essaims réguliers partent avec cette charge. Un approvisionnement est nécessaire lorsque le mauvais temps survient peu après. Il est également utilisé pour former de la cire, un article très nécessaire dans une nouvelle ruche. La quantité de miel extraite d'un stock par un bon essaim, ainsi que le poids des abeilles (qui n'est pas beaucoup), varieront de cinq à huit livres.

Ceci, en laissant le temps aux abeilles de remplir leurs sacs, et en dotant le vieux stock d'une cellule royale, est, je crois, tout à fait original : dont le lecteur peut juger de l'importance.

AVANTAGES DE CETTE MÉTHODE.

Il est très clair qu'une reine issue d'une cellule ainsi finie doit être prête à pondre ses œufs plusieurs jours plus tôt que par toute autre méthode que nous pourrions adopter. Il est également clair que si nous avons une douzaine de reines qui pondent des œufs avant le 10 juin, nos abeilles augmentent globalement plus rapidement que si seulement la moitié de ce nombre y était occupée un mois plus tard. Il y a encore un autre avantage. Plus tôt une jeune reine pourra prendre la place de l'ancienne dans les devoirs maternels, moins de temps sera perdu en élevage, plus il y aura d'abeilles pour défendre les rayons contre la teigne, et plus il y aura de garantie pour le surplus de miel.

Lorsque les abeilles ont rempli leurs sacs, procédez à leur enfoncement dans la ruche supérieure en frappant rapidement celle du bas pendant cinq à dix minutes. Un fort bourdonnement marquera leur premier mouvement.

Lorsque vous pensez que la moitié ou les deux tiers sont sortis, relevez la ruche et inspectez les progrès. Ils ne sont pas du tout disposés à piquer à ce stade du processus, même lorsqu'ils s'enfuient dehors. S'ils sont pleins de miel, ils sont rarement provoqués au ressentiment. Le seul soin sera de ne pas en écraser trop qui se glissent entre les bords des ruches. Le bourdonnement bruyant n'est pas un signe de colère. Si votre essaim n'est pas assez grand, continuez à conduire jusqu'à ce qu'il le soit. Une fois terminé, la nouvelle ruche doit être installée sur le support de l'ancienne. Quelques minutes décideront si vous avez la reine avec l'essaim, car elles restent tranquilles : sinon elles s'inquiètent et courent partout, quand il faudra à nouveau conduire.

Si les deux ruches sont d'une seule couleur , placez l'ancienne à deux pieds devant ; mais si de couleurs différentes, un peu plus. Je préfère cette position à la mise en place de l'ancienne crosse d'un côté, même lorsqu'il y a de la place ; pourtant, cela ne peut faire que peu de différence. Si vous le placez d'un côté, réduisez la distance. Lorsque l'ancien stock est emmené beaucoup plus loin que cette règle, toutes les abeilles qui ont marqué l'emplacement (et toutes les anciennes l'auront fait) retourneront à l'ancien stand, et seules les jeunes abeilles qui n'ont jamais quitté la maison le feront. rester. Il en sera de même pour le nouvel essaim s'il est déplacé. Il ne suffira pas de dépendre de la vieille reine pour les garder, comme elle le fait lorsqu'ils pullulent naturellement. Ceci a été mon expérience. Essayez-le, lecteur, et soyez satisfait en plaçant l'une ou l'autre des ruches à quinze ou vingt pieds de distance.

Avant de retourner l'ancien stock, cherchez autant que possible parmi les rayons les cellules des reines ; s'il y en a des œufs ou des larves , vous pouvez risquer en toute sécurité qu'ils élèvent une reine ; mais sinon, attendez le lendemain matin, ou au moins vingt-quatre heures, puis rendez-vous dans un stock qui a jeté un essaim, obtenez une cellule royale terminée, comme indiqué précédemment, et introduisez-la. Vous aurez ici une reine aussitôt que si elle avait été laissée dans la ruche d'origine, et aucun risque d'essaim ultérieur, car il n'y en a qu'une. Mais lorsqu'il y a de jeunes reines dans les alvéoles au moment de la conduite, des essaims peuvent ensuite émettre. Si une cellule royale est introduite immédiatement, elle est plus susceptible d'être détruite qu'après vingt-quatre heures d'attente ; et puis ce n'est pas toujours sûr. Après qu'il ait eu le temps d'éclore (c'est-à-dire environ huit jours après avoir été scellé), découpez-le et examinez-le : si l'extrémité inférieure est ouverte, cela indique qu'une reine parfaite l'a quitté, et tout est sain et sauf ; mais s'il est mutilé ou ouvert sur le côté, il est probable que la reine a été détruite avant maturité, auquel cas il faudra leur donner une autre cellule.

LES ESSAIS ARTIFICIELS SEULEMENT SÛR À PROXIMITÉ DE LA SAISON D'ESSAISEMENT.

D'après ce que j'ai dit des essaims artificiels, il semblerait qu'il soit dangereux à tout moment, sauf pendant la saison d'essaimage ; c'est mon avis. Cela peut se faire un peu à l'avance ou un peu après, à condition que des cellules royales soient disponibles. En vous nourrissant comme indiqué (au chapitre IX), vous pouvez inciter un stock à envoyer un essaim quelques jours avant la saison régulière, vous donnant ainsi une chance d'obtenir ces cellules un peu plus tôt.

PARFOIS DANGEREUX.

Faire de tels essaims à tout moment où les abeilles détruisent les faux-bourdons, serait extrêmement hasardeux, non seulement à cause de la fécondation des jeunes reines, mais leur massacre dénote une pénurie de miel. C'est pourquoi je conseillerais de ne jamais faire d'essaims, ni de chasser les abeilles à des périodes où cela peut être évité, sans qu'il y ait du miel de rechange pour les nourrir.

QUELQUES OBJECTIONS.

Certains ont soutenu, et avec raison, que « la nature est le meilleur guide et qu'il est préférable de laisser les abeilles faire leur propre essaimage – si le miel est abondant et que le cheptel est en état d'épargner un essaim ». , leur propre instinct leur apprendra à construire des cellules royales ; si cela échoue avant qu'ils ne soient prêts, et que la couvée royale soit détruite, c'est que l'existence de l'essaim serait précaire, et qu'il vaut mieux ne pas en sortir. J'admets que dans de nombreux cas, c'est mieux. Les chances sont meilleures pour le surplus de miel ; le stock est sûr d'être en état de passer l'hiver ; et il faut faire preuve de jugement pour déterminer quand un stock peut épargner un essaim.

Mais cependant, nous sommes parfois soucieux d'augmenter nos stocks autant que la sécurité le permet, et nous en avons souvent qui peuvent aussi bien épargner un essaim que non, mais refusent de partir ; peut-être commencer les préparatifs, et les abandonner dans quelques jours. Or, il est évident que tant que beaucoup continuent une telle préparation, le miel est suffisamment abondant pour mettre la sécurité de l'essaim hors de danger ; certains stocks pulluleront tandis que d'autres, tout aussi bons, (qui l'avaient abandonné auparavant) et n'ont pas encore recommencé, pour être à temps avant une pénurie partielle de miel, et certains n'auront peut-être pas commencé en saison.

DES ESSAMINS NATURELS ET ARTIFICIELS ÉGALEMENT PROSPÈRES.

Je ne vois aucune différence entre des essaims artificiels ou naturels de taille égale, en même temps. En prenant les choses en main à temps, avec les règles données, nous nous en assurons, c'est-à-dire que nous sommes sûrs d'attraper les essaims, alors que si on les laissait aux abeilles, ce serait incertain et il n'y aurait pas de risque plus grand. après qu'avec des problèmes naturels.

CETTE AFFAIRE TROP SOUVENT RETARDÉE.

Je suis conscient que cette question risque d'être reportée trop longtemps ; "Attendez et voyez s'ils ne pullulent pas", sera la devise de trop de gens, et quand la saison sera terminée, chassez-les. Peut-être qu'un bon essaim s'est installé à l'extérieur de la ruche, pendant toute la meilleure saison du miel, et n'a rien fait, alors qu'il aurait pu remplir à moitié une ruche ; mais tout cela est perdu maintenant, ainsi que les meilleures chances d'obtenir des cellules. Permettez-moi d'insister sur la nécessité de le faire en saison, lorsque cela sera payant. Si vous avez l'intention d'avoir un essaim de chaque souche qui peut en épargner un, commencez lorsque la nature vous indiquera le moment opportun, c'est-à-dire lorsque les souches régulières commenceront à émettre. Ce doit en effet être une mauvaise saison quand il n'y en a pas.

L'ÂGE DE LA REINE EST-IL IMPORTANT ?

Il existe un autre objectif réalisé de cette manière, considéré par certains apiculteurs comme très important. C'est le changement des reines dans l'ancienne souche. On pense qu'une jeune reine est « beaucoup plus prolifique qu'une vieille ». Ils recommandent même de n'en garder aucun « de plus de deux ou trois ans » et donnent des indications sur la manière de les renouveler. Mais comme je n'ai pu découvrir à cet égard aucune différence par rapport à l'âge, je ne prendrai pas beaucoup de temps pour l'instant pour en discuter. Il suffit, quand on peut faire son choix sans peine, de conserver une jeune reine. Quand on considère qu'il y a peu de reines qui ne pondent pas trois fois plus d'œufs dans une saison qu'il n'y en a parvenus à maturité, il semble qu'il ne serait guère rentable de se donner beaucoup de peine pour les changer. Je présume que le moment où la reine devient stérile à cause de la vieillesse n'a jamais été complètement déterminé.

Un de mes amis possède depuis huit ans un stock dans une grande salle, qui n'a jamais pullulé, et qui est toujours prospère ! Je pense qu'il est très probable que cette reine se dégradera graduellement, et deviendra peut-être stérile, quelques semaines avant de mourir ; si tel est le cas, ce stock va bientôt mourir. Quelques cas de ce genre se produiront probablement dans les ruches grouillantes, peut-être un sur cinquante, mais généralement ces vieilles et faibles reines sont perdues lorsqu'elles partent avec l'essaim, surtout par temps venteux. Tant qu'ils sont capables de suivre l'essaim, et parfois lorsqu'ils ne le sont pas, je les ai trouvés suffisamment prolifiques à toutes fins. Je préférerais risquer leur fécondité et mettre en ruche l'essaim, plutôt que de permettre aux abeilles de retourner vers le stock parental et d'attendre huit ou neuf jours qu'une jeune reine mûrisse. Un grand nombre d'entre eux resteront inactifs, même s'il y a de la place pour travailler dans les loges.

CHAPITRE XVI.

TAILLE.

Bien que j'aie donné la méthode d'élagage dans le chapitre sur les ruches (page 23, chapitre II), il sera nécessaire de donner quelques détails supplémentaires au débutant en culture apicole. La saison pour le faire est importante.

AVIS DIFFÉRENTS QUANT AU TEMPS.

Le mois de mars a été recommandé par plusieurs ; d'autres préfèrent avril, août ou septembre. Ici, comme d'habitude, je devrai différer de tous, préférant encore une autre période, pour laquelle j'expose mes raisons, en supposant, bien entendu, que le lecteur soit conscient du privilège d'un homme libre, c'est-à-dire d'adopter la méthode qu'il pense. proprement dit, sur ce point comme sur tout autre point.

UNE AUTRE TEMPS PRÉFÉRÉE.

Il n'y a qu'une seule période, de février à octobre, où les stocks prospères sont exempts de jeunes couvains dans les rayons. Si les rayons sont retirés lorsqu'ils sont occupés, il doit y avoir une perte de toutes les jeunes abeilles qu'ils contiennent ; qui peut être évité. La vieille reine part avec le premier essaim ; tous les œufs qu'elle laisse dans les cellules ouvrières seront mûris en vingt et un jours environ, c'est donc le moment de nettoyer les vieux rayons avec le moins de déchets. On trouvera quelques faux-bourdons dans les cellules, qui mettront encore quelques jours à éclore, mais ceux-ci ne comptent pas. On trouve aussi parfois quelques très jeunes larves et quelques œufs, produits de la jeune reine ; ce peu doit être gaspillé, mais comme les abeilles n'ont pas encore dépensé de travail pour elles, il vaut mieux les sacrifier que le plus grand nombre laissé par sa mère, qui a consommé sa portion de nourriture ; les abeilles les ont scellés et n'ont plus besoin que du temps nécessaire pour mûrir et constituer un ajout précieux au stock.

NE DEVRAIT PAS ÊTRE RETARDÉ.

Si cette opération est différée pendant un temps beaucoup plus long que trois semaines, la jeune reine remplira à nouveau les rayons au point d'en faire une perte sérieuse. C'est pourquoi je souhaite attirer fortement l'attention sur ce point en temps opportun. Si vous pensez qu'il n'est pas important de marquer la date de vos premiers essaims pour les fins mentionnées ailleurs, cela sera très pratique ici, pour ceux qui ont besoin d'être taillés.

Il est également recommandé par certains de n'en prendre qu'une partie, disons un tiers ou la moitié, dans une saison ; il faut donc deux ou trois ans pour renouveler les peignes. Ceci n'est conseillé que lorsque la famille est très petite. Comme cet espace créé par la taille ne peut être comblé sans cire et sans travail, notre surplus de miel sera proportionné à son étendue. Supposons maintenant que nous retirons la moitié des vieux rayons et que nous obtenions la moitié d'une récolte de miel en boîte cette année, et la même chose l'année suivante, ou que nous en fassions une exploitation complète et n'en obtenions aucune cette année, et une récolte complète l'année suivante. Quelle est la différence? Il n'y en a aucun en ce qui concerne le miel, mais certains sont en difficulté, ce qui plaide en faveur d'une opération complète immédiatement. Nous devons nous donner à peu près la même peine pour obtenir un tiers ou la moitié que pour prendre le tout.

OBJECTION À LA TAILLE.

L'objection à ce mode de renouvellement des peignes, en général, sera la crainte de se faire piquer. Mais je peux vous assurer qu'il n'y a que peu de danger, pas autant que de se promener parmi les ruches par une journée chaude. Commencez seulement bien, utilisez la fumée et travaillez avec soin, sans les pincer, et vous en sortirez généralement indemne.

LES CEPTS TAILLÉS MAINTENANT SONT MEILLEURS POUR L'HIVER.

Outre l'avantage de conserver un gros couvain en taillant à cette saison, ces stocks se reconstitueront généralement avant l'automne et seront bien meilleurs pour l'hivernage, ce qui n'est pas le cas lorsqu'il est fait plus tard. Il faut alors gaspiller le couvain et disposer d'un grand espace inoccupé de rayons pendant l'hiver. Mais peu de rayons peuvent alors être fabriqués, et ce petit nombre doit se faire aux dépens de leurs réserves d'hiver, à moins que l'on recoure à l'alimentation.

Ces objections s'appliquent avec plus de force à la taille en mars ou en avril. La perte de couvain a beaucoup plus de conséquences maintenant qu'au milieu de l'été, ou même plus tard, et un espace à remplir de rayons est un sérieux inconvénient. Il est important que les abeilles consacrent désormais toute leur attention à l'élevage du couvain et soient prêtes à pondre leurs essaims le plus tôt possible. Un essaim *précoce* vaut deux essaims tardifs. Supposons qu'un troupeau, au lieu de collecter de la nourriture et d'allaiter ses petits, soit obligé de dépenser son miel et son travail à sécréter de la cire et à construire des rayons avant de pouvoir procéder à la reproduction avantageusement, cela *doit nécessairement* se faire quelques semaines plus tard.

De plus, j'ai toujours trouvé préférable d'éloigner les abeilles lors de cette opération. Il sera beaucoup plus difficile de chasser les abeilles d'une ruche par temps frais de mars ou d'avril qu'en été, car elles ne semblent pas disposées à déplacer leurs locaux chauds et à entrer dans une ruche froide.

On suppose que le lecteur gardera à l'esprit les inconvénients déjà signalés d'un renouvellement trop fréquent des peignes ; le peu de valeur des rayons pour conserver le miel, *pour notre usage* , après avoir été autrefois utilisés pour l'élevage ; la nécessité pour les abeilles de les utiliser aussi longtemps qu'elles le peuvent ; et ne les obligez pas à remplir la ruche, alors qu'ils pourraient stocker du miel de la qualité la plus pure dans des boîtes, etc.

Voir les remarques à ce sujet à la page 22, chapitre II.

CHAPITRE XVII.

COUGUÉE MALADIE.

Ceci, comme beaucoup d'autres chapitres de cet ouvrage, est probablement nouveau, car je n'en ai jamais vu un ainsi intitulé. Quelques discussions dans les journaux représentent tout ce qui a déjà paru sur ce sujet.

PAS GÉNÉRALEMENT COMPRIS.

Cette maladie est probablement d'origine récente. Il semble que M. Miner n'en savait rien jusqu'à ce qu'il quitte Long Island pour le comté d'Oneida, dans cet État. M. Weeks, dans une communication adressée au fermier du nord-est, déclare : « Depuis le début de la pourriture des pommes de terre, j'ai perdu un quart de mes stocks chaque année à cause de cette maladie ; » il craint en même temps que « cette race d'insectes ne disparaisse pour cette raison, si elle n'est pas arrêtée ». (Peut-être devrais-je mentionner qu'il en parle comme attaquant la « chrysalide » au lieu de la larve ; mais comme tout le reste s'accorde exactement, il n'y a que peu de doute sur le fait que tout cela soit une seule chose.)

MA PROPRE EXPÉRIENCE.

Ma première expérience remontera probablement à une date au-delà de bien d'autres ; cela fait presque vingt ans que le premier cas a été constaté. Je n'avais élevé des abeilles que depuis quatre ou cinq ans lorsque j'en ai découvert dans l'un de mes meilleurs stocks ; en fait, c'était le numéro 1 en mai et le premier juin. Il n'a jeté aucun essaim pendant l'été ; et maintenant, au lieu d'être peuplé d'abeilles, il n'en contenait que très peu ; si peu que je n'osais pas tenter de l'hiverner. Quel était le problème? Je n'avais alors jamais songé à constater l'état d'un cheptel alors qu'il y avait des abeilles sur le chemin, mais j'étais comme le médecin maladroit qui est obligé d'attendre la mort de son malade pour le disséquer et en découvrir la cause. J'ai donc consigné le peu d'abeilles qu'il y avait dans la « fosse de soufre ».

DESCRIPTION DE LA MALADIE.

Une *autopsie* a révélé les circonstances suivantes : Les neuf dixièmes des alvéoles de reproduction contenaient de jeunes abeilles à l'état de larve, allongées de tout leur long, scellées, mortes, noires, putrides et dégageant une puanteur désagréable. . Il s'agissait là d'un maillon de la chaîne de cause à effet. J'ai appris pourquoi il y avait une rareté d'abeilles dans la ruche. Ce qui aurait dû constituer leur accroissement était mort dans les cellules ; aucune d'entre elles n'a été enlevée, par conséquent, il ne restait que peu de cellules où les abeilles pouvaient grandir.

LA CAUSE INCERTAINE.

Mais lorsque j'ai tenté le prochain maillon de la chaîne (à savoir), qu'est-ce qui a causé la mort de cette couvée juste à ce stade de développement ? J'ai été obligé d'arrêter. Pas la moindre satisfaction n'a pu être obtenue. Toutes les demandes de renseignements auprès des apiculteurs de ma connaissance se sont heurtées à une profonde ignorance. Ils n'en avaient « jamais entendu parler ! » Aucun ouvrage sur les abeilles que j'ai consulté n'en a fait mention.

Par la suite, j'ai eu plus de stocks dans la même situation. J'ai constaté, chaque fois que la maladie existait à un degré quelconque, que les quelques abeilles arrivées à maturité étaient insuffisantes pour remplacer celles qui étaient perdues ; que la colonie a rapidement décliné, et *n'a ensuite jamais rejeté d'essaim* !

EXPÉRIENCES CORRECATIVES.

Quant aux remèdes, j'ai essayé d'élaguer tous les rayons contenant du couvain, ne laissant que le miel contenu, et j'ai laissé les abeilles en construire de nouveaux pour la reproduction. Cela ne servait à rien, ces nouveaux rayons étaient invariablement remplis de couvain malade ! La seule chose efficace était de chasser les abeilles dans une ruche vide. De cette façon, lorsque je le faisais en saison, je parvenais généralement à élever un cheptel sain. Mais il y avait là une perte de tout le surplus de miel, et d'un ou deux essaims qui auraient pu être obtenus à partir d'un miel sain.

ENQUÊTE PUBLIQUE ET RÉPONSES.

J'ai eu tellement de cas de ce genre que je suis devenu quelque peu alarmé et j'ai demandé par l'intermédiaire du Cultivator (un journal agricole) une cause et un remède, offrant une "récompense pour celui qui n'échouerait pas une fois soigneusement testé". " etc. M. Weeks, en réponse, a déclaré: "Le froid du printemps, qui refroidissait le couvain, en était la cause." (C'était plusieurs années avant son article dans le NE Farmer.) Un autre homme a déclaré que "les abeilles mortes et la saleté accumulées pendant l'hiver, lorsqu'elles restaient au printemps, en étaient la cause". Quelques années plus tard, un autre correspondant parut dans le Cultivator, donnant des détails sur son expérience, prouvant de manière très concluante à lui-même et à beaucoup d'autres, que le froid en était la cause. Ayant égaré le papier contenant son article, je m'efforcerai de le citer correctement de mémoire. Il a eu « trois essaims en une seule journée ; le temps pendant la journée est passé de très chaud à l'autre extrême, produisant du gel en de nombreux endroits le lendemain matin. Ces essaims n'avaient laissé que peu d'abeilles dans les anciens stocks, et le froid les a forcées entre les rayons pour se réchauffer mutuellement ; le couvain près du fond, ainsi laissé sans abeilles pour le protéger de la chaleur animale, a refroidi, et la conséquence a été des larves malades . " Il raisonna ensuite ainsi : « Si les œufs d'une poule, à un moment quelconque vers la fin de l'incubation, sont refroidis pour une raison quelconque, cela arrête tout développement ultérieur. Les abeilles se développent par une chaleur continue, sur le même principe, et un refroidissement produit le même effet, etc. ; ensuite, d'autres essaims sortirent dans des circonstances exactement similaires ; mais ces vieux ceps furent recouverts d'une couverture pendant la nuit, ce qui permit aux abeilles de rester au fond de la ruche, en quelques jours, suffisamment. éclos pour rendre ce trouble inutile. Ces derniers sont restés sains. Il dit en outre que "au printemps dernier, c'était la première fois que je les voyais tomber malades avant que l'essaimage n'ait diminué la population. Le temps a été remarquablement agréable jusqu'en avril. Les abeilles ont obtenu de grandes quantités de pollen et de miel et ont ainsi prolongé leur vie." ont couvé plus loin que d'habitude à cette saison. Le temps froid qui a suivi en mai a amené les abeilles à abandonner une partie du couvain, qui a été détruit par le froid.

Il s'agit là d'un raisonnement de cause à effet de manière très cohérente.

RÉPONSES NON SATISFAISANTES.

Si je n'avais pas eu d'expérience plus poussée, je serais peut-être satisfait de la cause et m'efforcerais d'appliquer le remède. Plusieurs autres auteurs ont paru dans différents journaux sur ce sujet, et presque tous ceux qui assignent une cause ont donné celle-ci comme la plus probable. Or, j'ai vu des chrysalides de quelques souches être refroidies et détruites par un changement soudain de temps froid, mais elles ont été enlevées par les abeilles peu de temps après, et les souches sont restées saines. La cause assignée me paraît insuffisante pour produire *tous* les résultats avec les larves . Après une observation attentive et patiente de quinze ans, je n'ai jamais encore été entièrement convaincu qu'un seul exemplaire parmi mes abeilles ait été ainsi produit.

UNE CAUSE SUGGÉRÉE.

Nous connaissons tous dans une certaine mesure les maladies contagieuses de la famille humaine, telles que la variole, la coqueluche et la rougeole, et leur propagation rapide à partir d'un point donné, etc. Nous devons également admettre qu'une ou plusieurs causes, adéquates à l'effet, doivent avoir produit le premier cas. J'attribuerais donc à la contagion la propagation de cette maladie de nos abeilles, au moins dix-neuf cas sur vingt. J'admets, s'il vous plaît, qu'un stock sur vingt ou cinquante peut être quelque peu affecté par un refroidissement dans une faible mesure. C'est seulement une partie du couvain qui est en danger ; seuls ceux qui ont été scellés et avant d'avoir progressé jusqu'à l'état de chrysalide sont attaqués. Combien peut-il y en avoir dans une ruche à la fois, au stade de développement idéal pour recevoir le froid mortel ? Bien sûr, il y en aura ; mais ils devraient être confinés dans les cellules situées près du fond, là où les abeilles les avaient laissés exposés. Cela devrait être tout ; et ces quelques-uns n'endommageraient jamais sérieusement le stock. Pourquoi alors cette maladie, une fois bien déclenchée, se propage-t-elle si rapidement dans tous les rayons de la ruche ? Dira-t-on que le froid se répète tous les quelques jours tout au long de l'été ? Ou bien sera-t-il admis que quelque chose d'autre puisse le continuer ?

Je pense qu'il doit y avoir d'autres causes, outre le refroidissement, pour que cela se déclenche, dans la plupart des cas. Comme notre pratique sera conforme à l'opinion que nous prenons de cette question et que le résultat de notre démarche sera quelque peu important, je donnerai quelques-unes des raisons qui ont conduit à cette conclusion.

MOTIFS DE L'AVIS.

Par exemple, j'ai fait quitter la ruche à toutes les abeilles d'un bon essaim en mars ; après avoir volé un certain temps, elles s'unirent à une autre bonne souche, faisant le double du nombre habituel d'abeilles à cette saison ; suffisamment pour garder le couvain suffisamment chaud à tout moment ; si d'autres actions avec la moitié ou le quart du nombre le pouvaient. À la mi-juin, les abeilles étaient très réduites et n'avaient pas encore essaimé. Il a été examiné et le couvain s'est avéré gravement malade. Au printemps, mes souches les meilleures et les plus peuplées sont tout aussi sujettes, et j'ajouterais davantage, que les familles plus petites ou plus faibles. J'ai réuni deux grands essaims, qui ont été mis en ruche ensemble et qui ont été malades l'automne suivant. Ces cas prouvent fortement, sinon de manière concluante, que la chaleur animale n'est pas la seule condition requise. Le fait que lorsque j'avais élagué tous les rayons affectés d'un stock malade et laissé du miel dans les morceaux supérieurs et extérieurs, et que les abeilles en construisaient de nouvelles pour la reproduction, ainsi que le couvain de ceux-ci, étaient invariablement affectés, bien que seulement quelques-uns au début, et augmentant à mesure que les peignes étaient étendus; m'a amené à supposer qu'il s'agissait d'une maladie contagieuse et que le virus était contenu dans le miel. Une partie en avait été laissée dans ces stocks, et très probablement les abeilles en avaient donné au couvain. Pour tester encore plus ce principe, j'ai chassé toutes les abeilles de ces souches malades, j'ai filtré le miel et je l'ai donné à manger à plusieurs jeunes essaims sains peu après leur mise en ruche . Examinés quelques semaines plus tard, tous, sans exception, avaient attrapé la contagion.

Voici donc un indice sur la cause de la propagation de cette maladie, que nous en soyons à l'origine ou non. Nous allons maintenant voir si nous pouvons le retracer, s'il y a une cohérence dans son transfert d'un stock à l'autre.

CAUSE DE SA PROPAGATION.

Supposons qu'un stock ait contracté l'infection, mais qu'une petite partie du couvain soit morte. Dans la chaleur de la ruche, elle devient bientôt putride ; d'autres cellules voisines de larves du bon âge se trouvent bientôt dans le même état. Tous les rayons de reproduction de la ruche deviennent une masse putride, à l'exception peut-être d'un sur dix, vingt ou cent, qui peut perfectionner une abeille. Ainsi, l'augmentation du nombre d'abeilles ne suffit pas à remplacer les anciennes qui disparaissent continuellement. Il est donc clair que ce stock *devra* bientôt se réduire à une très petite famille. Or, même si une pénurie de miel se produit dans les champs, ce pauvre stock ne peut être correctement gardé et est facilement pillé de son contenu par les autres. Le miel est prélevé à proximité des cadavres, se corrompt par milliers, créant une vapeur pestilentielle dont il a probablement absorbé une partie. Les graines de destruction sont ainsi transportées dans des stocks sains. En peu de temps, ceux-ci deviennent à leur tour victimes du fléau ; et bientôt diminuer, lorsqu'un autre stock important est capable d'emporter *leurs* magasins ; et ne s'arrêter, peut-être, qu'au dernier stock ! Le papillon est toujours prêt avec son fardeau d'œufs, qu'il dépose désormais sans encombre directement sur les rayons. En peu de temps, les vers terminent toute l'affaire et sont jugés coupables de toute l'accusation ; simplement parce qu'on les trouve produisant des effets qui suivent rapidement de telles causes.

Que le lecteur qui doute de cette théorie égoutte simplement le miel ainsi vicié et le donne à manger à quelques souches ou essaims sains ; et s'ils s'échappent, communiquez-le au public. Mais s'il est convaincu que ce miel est un poison pour ses abeilles, il souhaitera, avec moi et tous les autres intéressés, mettre un terme à ce mal grandissant.

PAS FACILEMENT DÉTECTÉ AU PREMIER.

Il est très difficile de détecter les cent ou deux premiers animaux qui meurent dans un stock. Mais lorsque les neuf dixièmes des cellules reproductrices contiennent des larves putrides , il n'y a que très peu de difficulté à établir un diagnostic correct. Les abeilles sont peu nombreuses et inactives. Au passage de la ruche nos olfactifs sont salués d'effluves nauséabondes, nées de cette masse corruptrice. Or, si nous souhaitons, ou espérons échapper à la pénalité la plus sévère, notre négligence ne doit jamais permettre une telle progression avant qu'un tel stock ne soit éliminé. Par conséquent, nous devons surveiller les symptômes et déterminer la présence de la maladie *le plus tôt possible* .

SYMPTÔMES À OBSERVER.

Comme aucune partie de la saison de reproduction n'est exemptée, les stocks doivent être soigneusement observés au printemps et avant une partie de l'été, en fonction de l'augmentation du nombre d'abeilles. Lorsqu'un ou plusieurs d'entre eux sont très en retard sur les autres à cet égard, procédez immédiatement à un examen. (Je voudrais ici insister encore une fois sur la commodité de la ruche simple et commune, par rapport à celles plus compliquées, ou suspendues, et difficiles à retourner. Dans un cas, nous pourrions faire un examen en temps opportun ; dans l'autre, trop de soucis et de difficultés pourraient survenir. cela retardera trop longtemps.) La ruche doit être inversée et les abeilles doivent être fumées à l'écart. Notre attention doit être dirigée vers les cellules reproductrices ; avec un couteau bien aiguisé, coupez les extrémités de certains d'entre eux qui semblent être les plus anciens ; en gardant à l'esprit que les jeunes abeilles sont toujours blanches, jusqu'à quelque temps après avoir atteint l'état de chrysalide. Par conséquent, si l'on trouve une larve de couleur foncée, elle est morte ! Si l'on en trouve une douzaine, il faut immédiatement condamner le cheptel et chasser toutes les abeilles dans une ruche vide. (Les instructions à cet effet ont été données, voir page 31.) Si le miel devient rare, à ce moment-là, ils doivent être nourris.

ÉCHAUDER LE MIEL POUR DÉTRUIRE LE POISON POUR L'ALIMENTATION.

Le miel de l'ancienne ruche peut être utilisé, à condition de détruire au préalable le virus. Ceci, je l'ai vérifié, peut être fait par échaudage : ajoutez une demi-pinte d'eau à environ dix livres ; remuez bien, chauffez-le jusqu'au point d'ébullition et retirez soigneusement toute l'écume.

Les stocks dans lesquels la maladie n'a pas trop progressé vont généralement pulluler.

QUAND EXAMINER LES ACTIONS QUI ONT ESSAYÉ.

Trois semaines après le premier essaim, ce sera le moment de les examiner. Je me fais pour règle d'inspecter tous mes stocks à cette période. C'est facile à faire maintenant, car presque tous les couvains sains (à l'exception des faux-bourdons) devraient être mûris à ce moment-là. En persévérant dans ces règles, je ne permets à aucun stock de diminuer jusqu'à ce qu'il soit pillé par d'autres. Si tous mes voisins étaient également prudents, cette maladie disparaîtrait probablement bientôt. C'est comme un agriculteur imprudent qui laisse une mauvaise herbe nuisible mûrir ses graines, être emportée par les vents sur les terres d'un voisin prudent, qui doit fortifier son esprit pour une vigilance continue, ou endurer les blessures d'un insecte nuisible. Ainsi en est-il du rucher à succès ; dans les sections où la maladie est apparue (elle n'est pas apparue dans toutes), il doit être continuellement aux aguets ; c'est le prix du succès.

SOINS DANS LA SÉLECTION DES RUCHES DE STOCK POUR L'HIVER.

Encore une fois, une fois la saison de reproduction terminée, à l'automne, *chaque bétail doit être soigneusement inspecté et tous les animaux malades doivent être condamnés pour être placés dans les ruches* . Il vaut mieux le faire, même s'il faut prendre le dernier. Il serait bien plus rentable d'en acheter d'autres, qui soient en bonne santé.

Les personnes souhaitant manger le miel de ces ruches n'en ressentiront aucun effet néfaste, si elles prennent soin d'enlever tout le couvain mort lorsqu'elles le sortent de la ruche.

La plus grande distance que j'ai jamais connue pour que les abeilles parcourent et pillent un stock sans défense de son contenu était de trois quarts de mile. Il est fort probable qu'ils iraient plus loin à certaines occasions, mais pas souvent.

LES ACCUSATIONS NE SONT PAS TOUJOURS VRAIES.

Les apiculteurs imprudents, quand leurs ruches sont ainsi pillées, éprouvent du regret, ou sont plus souvent en colère contre quelqu'un – à cause de leur insouciance. La personne qui élève la plupart des abeilles dans un quartier doit s'attendre à être responsable de tous les effets de son ignorance, de sa mauvaise gestion ou de sa négligence, et de la « malchance » qui en résulte ; alors que tout le miel ainsi obtenu entraîne probablement plus de dégâts qu'il n'est possible d'en éradiquer en un an, donnant ainsi la véritable cause de plainte à l'autre partie.

CHAPITRE XVIII.

IRRITABILITÉ DES ABEILLES.

Garder les abeilles de bonne humeur constitue un sujet de ridicule assez légitime : il semble plutôt absurde d'apprendre quoi que ce soit *à une abeille* ! Cela vaut néanmoins la peine d'y réfléchir un peu. La plupart d'entre nous savent qu'un entraînement peu judicieux peut rendre les chevaux, le bétail, les chiens, etc. extrêmement vicieux. S'il n'y a pas d'analogie perceptible entre celles-ci et les abeilles, l'expérience prouve qu'elles peuvent être rendues dix fois plus irritables qu'elles ne le seraient naturellement.

LEURS MOYENS DE DÉFENSE.

La nature les a armés de moyens pour défendre leurs réserves, et leur a doté d'une combativité suffisante pour les utiliser en cas de besoin. Cela ne pourrait pas être mieux. S'ils étaient impuissants à repousser un ennemi, il y aurait un millier de prédateurs paresseux, sans exception l'homme, qui s'attaqueraient aux fruits de leur industrie, les laissant mourir de faim. Si cela avait été ainsi arrangé, cet insecte industrieux aurait probablement disparu depuis longtemps.

PÉRIODE DE PLUS GRANDE IRRITABILITÉ.

La saison de leur plus grande prudence, dans cette section, est le mois d'août, pendant les fleurs du sarrasin. C'est alors que leurs magasins sont les plus grands. Dès qu'un stock est assez bien approvisionné en biens de ce monde, comme certains bipèdes, ils deviennent très hautains, fiers, aristocratiques et insolents. Beaucoup de choses sont interprétées comme des insultes qui, dans leurs jours d'adversité, passeraient inaperçues ; mais maintenant il convient et convient que leur honneur montre un « juste ressentiment ». Il nous appartient donc de déterminer ce qui est considéré comme une insulte.

BONNE CONDUITE.

Premièrement, tous les mouvements rapides, tels que courir, frapper, etc., autour d'eux, sont remarqués. Si nos déplacements parmi eux sont lents, prudents, humbles et respectueux, nous sommes souvent laissés passer sans encombre, après avoir manifesté un comportement convenable. Cependant les exhalaisons de certaines personnes paraissent très offensantes, car elles les attaquent beaucoup plus tôt que d'autres ; même si je crains qu'il n'y ait pas une différence aussi grande que beaucoup le supposent. Chaque fois qu'une attaque est faite et qu'une piqûre s'ensuit, le venin ainsi communiqué à l'air, ne serait-ce que par un seul, est perçu par d'autres à une certaine distance, qui s'approcheront immédiatement de la scène, et il est probable que davantage de piqûres suivront que si la première piqûre s'ensuivait. n'a pas été.

COMMENT PROCÉDER EN CAS D'ATTAQUE.

Les frapper les rend dix fois plus furieux. Pas du tout intimidés, ils reviennent à l'attaque. Pas la moindre manifestation de peur n'est perçue. Même après avoir perdu leur aiguillon, ils refusent obstinément d'abandonner. C'est de loin le meilleur moyen de marcher le plus tranquillement possible jusqu'à l'abri d'un buisson ou jusqu'à la maison. Ils franchiront rarement la porte.

L'haleine d'une personne et d'autres causes.

Le souffle d'une personne à l'intérieur de la ruche, ou parmi elle, lorsqu'elle est regroupée à l'extérieur, est considérée dans les tribunaux de leur sagesse d'insecte comme la plus grande indignité. Un pot soudain, parfois provoqué par un retournement négligent de la ruche, en est une autre. Après avoir été une fois profondément irrités de cette manière, ils s'en souviennent pendant des semaines et sont continuellement en alerte ; dès qu'on touche la ruche, ils sont prêts à saluer le visage d'une personne. Lorsqu'on utilise des lames d'étain ou de zinc pour couper la communication entre les ruches et les loges, certaines abeilles risquent d'être écrasées ou coupées en deux. Ils s'en souviennent et ripostent, selon l'occasion ; et cela peut être le cas en se promenant tranquillement dans le rucher.

LEUR MANIÈRE D'ATTAQUE.

Je ne suis pas d'accord avec tous ceux qui disent que nous sommes toujours avertis avant d'être piqués. J'ai moi-même été piqué *plusieurs fois* . Les deux tiers d'entre eux furent reçus sans le moindre avertissement : le premier avertissement fut le « coup ». À d'autres moments, lorsqu'ils étaient pleinement déterminés à se venger, je les ai fait frapper mon chapeau et rester un moment à essayer d' atteindre leur objectif. Dans ce cas, je suis averti de maintenir mon visage au sol pour le protéger de la prochaine tentative, qui suivra sûrement. Comme ils volent horizontalement, le visage maintenu dans cette position n'est pas si susceptible d'être attaqué. Lorsqu'ils ne sont pas aussi chargés de colère, ils s'approchent souvent dans une attitude simplement menaçante, bourdonnant de manière très provocante pendant plusieurs minutes à proximité de nos oreilles et de notre visage, apparemment pour vérifier nos intentions. Si rien d'hostile ou de déplaisant n'est perçu, ils partiront généralement ; mais si un mouvement rapide ou une respiration offensive les offense, le résultat redouté est presque sûr de suivre. Trop de gens ont tendance à considérer ces manifestations menaçantes comme des intentions positives de piquer. Lorsque ces choses peuvent être endurées tranquillement, tout en quittant leur voisinage, cela se termine généralement paisiblement. Ils ne font jamais d'attaque lorsqu'ils sont hors de chez eux en quête de miel, ou à leur retour, jusqu'à ce qu'ils soient entrés dans la ruche. Ce n'est que dans la ruche et dans ses environs que l'on s'attend à rencontrer ce tempérament irascible, qu'il ne faut pas tolérer, ou du moins qui peut être maîtrisé dans une grande mesure, sinon entièrement, en faisant les choses d'une manière tranquille et, en l'usage de la fumée de tabac. Toute personne ayant la charge d'abeilles devrait s'armer de cette arme puissante. Comme les abeilles ne sont pas très affectées par la fumée lorsqu'elles volent dans les airs, mais qu'elles auront leur propre chemin, nous devons les emmener dans la ruche comme lieu pour *leur apprendre* un bon comportement !

Ceux qui ont l'habitude de fumer trouveront ici une pipe ou un segar très pratique. Mais ceux qui ne le sont pas feraient peut-être mieux de ne pas prendre de mauvaises habitudes. Je vais donc donner un simple substitut.

FUMEUR DÉCRIT.

Procurez-vous un tube d'étain d'environ cinq huitièmes de pouce de diamètre et cinq ou six pouces de longueur ; fabriquez des bouchons en bois adaptés aux deux extrémités, de deux pouces et demi ou trois pouces de long ; avec votre vrille à ongles, faites un trou à travers eux dans le sens de la longueur : une fois assemblés, il devrait mesurer environ dix pouces. Les extrémités peuvent être effilées. A une extrémité laissez une encoche, pour qu'on puisse le tenir avec les dents, ce qui est le moyen le plus pratique, car on aura souvent envie d'utiliser les deux mains : il est aussi toujours prêt, sans aucune difficulté à souffler, et aussi à tenir. la combustion du tabac. Au moment de fonctionner, remplissez le tube de tabac, allumez-le et mettez les bouchons ; en soufflant à travers, vous maintenez le tabac brûlant tandis que la fumée sort à l'autre bout.

EFFET DE LA FUMÉE DE TABAC.

Nous pouvons désormais maîtriser ces penchants combatifs, ou les rendre inoffensifs ; changez leur colère en soumission, et faites-leur livrer leurs trésors aux mains du spoiler sans effort de résistance ! Une fois maîtrisés, ils semblent perdre toute connaissance de leur force, et aucun esclave ne peut être plus soumis ! Une fois les effets de la fumée passés, leur ancienne animosité reviendra. Si du ressentiment se manifeste en élevant une ruche, soufflez dans la fumée ; ils se retirent immédiatement, « implorant pardon ». Après quelques fois, ils apprennent « ça ne sert à rien » et autorisent une inspection. Si vous souhaitez retirer une caisse, soulevez-la juste assez pour souffler sous la fumée ; il n'y a aucun problème ; vous pouvez le remplacer par un autre ; les abeilles sont tenues à l'écart avec un peu plus de fumée, *et aucune colère n'est créée à ce sujet pour qu'on s'en souvienne* . Ceux dans la boîte sont tous soumis ; ils peuvent être emportés et manipulés à votre guise, sans risque de les irriter, jusqu'à ce qu'ils rentrent chez eux, et ils sont alors beaucoup plus « aimables » que si la boîte avait été prise sans fumée. Ils semblent oublier, ou ne se rendre compte de rien de la transaction. Lorsque les abeilles doivent être transférées dans une nouvelle ruche, il n'est pas nécessaire d'être aussi minutieux quant à la fuite d'une seule abeille ; aucune crainte ne doit être entretenue comme celle de sortir. En conduisant, le fort bourdonnement indique leur soumission ; la ruche supérieure peut alors être surélevée en toute sécurité à tout moment. Après avoir été ainsi chassés, ils peuvent être bousculés en toute impunité, et pourtant se taire ! En bref, en utilisant la fumée dans toutes les occasions où ils seraient susceptibles d'être dérangés sans notre intervention, cela a tendance à maintenir en sommeil leurs propensions combatives. Lorsqu'ils n'ont jamais été réveillés, le danger de leurs attaques est bien moindre lorsqu'ils marchent ou regardent parmi eux. À quiconque souhaite une preuve supplémentaire, je recommanderais l'expérience consistant à gérer une année avec de la fumée et l'année suivante sans.

PIQUURE DÉCRITE.

Leur aiguillon, tel qu'il apparaît à l'œil nu, n'est qu'un minuscule instrument de guerre ; si petite, en effet, que sa blessure passerait inaperçue pour tous les animaux plus gros, sans le poison introduit au même instant. Il a été décrit comme étant « composé de trois parties, d'un fourreau et de deux flèches. Les deux flèches sont munies de petites pointes ou barbes comme un hameçon », qui le retiennent lorsqu'elles sont introduites dans la chair ; l'abeille étant obligée de le laisser derrière elle.

SA PERTE EST-ELLE MORTELE ?

On dit que « pour l'abeille elle-même, cette mutilation s'avère fatale ». Cette dernière affirmation est une autre affirmation de fait, si souvent répétée, que peut-être autant l'admettre ; voyant la difficulté que nous aurions à le réfuter. Pensez seulement à l'impossibilité de garder l'oeil, pendant cinq minutes, sur une abeille qui vole, après qu'elle a quitté son dard. Pourtant, il y a des personnes si pointilleuses sur ce qu'elles reçoivent comme faits, qu'elles exigeraient cette chose très déraisonnable de surveiller une abeille jusqu'à sa mort, avant de pouvoir être *positivement sûrs* que la perte de sa piqûre a causé sa mort. (C'est beaucoup plus facile à deviner.) Ils pourraient même faire une analogie et dire que d'autres insectes possèdent si peu de sensations qu'il est connu qu'ils se rétablissent après une mutilation beaucoup plus étendue — que les coléoptères ont vécu pendant des mois dans des circonstances qui auraient instantanément tué certains des animaux supérieurs — que les araignées reproduisent souvent une patte, que même les homards peuvent remplacer une griffe perdue, etc. J'ai reporté la description d'une quelconque protection contre leurs attaques, car je souhaite avoir un peu plus de courage dans nos actions parmi eux. Pourtant, il est insensé de s'attendre à ce que tout le monde réussisse sans quelque chose pour se défendre .

MOYENS DE PROTECTION.

Le visage et les mains sont les plus exposés ; pour ces derniers, des mitaines ou des gants en laine épaisse sont préférables ; la piqûre disparaît généralement lorsqu'elle est enfoncée dans un gant de cuir. Pour le visage, procurez-vous un mètre et demi de mousseline fine ou de calicot, cousez les extrémités ensemble, l'extrémité supérieure étant rassemblée sur une ficelle suffisamment petite pour l'empêcher de glisser sur la tête lorsqu'elle est enfilée. Une emmanchure est à découper de chaque côté ; ci-dessous se trouve une autre ficelle pour le rassembler près du corps. Comme je ne m'attends pas à ce que vous travailliez dans l'obscurité, nous ferons découper une place devant, et y insérer un morceau de grosse dentelle ; ce qui empêche simplement une abeille de passer est le meilleur, car cela nous donne une meilleure chance de voir. Pour l'empêcher de tomber contre le visage, un fil est plié et cousu rapidement. Toute personne sachant enfiler une chemise y parviendra. Ainsi équipés, et d'autres vêtements de bonne épaisseur, les plus timides ne doivent pas hésiter à s'aventurer parmi eux, quand cela est nécessaire. Je ne peux m'empêcher de vous avertir encore une fois de ne pas irriter vos abeilles, tant que cette protection n'est pas nécessaire, car c'est un assez mauvais état de choses. Avec cela activé, vous ne pouvez pas utiliser de fumée facilement. Mettre et enlever cela est une peine considérable, et chaque fois que vous allez parmi eux, si vous devez y recourir, je crains que certaines tâches nécessaires ne soient négligées. Chaque fois qu'une protection partielle fera l'affaire, je recommanderais un mouchoir ; il est toujours à portée de main et peut être enfilé en un instant ; jetez-le sur la tête, en laissant les extrémités tomber autour du cou et des épaules, couvrant tout sauf le visage. Le chapeau peut venir par-dessus. Quant au visage, chaque fois qu'une abeille se présente dans une attitude menaçante, maintenez-la enfoncée : à moins qu'elle ne pique du premier coup, il n'y a pas beaucoup de risque.

Remèdes contre les piqûres.

Concernant les remèdes contre les piqûres, il est difficile de dire lequel est le meilleur. Il y a tellement de différence dans l'effet selon les individus et les différentes parties du corps, ainsi que dans la profondeur atteinte par la piqûre, qu'une grande variété de remèdes est recommandée.

Une personne est légèrement piquée et applique quelque chose comme antidote ; l'effet de la piqûre est insignifiant, comme il l'aurait peut-être été sans rien, et le médicament est aussitôt vanté comme un remède souverain. J'ai été ainsi trompé; lorsque j'étais légèrement piqué, j'appliquais ce que je croyais guéri dans un cas, tandis que dans le suivant, la piqûre aurait pu pénétrer plus profondément, ou en un autre endroit, et le remède semblait n'avoir aucun effet. Depuis quelques années, je n'en ai fait aucune application pour moi-même, et l'effet n'est pas pire, ni même aussi mauvais qu'autrefois. (Cela, m'a-t-on dit, est dû au fait que le système est durci et peut désormais résister ou annuler les effets.) Parmi les remèdes recommandés, il y a du saleratus et de l'eau, du sel et de l'eau, du savon doux mélangé à du sel, un oignon cru coupé. en deux et demi appliqué, de la boue ou de l'argile mélangée assez humide et changée souvent, du tabac mouillé et soigneusement frotté pour obtenir la force, et de l'eau froide constamment appliquée. Pour guérir les malentendants, l'application du tabac est fortement recommandée, et l'eau froide est parlée avec la même faveur pour prévenir l'enflure.

En cas de piqûre à la gorge, boire souvent du sel et de l'eau éviterait de graves conséquences.

Que l'un de ces remèdes soit appliqué ou non, je suppose qu'il est inutile de dire que l'aiguillon doit être retiré le plus tôt possible.

CHAPITRE XIX.

ENNEMIS DES ABEILLES.

Parmi les ennemis des abeilles, on compte les rats, les souris, les oiseaux, les crapauds et les insectes.

SONT-ILS TOUS COUPABLES ?

Mais certains d'entre eux sont probablement exempts de tout méfait réel. Je soupçonne fortement que l'esprit destructeur de beaucoup de gens est tout à fait trop actif. Il y a des agriculteurs, avec ce principe prédominant, si myopes que, s'ils en avaient le pouvoir, ils détruiraient toute une classe d'oiseaux, parce que certains d'entre eux avaient cueilli quelques cerises, ou creusé quelques collines de maïs, quand, en même temps, ils doivent leur activité à dévorer des vers, des insectes, etc., qui autrement auraient détruit des récoltes entières ! Il serait donc bon, avant la condamnation, de voir si, dans l'ensemble, nous sommes gagnants ou perdants par un massacre aveugle, sans juge ni jury.

RATS ET SOURIS.

Les rats et les souris ne sont jamais gênants, sauf par temps froid. Les entrées de toutes les ruches qui se démarquent sont trop petites pour admettre un rat. Ce n'est qu'à l'intérieur de la maison qu'il faut appréhender les dégâts les plus importants. Ils semblent aimer le miel et, lorsqu'il est accessible, ils en mangent plusieurs kilos en peu de temps.

Les souris entrent souvent dans la ruche lorsqu'elles se tiennent sur le banc et commettent des déprédations importantes. Parfois, après avoir mangé un espace dans les rayons, ils y feront leur nid. La chaleur animale créée par les abeilles créera un endroit confortable et chaud pour les quartiers d'hiver. Il y en a deux sortes : l'une de la classe commune, appartenant à la maison ; l'autre appelée « souris-cerf » — le dessous parfaitement blanc, le dos beaucoup plus clair que l'autre espèce. Ce dernier semble être particulièrement friand des abeilles, tandis que le premier semble apprécier le miel. Qu'ils prennent des abeilles vivantes ou seulement celles déjà mortes, je ne peux pas le dire. Seule une partie de l'abeille est mangée ; et si l'on prend les fragments qui restent pour juger du nombre consommé, la circonstance contribuera dans une certaine mesure à prouver le sacrifice d'un assez grand nombre. Que les abeilles ou le miel soient gaspillés, un peu de soin pour prévenir leurs déprédations mérite d'être accordé. Comme les rats et les souris ont depuis si longtemps été condamnés et condamnés pour être un fléau universel, et sans trait rédempteur, je ne dirai rien en leur faveur, et je suis parfaitement disposé à ce qu'ils soient pendus jusqu'à la mort.

TOUS LES OISEAUX SONT-ILS COUPABLES ?

Mais pour certains des oiseaux accusés de s'attaquer aux abeilles, je dirais un mot.

ROI-OISEAU—UN MOT EN SA FAVEUR.

L'oiseau-roi figure en tête de liste des prédateurs ! Avec un procès équitable, il sera reconnu coupable, mais pas d'une manière aussi odieuse que beaucoup le pensent. Je pense que nous le déclarerons coupable d'avoir pris uniquement les drones. Dans l'après-midi d'une belle journée, on peut le voir perché sur une branche sèche d'un arbuste ou d'un arbre près du rucher, guettant ses victimes, se précipitant parfois pour les saisir. Je l'ai abattu et examiné sa récolte, après l'avoir vu en dévorer une bonne partie ; mais dans tous les cas, les abeilles étaient si écrasées qu'il était impossible de distinguer les ouvrières des faux-bourdons. On nous dit qu'un grand nombre de travailleurs sont dénombrés. Il se peut que ce soit le cas, ou bien cela peut être ainsi représenté par une touche de préjugé. J'ai trouvé chez certains la satisfaction brutale de prendre la vie si forte, qu'une antipathie naturelle peut remplacer la justice, et qu'une défense appropriée n'est pas autorisée dans de tels cas où la partie qui souffre n'a pas le pouvoir de la faire respecter. S'il se contentait des ouvrières aussi bien que des faux-bourdons, pourquoi ne visite-t-il pas le rucher bien avant midi et n'en remplit-il pas sa récolte ? Mais au lieu de cela, il attend les drones jusqu'à l'après-midi ; et si aucun ne vole, il surveille tranquillement jusqu'à ce qu'un apparaisse, même si les ouvriers peuvent être continuellement dehors par centaines. Si l'on se demande comment ils font la différence entre les deux espèces d'abeilles, je pourrais suggérer que *l'instinct* a enseigné à la plupart des animaux le type de nourriture approprié et qu'il pourrait dans ce cas diriger les oiseaux. Si cela ne suffisait pas, un peu d'expérience dans la capture d'abeilles munies de dards pourrait faire une différence importante, en une ou deux leçons. J'avais autrefois un poulet qui connaissait la différence d'une manière ou d'une autre, et qui se tenait près de la ruche et dévorait chaque faux-bourdon dès qu'il touchait la planche, tandis que les ouvriers passaient par dizaines sans être touchés !

Maintenant, que le fait de prendre les drones soit un inconvénient ou non dépendra entièrement des circonstances. Si le miel était un peu rare, moins nous en avions, mieux c'était ; cela éviterait également aux abeilles quelques problèmes pour les disperser. C'est probablement une question de si peu de temps pour nos abeilles qu'elles ne paieront pas de poudre pour les abattre.

On dit que les martins et certaines espèces d'hirondelles sont coupables de capture d'abeilles en certaines occasions ; mais comme ils les poursuivent en vol (s'ils le font), les mêmes remarques s'appliqueront à l'oiseau royal.

CHAT-OISEAU ACQUITÉ.

L'oiseau-chat subit également sa part de censure. On dit qu'ils descendront jusqu'à la ruche et ramasseront les abeilles par centaines. Pourtant, face à cette accusation, je suis disposé à l'acquitter. En l'observant de plus près, je le trouve autour de la ruche, ne ramassant *que* les abeilles jeunes et immatures, celles qui sont retirées des rayons et jetées. Ils peuvent être aperçus dès que les premiers rayons de lumière rendent visibles les objets autour du rucher, à la recherche de leur approvisionnement matinal, ainsi que lors de visites fréquentes pendant la journée. Si un ver malchanceux est en vue à ce moment-là, alors qu'il cherche un endroit pour filer un cocon, ou un papillon de nuit se reposant dans un coin de la ruche, leur sort est immédiatement décidé. Avant de détruire cet oiseau, il serait bon de juger par l'observation réelle des faits ; sinon nous pourrions « détruire un ami au lieu d'un ennemi ».

Crapaud est devenu clair.

Un crapaud est découvert près des ruches, et aussitôt il est exécuté comme guêpier. "Il devrait être tué pour son apparence, au moins !" Il est ainsi souvent sacrifié *en réalité* à cause de son apparence, tout en se faisant passer pour un méchant. Il est vrai que ses « plumes » ne rivalisent pas d'éclat avec le plumage du colibri et ne satisfont pas l'idéalité ; c'est pourquoi il est envoyé. La semaine suivante, on se plaint que les petites bestioles, qu'il aurait pu détruire, « ont mangé tous les petits concombres et tous les petits choux ». Sa nourriture est probablement constituée de petits insectes. Celui qui l'a vu avaler des abeilles a dû l'observer de plus près que jamais.

LES GUÊPES ET LES FRELONS NE SONT PAS PRÉFÉRÉS.

Quant aux visites fréquentes des guêpes noires pendant les journées ensoleillées du printemps, on ne peut pas dire grand-chose en leur faveur : elles semblent n'avoir d'autre but que de taquiner et d'irriter les abeilles. Je n'ai jamais pu découvrir qu'ils entraient dans la ruche dans le but de piller. Ils se battent fréquemment avec les abeilles, mais je n'ai jamais vu d'abeilles dévorées ou emportées, ni même tuées. Après le 1er juin, ils sont rarement gênants. La guêpe jaune ou frelon, qui existe en automne, n'a que peu d'importance ; leur objet est le miel, qu'ils prennent lorsqu'ils peuvent l'obtenir, mais ne sont pas susceptibles d'entrer dans la ruche parmi les abeilles.

FOURMIS—UN MOT EN LEUR FAVEUR.

Les fourmis ont leur part de condamnation. Ce petit insecte travailleur aura mes efforts pour être entendu équitablement ; Je pense pouvoir comprendre pourquoi ils sont si souvent accusés de voler les abeilles. De nombreux apiculteurs ignorent la plupart du temps totalement l'état réel de leurs stocks. De nombreuses causes indépendantes des fourmis, induisent une réduction de la population. Supposons que les abeilles soient si réduites qu'elles laissent les rayons sans protection, et que les fourmis entrent et s'approprient une partie du miel, et si le propriétaire arrive juste à ce moment-là et les voit engagés : « Ha ! vous êtes les coquins qui ont détruit mon abeilles", sans penser à en rechercher les causes, au-delà des apparences présentes. Ils sont souvent injustement accusés par le fermier de nuire à la croissance de ses petits arbres, en provoquant l'enroulement et le flétrissement des feuilles tendres. On demande souvent dans certains journaux agricoles les moyens de les détruire, simplement parce qu'on les trouve dessus ; alors que la véritable cause du mal est le pou des plantes (pucerons) qui se trouve sur les feuilles ou les tiges par centaines, les privant de leurs sucs importants et sécrétant un liquide très prisé par les fourmis. En détruisant les poux, vous supprimez toute l'attraction des fourmis. Les habitudes particulières des petites fourmis noires donnent probablement lieu à un soupçon de méfait de cette manière. Ils vivent en communautés de milliers de personnes ; leurs nids sont généralement situés dans de vieux murs, dans de vieux bois, sous des pierres et dans la terre. De leurs nids, on peut parfois tracer une ficelle pour les tiges, qui vont après et reviennent chargées de nourriture. Pendant une période de temps pluvieux, qui rendrait la terre et de nombreux autres endroits trop humides et froids pour un nid, ils recherchent de meilleurs quartiers. Le sommet ou la chambre de nos ruches offre un abri contre la pluie. La chaleur animale des abeilles le rend parfaitement confortable. Comment alors leur reprocher d'avoir choisi un tel lieu, répondant si complètement à tous leurs désirs ? Tant que les abeilles ne sont pas dérangées, nous pouvons mieux le supporter. Mais l'observateur insouciant ayant découvert leur traîne allant et venant de leur nid sur la ruche, s'exclame : « Eh bien, je les ai vus aller dans un courant continuel vers la ruche après le miel ; » quand un petit examen minutieux de la question montrerait que seul le nid était au sommet de la ruche, et qu'ils allaient ailleurs pour se nourrir ; pas une seule entrant dans la ruche parmi les abeilles pour chercher du miel (du moins, je n'ai jamais pu le détecter.)

Lorsque le miel n'est pas protégé par les abeilles, ou que des boîtes en sont placées là où elles peuvent y avoir accès, elles en emportent naturellement une partie ; mais il est facilement sécurisé.

ARAIGNÉE CONDAMNÉE.

Les araignées sont une source de gêne considérable pour le rucher ainsi que pour les abeilles ; non pas tant à cause du nombre d'abeilles consommées, mais plutôt à cause de leur habitude de tisser une toile autour de la ruche, qui prendra occasionnellement un papillon de nuit et enchevêtrera probablement cinquante abeilles pendant ce temps. Soit ils ont peur des abeilles, soit ils ne sont pas appréciés comme nourriture ; d'autant plus qu'une abeille capturée le matin reste souvent intacte pendant la journée. Cette toile se trouve souvent juste avant l'entrée, emmêlant les abeilles à leur sortie et à leur retour ; les irritant et les gênant considérablement. Ils s'échappent souvent après des luttes répétées. J'ai retiré chaque matin, pendant une semaine, au même endroit, une toile qui se renouvelait la nuit avec une persévérance étonnante ! Je peux généralement découvrir sa cachette, qui se trouve dans un coin à proximité , et l'éliminer. Ses qualités rédemptrices sont peu nombreuses et sont plus que contrebalancées par le mal, autant que je l'ai découvert. Leur sagacité trouvera dans certains cas un lieu de dissimulation difficile à découvrir. A l'approche du froid, la loge ou chambre de la ruche étant un peu plus chaude que les autres endroits, en attirera un grand nombre pour y déposer leurs œufs. De petits tas de sangles ou de soie peuvent être vus attachés au sommet de la ruche ou sur les côtés des boîtes. Ceux-ci contiennent des œufs pour la couvée de l'année suivante. C'est le moment de les détruire et d'éviter des ennuis pour l'avenir.

Si nous combinons en une seule phalange tous les prédateurs encore nommés, et comparons leur capacité à faire des méfaits avec celle de la teigne de la cire, nous ne trouverons que leurs pouvoirs de destruction mais un petit élément ! Du papillon lui-même, nous n'aurions rien à craindre s'il n'y avait sa progéniture, qui consiste en cent ou mille vils vers, dont la nourriture est principalement de la cire ou des rayons.

De même que l'instinct de la mouche à viande la dirige vers une carcasse putride pour y déposer ses œufs, afin que sa progéniture puisse avoir sa propre nourriture, de même le papillon cherche la ruche contenant des rayons et où sa nourriture naturelle est à portée de main pour s'en procurer. Pendant la journée, on peut souvent voir un meunier brun rouille, avec ses ailes enroulées autour du corps, parfaitement immobile sur le côté de la ruche, sur un coin, ou sur le bord inférieur du sommet, là où il fait saillie. fréquents aux coins que partout ailleurs, un tiers de leur longueur dépassant au-delà ; ressemblant à un éclat sur le bord d'une planche quelque peu patinée par les intempéries. Leur couleur ressemble si étroitement au vieux bois, que je suis sûr que leurs ennemis sont souvent trompés et les laissent échapper avec leur vie. Dès que la lumière du jour ferme la vue et qu'aucun danger que leurs mouvements ne soient découverts par leurs ennemis, ils abandonnent leur inactivité et commencent à chercher un endroit où déposer leurs œufs, et malheur au cheptel qui n'a pas assez d'abeilles pour chasser. les du peigne. Bien que leurs larves aient une peau que l'abeille ne peut pas percer avec son aiguillon, dans la plupart des cas, il n'en est pas de même du papillon de nuit, et elles semblent en être conscientes, car chaque fois qu'une abeille s'approche, elles s'élancent avec une vitesse dix fois plus grande. que celui de n'importe quelle abeille, disposée à suivre ! Ils entrent dans la ruche et en esquivent en un instant, soit après avoir rencontré une abeille, soit parce qu'ils craignent de le faire. Or, il n'est pas besoin d'argumenter pour prouver que lorsque tous nos stocks sont bien protégés, il doit y avoir peu de chances de déposer des œufs sur les rayons de telles ruches, là où leur instinct leur a appris que c'est le bon endroit. Mais il *faut qu'ils* les laissent quelque part. Lorsqu'on les chasse de tous les rayons à l'intérieur, le deuxième meilleur endroit est les fissures et les défauts autour de la ruche, qui sont tapissés de propolis ; et la poussière et les copeaux qui tombent sur le plancher d'un jeune essaim non rempli seront utilisés. Ce dernier matériau est majoritairement de la cire, et répond très bien à la place du peigne. Les œufs éclosent ici et les vers montent parfois vers les rayons ; d'où la nécessité de garder le fond brossé propre. Cela empêchera ceux qui sont en bas de monter ; aussi les abeilles de prendre des œufs, si telle devait être la méthode. Je ne peux concevoir aucun autre moyen par lequel ils peuvent se faufiler parmi les rayons d'une population nombreuse ; où ils sont souvent détectés, après avoir été déposés par certains moyens. Un ver logé dans le peigne se dirige vers le centre , puis mange un passage au fur et à mesure qu'il avance, le tapissant d'un linceul de soie, l'élargissant progressivement à mesure qu'il grandit. (Lorsque les rayons sont remplis de miel, ils travaillent en surface, ne mangeant que le sceau.) Dans les familles très faibles, ce passage soyeux est laissé intact, mais supprimé par toutes les plus fortes. J'ai trouvé qu'il était affirmé que « les vers seraient tous immédiatement détruits par les abeilles, n'eût été une sorte de peur de les toucher jusqu'à ce que la nécessité y soit obligée ». Comme les faits qui ont conduit à cette conclusion ne sont pas donnés et que je n'en trouve aucun qui la confirme, peut-être serai-je excusé si je n'ai pas la foi. Au contraire, je trouve en apparence une antipathie instinctive envers tous ces intrus, et je suis immédiatement renvoyé dès que je possède le pouvoir.

Lorsqu'un ver est dans un rayon rempli de couvain, son passage étant au centre , on ne le découvre pas d'abord. Les abeilles, pour l'extraire, doivent mordre la moitié de l'épaisseur, enlevant le couvain en une ou deux rangées d'alvéoles, parfois sur plusieurs centimètres. Cela explique le nombre important d'abeilles immatures trouvées sur le plateau inférieur le matin, au printemps ; ainsi que dans les stocks et les essaims mais partiellement protégés après la saison d'essaimage.

INDICATIONS DE LEUR PRÉSENCE.

Parfois, une demi-douzaine de jeunes abeilles, presque matures, seront enlevées vivantes, toutes palmées ensemble, attachées par des pattes, des ailes, etc. Tous leurs efforts pour se libérer se révèlent vains. D'autres, séparés, peuvent également être vus courir partout avec leurs ailes mutilées, ou une partie de leurs pattes rongée ou attachée ensemble ! Ce sont généralement les premiers symptômes des vers dans notre stock à cette saison. Bien que défavorable, cela pourrait être pire. Cela montre que les abeilles ne sont pas encore découragées, mais qu'en constatant la présence des vers, il leur reste suffisamment d'énergie pour faire un effort pour se débarrasser de la nuisance.

GESTION.

Si le rucher leur apporte maintenant un peu d'aide pendant quelques jours, ils seront bientôt dans une condition prospère. La ruche doit être fréquemment soulevée et tout doit être nettoyé à la brosse. Si c'est un nouvel essaim à moitié plein qui présente ces indications, il faut le retourner plusieurs fois, peut-être une fois par semaine, jusqu'à ce que les vers soient maîtrisés ; et les coins au-dessous des abeilles sont examinés pour les cocons, qui s'y trouvent très souvent et qui se détachent et se détruisent facilement. En retournant une ruche partiellement pleine, par temps chaud, il faut d'abord observer la position des rayons, et laisser les bords reposer contre le côté de la ruche, sinon ils pourraient se plier et se détacher lorsque la ruche serait remise en place. (en faisant simplement une marque au crayon sur le dessus dans la direction des peignes, vous pourrez le savoir à tout moment après avoir regardé pour la première fois).

SOINS AU RETOURNEMENT DES RUCHES.

Lorsqu'une ruche est pleine de rayons, les bords sont généralement suffisamment attachés pour les stabiliser, et la direction dans laquelle elle est tournée a moins d'importance, mais par temps très chaud, le miel s'écoulera des cellules de faux-bourdons s'il est perpendiculaire.

En *très* petits essaims, des centaines de jeunes couvains peuvent être fréquemment vus avec la tête hors des cellules, essayant de s'échapper, mais sont fermement retenus à l'intérieur par ces toiles. J'ai connu quelques cas dans de telles circonstances, où il semblait que les abeilles avaient coupé toute la feuille de rayon et l'avaient laissé tomber, se débarrassant ainsi de tout autre problème (ou s'en débarrasseraient si leur propriétaire seulement a fait sa part en retirant ce qui est tombé.)

AUTRES SYMPTÔMES DE VERS.

Mais lorsque les abeilles ne font aucun effort pour déloger l'ennemi ou ses œuvres dans d'anciens stocks, l'affaire est quelque peu désespérée ! Au lieu des symptômes précédents, nous devons rechercher quelque chose de complètement différent. Mais on y trouvera peu de jeunes abeilles. A leur place, nous pouvons trouver les excréments des vers déposés sur le plateau. Pendant l'hiver et le printemps, les abeilles, en mordant l'enveloppe des cellules pour obtenir le miel, laissent tomber des copeaux qui lui ressemblent beaucoup. Pour détecter la différence et distinguer les uns des autres, il faut une petite inspection minutieuse. La couleur des fèces varie selon le rayon dont ils se nourrissent, du blanc au brun et au noir. La taille de ces grains sera proportionnelle au ver - depuis un simple point jusqu'à presque aussi gros qu'une tête d'épingle : forme cylindrique, avec des extrémités obtuses : longueur environ deux fois son diamètre. Par la quantité, nous pouvons juger du nombre. Si la ruche est pleine de rayons, les extrémités inférieures peuvent paraître parfaites, tandis que la partie médiane ou supérieure est parfois un tapis de toiles !

Chaque fois que nos stocks diminuent à cause d'un essaimage excessif ou pour toute autre cause, c'est le prochain effet successif auquel nous devons nous attendre. Voici une autre raison importante pour laquelle nous connaissons à tout moment l'état *réel de nos abeilles :* nous pouvons alors détecter les vers très peu de temps après leur apparition. Dans certains cas, nous pourrions sauver le cheptel en brisant la plupart des rayons, en laissant juste assez pour être couverts par les abeilles. Lorsque cette opération est couronnée de succès, elle *doit* être effectuée avant que les vers aient progressé jusqu'à un logement complet. Lorsque le cheptel est faible et que les apparences indiquent la présence d'un grand nombre, c'est généralement le plus sûr, et ce sera le moins de peine en fin de compte, de chasser les abeilles immédiatement et de récupérer le miel et la cire. Les abeilles, lorsqu'elles sont placées dans une nouvelle ruche, *peuvent* faire un peu, mais si elles ne faisaient rien, ce ne serait pas pire. Cela ne peut en aucun cas être aussi grave que de les avoir laissés dans la vieille ruche jusqu'à ce que les vers aient tout détruit et aient fait mûrir mille ou deux papillons en plus de ceux autrement produits, multipliant ainsi par mille les chances de dommages aux autres souches. On se souvient probablement que j'ai dit que lorsque les abeilles sont retirées d'une ruche par temps chaud, si elle n'était pas infestée de vers à ce moment-là, elle le serait bientôt, à moins d'être fumée au soufre .

QUAND ILS DEVIENNENT PLUS GRANDS QUE D'HABITUDE.

Dans une ruche ainsi laissée sans l'intervention des abeilles, le nombre de vers augmentera jusqu'à atteindre la moitié ou les deux tiers de leur taille par rapport à celle où leur droit aux rayons est contesté. Dans un cas, ils ont souvent leur croissance et finissent effectivement dans leur cocon lorsqu'ils mesurent moins d'un pouce de longueur : dans l'autre, ils grossissent tranquillement jusqu'à atteindre un pouce et demi de long et aussi gros qu'un tuyau de pipe.

TEMPS DE CROISSANCE.

Lorsqu'ils éclosent de l'œuf, il faut les inspecter de très près pour les voir à l'œil nu. La rapidité de leur croissance dépend de la température dans laquelle ils se trouvent, autant voire plus que de leur bon niveau de vie. Quelques jours par temps chaud pourraient développer le ver adulte, tandis que dans des températures plus basses, cela prendrait des semaines, voire des mois dans certains cas, peut-être de l'automne au printemps.

TEMPS DE TRANSFORMATION.

Le ver, après avoir filé son cocon, se change bientôt en chrysalide et reste inactif pendant plusieurs jours, lorsqu'il fait une ouverture à une extrémité et en sort en rampant. Le temps nécessaire à cette transformation est également déterminé par la température, même si je pense que peu de gens passent jamais l'hiver dans cet état. Il est rare de trouver un papillon avant la fin mai, et peu avant la mi-juin ; mais passé ce temps ils sont plus nombreux jusqu'à la fin de la saison.

LA CONGELATION DÉTRUIT LES VERS, LE COCON ET LES MITES.

Il est assez bien démontré que le papillon, ses œufs, ses larves et ses chrysalides ne peuvent pas passer l'hiver sans une certaine chaleur pour les empêcher de mourir de froid. Les faits suivants l'indiquent. J'ai retiré toutes les abeilles d'une ruche à l'automne et, sans déranger le rayon ou le miel, je l'ai mise dans une chambre froide où elle pourrait complètement geler. Au mois de mars suivant, des abeilles ont été de nouveau introduites, et lorsqu'elles ne se trouvaient pas sur un banc avec d'autres animaux porteurs de vers, pas un seul spécimen sur quarante n'a jamais produit de ver avant la mi-juin, ou jusqu'à ce que les œufs d'un papillon de nuit mûrissent en une autre ruche a eu le temps d'éclore. J'ai quelquefois, au lieu d'y mettre des abeilles en mars, les gardais jusqu'en juin pour des essaims, parfaitement exempts de toute apparence de vers !

COMMENT ILS PASSENT L'HIVER.

Mais il en va tout autrement de nos ruches dans lesquelles les abeilles hivernent ; ils en sont rarement, voire jamais, totalement exonérés ! Il est peut-être impossible d'hiverner les abeilles sans conserver en même temps quelques œufs de papillon ou quelques vers. Le papillon parfait ne survit peut-être jamais à l'hiver ; le seul endroit où la chrysalide serait en sécurité, je pense, doit être à proximité des abeilles - et un bon cheptel ne lui permettra jamais d'y aller - mais il semblerait que les œufs soient laissés. À l'automne, à l'approche du froid, les abeilles ont tendance à laisser les extrémités des rayons exposées ; le papillon peut désormais entrer et déposer ses œufs directement dessus ; ceux-ci, ainsi que ceux apportés par les moyens suggérés ci-dessus, suffisent à empêcher la perte de la race. La chaleur générée par les abeilles empêchera ces œufs de geler et préservera leur vitalité. Lorsque le temps chaud approche au printemps, celles qui sont les plus proches des abeilles éclosent probablement en premier, commencent leurs déprédations et sont éliminées par les abeilles. À mesure que les abeilles grandissent et occupent davantage de rayons, davantage d'abeilles se réchauffent et éclosent. De cette façon, même une petite famille d'abeilles éclora et se débarrassera de tous les œufs qui se trouvent dans ses rayons sans être détruite. C'est le moment où le rucher peut rendre service en détruisant les vers, à mesure que les abeilles les déposent sur le sol.

LES STOCKS PEUVENT ÊTRE DÉTRUITS DERNIEREMENT L'ÉTÉ.

Mais en juillet et en août, c'est différent à cet égard ; un seul papillon peut entrer dans la ruche lorsqu'il est exposé et y déposer tout son fardeau de plusieurs centaines d'œufs, comme dans l'autre cas, mais la chaleur des abeilles n'est plus nécessaire pour les faire éclore. Le temps en cette saison rendra n'importe quelle partie de la ruche suffisamment chaude pour mettre toute sa couvée au travail en même temps, et dans trois semaines, tout pourrait être détruit ! Ceci, ainsi que le fait qu'il existe aujourd'hui plus de papillons qu'auparavant, pourrait expliquer le plus grand nombre de stocks détruits cette saison. Pourtant, permettre à cette créature répugnante de dévorer du miel ou des rayons est considéré comme une très mauvaise gestion. Un peu de soin pour connaître l'état des stocks *est nécessaire* pour éviter qu'ils ne démarrent. Ces devoirs doivent être pleinement pris en compte avant de prendre la responsabilité du soin des abeilles.

QUAND LES ABEILLES SONT EN SÉCURITÉ.

La seule condition pour que nous puissions nous reposer et nous sentir en sécurité est de *savoir que tous nos stocks sont remplis d'abeilles* . Même la ruche « anti-mites » contenant des rayons sera parfumée par le papillon, lorsqu'il n'y a pas d'abeilles pour la garder. Il n'est pas nécessaire de démontrer qu'un papillon de nuit peut entrer là où une abeille peut aller, et une petite observation, je pense, prouvera que ses œufs vont parfois là où elle n'est pas autorisée.

MOYENS DE LES DÉTRUIRE.

En cette saison (juillet et août), il est bon de placer quelques morceaux de vieux rayons secs à proximité des ruches, dans une boîte ou ailleurs, comme leurre, où le papillon peut avoir accès. Elle déposera un grand nombre de ses œufs ici, au lieu de la ruche, et pourra être facilement détruite. Comme nous ne pouvons pas toujours mettre nos abeilles en mesure de se sentir en sécurité, il serait bon d'adopter certains des moyens recommandés pour diminuer le nombre de papillons nocturnes. Détruisez d'abord tous les vers que l'on peut trouver à tout moment, particulièrement au printemps ; deuxièmement, tous les cocons accessibles. Un grand nombre de vers peuvent être incités à s'enrouler sous un piège de sureau, etc., lorsqu'il est facile de les éliminer. Troisièmement, détruisez tous les papillons possibles que l'on peut voir autour de la ruche. Ils ressemblent beaucoup à la puce : « quand on met le doigt sur elle, elle n'est pas là » ; il faut un geste prudent pour l'écraser immédiatement, sinon il s'élance au moindre dérangement. Le moyen le plus rapide est probablement de les enivrer.

Les rendre ivres et leur exécution par des poulets.

Mélangez avec de l'eau juste assez de mélasse et de vinaigre pour le rendre agréable au goût ; ceci doit être mis dans des soucoupes blanches ou dans d'autres plats, et placé parmi les ruches la nuit. Comme des êtres plus nobles, sinon plus sages, lorsqu'ils ont goûté le breuvage fatal, ils semblent perdre tout pouvoir de quitter la coupe fascinante ; mais laissez place à l'appétit et à l'excitation jusqu'à ce qu'un pas fatal les plonge dans la destruction ! Le lendemain matin, ils se vautrent encore dans la crasse, faibles et affaiblis. Je n'ai jamais pu savoir s'ils se remettraient des effets de leur folie s'ils étaient sortis de la fange et soigneusement soignés comme les autres spécimens de la création. Avec peu de peine, un poulet ou deux apprendront à être à portée de main et dévoreront tout le monde avec avidité. Des centaines d'espèces sont capturées de cette manière, bien que de nombreuses autres espèces, outre le papillon de nuit, y soient mêlées. Cette boisson peut être utilisée jusqu'à ce qu'elle soit sèche, en ajoutant de temps en temps un peu d'eau ; c'est peut-être mieux après la fermentation. Cette recette est apparue il y a quelques années dans certains journaux ; J'ai oublié où. Le sel a été recommandé pour prévenir les méfaits des vers, ainsi que pour les abeilles. Je l'ai utilisé assez intensivement pendant plusieurs années, comme je le pensais sans grand bénéfice, et j'en ai eu assez. J'ai alors essayé d'en saler une partie, et j'ai laissé le reste s'en passer entièrement, et je n'ai trouvé aucune différence dans leur prospérité. Depuis, il y a une dizaine d'années, j'ai complètement abandonné son utilisation, et j'ai tout aussi bien réussi.

CHAPITRE XX.

FUSION DES PEIGNES.

LA CAUSE.

Lorsqu'un temps extrêmement chaud survient immédiatement après que les abeilles ont récolté une récolte abondante pendant deux ou trois semaines, ou même pendant la récolte, la cire composant les nouveaux rayons est très susceptible de se ramollir, jusqu'à ce qu'elles se détachent de leurs attaches et se déposent sur le fond.

EFFETS.

Parfois, la blessure est insignifiante, seulement un ou deux morceaux glissent ; d'autres fois, tout le contenu tombe en une masse confuse et brisée, le poids pressant le miel et maculant les abeilles, qui dans cette situation rampent et s'éloignent de la ruche dans toutes les directions.

J'ai eu une fois quelques nouvelles souches ruinées et plusieurs autres endommagées par la chaleur, ainsi, vers le premier septembre, immédiatement après les fleurs du sarrasin. Les abeilles, ou la plupart d'entre elles, étant couvertes de miel, ainsi que de ce qui sortait de la ruche, attirèrent immédiatement les abeilles des autres vers l'endroit, qui emportèrent tout le contenu en quelques heures. C'était un événement rare ; Je n'ai connu qu'une seule saison en vingt-cinq ans où cela s'est produit après la disparition du miel dans les fleurs. Cela se produit généralement lors d'un rendement abondant, et les autres actions ne sont alors pas susceptibles de poser problème.

PREMIÈRES INDICATIONS.

Les premiers indices d'un tel accident seront les abeilles dehors en grappes, alors que la ruche n'est peut-être qu'à moitié ou aux deux tiers pleine, et le miel s'écoulant du fond (c'est à ce moment-là qu'une partie est tombée).

LA PRÉVENTION.

Pour éviter autant que possible de tels phénomènes, aérez en élevant les ruches sur de petits blocs aux angles, et *protégez-les efficacement du soleil* ; et si nécessaire, mouillez l'extérieur avec de l'eau *froide* . Au moment de perdre ceux mentionnés ci-dessus, j'ai gardé tout le reste des jeunes essaims humides jusqu'au milieu de la journée, et je n'ai aucun doute que j'en ai sauvé plusieurs par ce moyen. J'ai eu quelques problèmes avec ceux qui n'en avaient qu'un ou deux morceaux et j'ai commencé juste assez de miel pour attirer d'autres abeilles. Il n'était pas prudent de fermer la ruche pour empêcher les voleurs, car cela aurait rendu la chaleur encore plus grande et aurait entraîné une destruction certaine.

La meilleure protection que j'ai trouvée, était de mettre au fond de la ruche quelques tiges d'asperges ; cela donnait une libre circulation de l'air, et en même temps rendait très difficile aux voleurs de s'approcher de l'entrée, sans se faufiler d'abord à travers cette haie et sans rencontrer quelques abeilles qui appartenaient à la ruche ; qui, avec cette aide, furent capables de se défendre jusqu'à ce que tout le miel gaspillé soit récupéré.

Lorsque la ruche est presque pleine et qu'une ou deux feuilles seulement descendent, le bord inférieur reposera sur le sol, et les autres rayons le maintiendront en position verticale, jusqu'à ce que les abeilles le referment. Il est généralement préférable de laisser ces pièces telles quelles. Si la ruche n'est qu'à moitié pleine ou un peu plus, et que ces morceaux ne sont pas maintenus perpendiculaires par les rayons restants, ils risquent d'être brisés et écrasés gravement, en tombant si loin ; et la majeure partie du miel sera gaspillée. Pour le sauvegarder, il faudra le retirer, (à moins qu'un plat puisse être réalisé pour le récupérer). Faites attention à ne pas retourner la ruche sur le côté et à ne pas casser les rayons restants, s'il en reste. Les rayons contenant du couvain et peu de miel peuvent être laissés pour que le couvain mûrisse. Si les abeilles sont capables de prendre le miel ou n'en gaspillent pas beaucoup, il peut être conseillé de le laisser jusqu'à ce que le contenu soit absorbé ; cela aiderait grandement à faire le plein. Mais ces morceaux cassés doivent être retirés avant qu'ils n'interfèrent avec les peignes s'étendant vers le bas. Une partie des abeilles est généralement détruite, mais la majorité s'échappe ; même ceux qui sont recouverts de miel (s'ils ne sont pas écrasés) le nettoieront et seront bientôt en état de fonctionner, lorsque d'autres n'interviendront pas officieusement pour aider à l'enlever. Un bon rendement en miel est la meilleure protection contre cette disposition au pillage. Après la première année, les rayons deviennent plus épais et ne risquent plus de céder.

CHAPITRE XXI.

GESTION DES CHUTES.
PREMIERS SOINS.

Lorsque les fleurs tombent en fin de saison, il faut d'abord déterminer quels sont les ceps les plus faibles, et tous ceux qui ne peuvent se défendre doivent être soit enlevés, soit renforcés. La solidité de tous les stocks est testée de manière assez approfondie quelques jours après une panne de miel. Si l'on en trouve un avec trop peu d'abeilles pour se défendre , il est certain qu'il sera pillé. D'où la nécessité d'agir à temps, afin que nous puissions sécuriser le contenu avant les voleurs.

DES STOCKS FORTS JETÉS AU PILLAGE.

Les stocks solides, qui au cours d'une production ont occupé chaque cellule avec du couvain et du miel, lorsqu'ils échouent, auront bientôt des cellules vides laissées par les jeunes abeilles en train d'éclore. Ces cellules vides, sans miel pour les remplir, semblent être une source de bien des inquiétudes. Bien que ces ruches et ces chapeaux puissent être bien conservés, j'ai toujours trouvé qu'ils étaient les pires du rucher, beaucoup plus disposés au pillage que les plus faibles avec la moitié du miel. Comme les actions faibles ne peuvent pas être améliorées maintenant, il est préférable de les supprimer immédiatement et d'écarter la tentation. La négligence n'est qu'une triste excuse pour laisser les abeilles prendre cette habitude de malhonnêteté. Si des stocks étaient affaiblis par une maladie, les conséquences seraient encore plus désastreuses que de mauvaises habitudes ; les raisons pour lesquelles un miel aussi impur ne devrait pas entrer dans des stocks économes ont déjà été données. Si nous voulons causer le moins de problèmes possible à nos abeilles, il ne faut sélectionner que les meilleures pour l'hiver. Mais ce qui constitue un bon stock ne semble être que partiellement compris ; si l'on en juge par le nombre de personnes perdues chaque année, trop de personnes sont négligentes ou ignorantes dans le choix ; en supposant, peut-être, que parce qu'un stock a été bon un hiver et qu'il a bien pullulé, il doit bien sûr être correct ; l'erreur est souvent fatale.

ABEILLES MODIFIABLES.

Les abeilles sont si changeantes, surtout en été et pendant la saison d'essaimage, que nous pouvons rarement être sûrs de ce qu'elles sont et de ce qu'elles ont été. Il est donc plus sûr *de savoir de quoi il s'agit maintenant* .

EXIGENCES POUR DE BONS STOCKS.

Les conditions requises pour un bon stock sont une ruche pleine de forme et de taille appropriées (c'est-à-dire 2 000 pouces), bien stockée avec du miel

; une grande famille d'abeilles et dans un état sain, qui doit être vérifié par une inspection réelle. L'âge n'est pas important avant plus de huit ans. Les stocks possédant ces points peuvent être hivernés sans trop de difficultés. Mais on ne peut pas s'attendre à ce que tout le monde soit dans cet état. De nombreux apiculteurs voudront augmenter leurs stocks et conserver tout ce qui est possible, en suppléant à toute carence. Je m'efforcerai de faire paraître cela rentable , jusqu'à ce qu'il y ait suffisamment d'abeilles dans le pays, pour récupérer tout le miel qui est actuellement gaspillé.

Tout le monde peut comprendre pourquoi c'est une perte que de voir des abeilles manger du miel une partie de l'hiver puis mourir - que le miel consommé aurait pu être conservé - que cela ne fait pas grande différence pour les abeilles qu'elles soient tuées à l'automne ou sacrifiées à l'automne. hiver. Je ne suis pas partisan du feu et du soufre comme récompense de toutes les souches malheureuses, et je ne les recommanderai que lorsque leur utilisation ne rendra pas la situation pire. Nous verrons jusqu'où on peut s'en passer.

GRAND INCONVÉNIENT DE TUER LES ABEILLES.

Les apiculteurs rustiques qui ont l'habitude de faire leurs ruches très grandes, pouvant contenir de 100 à 140 livres, et de tuer les abeilles à l'automne et d'envoyer le miel au marché, continueront probablement à utiliser du soufre. , à moins que nous puissions les convaincre du plus grand avantage de rendre la ruche plus petite et d'avoir cinquante ou quatre-vingts livres. de ce miel dans des boîtes qui se vendront plus cher que ce qui peut être réalisé pour leur plus grande ruche pleine, et en même temps, garderont leurs abeilles pour une ruche de stockage, faisant un meilleur rendement à long terme que cent dollars à intérêt . Lorsque les ruches auront la taille appropriée, le miel ne sera pas un objet suffisant pour payer la destruction des abeilles.

UNE SECTION DU PAYS PEUT FAIRE UNE DIFFÉRENCE DANS LES BESOINS DES STOCKS PAUVRES.

Le type de produits à fournir à nos stocks insuffisants dépendra probablement de la région du pays. Là où la principale source est le trèfle et le tilleul, elle échouera partiellement, au moins, avant la fin du temps chaud.

Certains stocks pauvres ou moyens continueront à élever du couvain trop largement pour leurs moyens et épuiseront en conséquence leurs réserves d'hiver ; ceux-ci auront besoin d'une réserve de miel. Mais là où l'on sème de grandes quantités de sarrasin, le froid suit presque immédiatement cette récolte et arrête la reproduction. La pénurie d'abeilles est donc plus fréquente que celle de miel. Il y a des exceptions, bien sur; Je parle de ces cas en général. Mon expérience s'est surtout déroulée dans une section où cette culture est cultivée, et je dirai qu'il n'y a pas plus d'une saison sur dix, mais que le miel sera en proportion des abeilles le premier septembre ; c'est-à-dire que s'il y a suffisamment d'abeilles, il y aura suffisamment de miel.

QUAND LES ABEILLES SONT NÉCESSAIRES.

J'ai souvent eu des stocks suffisamment nombreux pour nourrir une bonne famille pendant l'hiver, et pourtant trop peu d'abeilles pour durer jusqu'en janvier, ou même pour se défendre des voleurs. C'est pourquoi j'ai l'habitude de fournir des abeilles plus souvent que du miel.

J'ai généralement quelques ruches avec trop peu de miel et trop peu d'abeilles. Or, il est très clair que si les abeilles d'une ou plusieurs de cette classe s'unissaient avec succès aux premières, nous aurions une famille respectable. J'ai ainsi procédé à des augmentations de stocks qui se sont avérées de premier ordre.

PRUDENCE.

Chaque fois que nous faisons des additions de cette manière, il serait bon de rechercher d'abord quelle était la cause de la rareté des abeilles ; s'il s'agit d'un essaimage excessif ou d'une perte de reine, c'est très bien, mais s'il s'agit d'une maladie, rejetez-les, à moins que les abeilles ne soient transférées au printemps suivant, et alors, lorsque trop de cellules sont occupées par du couvain mort, comme le les abeilles ne peuvent pas hiverner avec succès.

DIFFICULTÉ PRINCIPALE.

La plus grande difficulté lorsqu'on réunit de cette manière deux ou plusieurs familles, c'est lorsqu'il faut les prendre à des endroits différents dans le même rucher ; où les emplacements ont été marqués. Il est suffisamment démontré que les abeilles retournent à l'ancien peuplement.

Pour éviter ces résultats, il a été recommandé "d'installer une ruche vide avec quelques morceaux de rayons, fixés dans la partie supérieure à la place de celui enlevé, pour attraper les abeilles qui retournent à l'ancien stand et les retirer la nuit". quelques fois, quand ils restent. Cela ne devrait être fait que lorsque nous ne pouvons pas faire mieux ; c'est un problème considérable ; d'ailleurs, nous n'y parvenons pas toujours à notre satisfaction.

COMMENT ÉVITÉ.

J'aime le projet de leur amener un mile ou plus à cet effet, et je n'ai aucun problème à ce sujet. Deux voisins étant à cette distance l'un de l'autre, chacun ayant des stocks dans cet état pourraient échanger des abeilles, ce qui rendrait le bénéfice mutuel. Je l'ai fait et je me considère bien payé pour cette peine. Mais dernièrement, j'ai eu plusieurs ruchers hors de chez moi, et je les gère maintenant sans difficulté.

AVANTAGES DE FAIRE UN BON STOCK À PARTIR DE DEUX PAUVRES.

On ne saurait trop recommander de faire un bon stock à partir de deux mauvais ; outre ses avantages, elle nous délivre de tous les sentiments désagréables liés à la mort, que nous pouvons sans peine conserver.

DEUX FAMILLES ENSEMBLE NE CONSOMMERONT PAS AUSSI QUE SI SÉPARÉES.

Même lorsqu'un stock contient déjà suffisamment d'abeilles pour le rendre sûr pour l'hiver, on peut y ajouter un autre nombre d'abeilles du même nombre, et *la consommation de miel ne sera pas de cinq livres. plus d'un essaim consommerait à lui seul* . S'ils devaient être hivernés dans le froid, la différence pourrait ne pas être d'une livre. Pourquoi un plus grand nombre d'abeilles ne consomment pas une quantité proportionnelle de miel (ce que l'expérience d'autres personnes et de moi-même a pleinement prouvé) est un mystère, à moins que le plus grand nombre d'abeilles ne crée plus de chaleur animale et qu'étant au chaud, elles mangent moins. une solution (qui, si c'est le cas, est une bonne raison pour garder les abeilles au chaud en hiver.)

UNE EXPÉRIENCE.

Malgré tout cela, je ne peux pas recommander d'améliorer un *bon* stock en ajoutant les abeilles d'un autre bon stock comme source de profit. Je l'ai essayé plusieurs fois. J'avais acheté quelques grandes ruches pour le marché et je souhaitais me débarrasser des abeilles sans soufre et tenter l'expérience d'en réunir deux ou plus. Le printemps suivant, quand ils commencèrent à travailler, ces doubles stocks promettaient beaucoup ; mais quand arriva la saison d'essaimage, les essaims isolés, ceux qui étaient bons et contenaient à peu près assez d'abeilles, étaient dans les meilleures conditions, dans les saisons ordinaires. Si cela était dû au fait qu'il y avait déjà suffisamment d'abeilles qui commençaient à se rassembler et à interférer les unes avec les autres, et qu'il y avait moins de couvain élevé en conséquence, ou à une autre raison, je ne peux pas le dire. J'ai souvent remarqué (comme d'autres) que les stocks qui n'ont pas produit d'essaims ne sont pas meilleurs que les autres au printemps suivant. La même cause pourrait jouer dans les deux cas. Il semblerait donc inutile de réunir deux ou plusieurs *bons essaims* , à moins que ce ne soit pour épargner nos sentiments dans la destruction des abeilles. Les deux extrêmes peuvent généralement être évités et ne pas avoir trop ou pas assez d'abeilles.

SAISON D'EXPLOITATION.

La saison d'exploitation est généralement celle où tout le couvain a mûri et a quitté les cellules. Les exceptions sont lorsqu'il n'y a pas assez d'abeilles pour protéger les magasins ; cela peut alors être nécessaire, immédiatement après le manque de miel.

Le colonel HK Oliver, de Salem, Massachusetts, serait l'inventeur du fumigateur, un instrument permettant de brûler les champignons (*puff-ball*). Grâce à cela, la fumée est soufflée dans la ruche, paralysant les abeilles en quelques minutes ; lorsqu'ils tombent au fond, apparemment morts, mais ils se rétablissent en quelques minutes, en recevant de l'air frais.

LE FUMIGATEUR.

Je suis redevable à une communication de JM Weeks, publiée à la page 151 du Cultivator de 1841, pour cette méthode. La description du fumigateur que j'ai construit différera un peu de la sienne, mais en retiendra le principe. J'ai obtenu un tube d'étain de quatre pouces de long et deux de diamètre. Ensuite, j'ai fabriqué un bouchon en bois tendre, long de trois pouces, pour s'adapter exactement à une extrémité du tube lorsqu'il était enfoncé d'un demi-pouce, et je l'ai fixé par de petits clous enfoncés dans l'étain. Au centre de ce bouchon, j'ai fait un trou d'un quart de pouce de diamètre. Pour éviter que ce trou ne se remplisse, l'extrémité du tube était recouverte d'une toile métallique légèrement convexe. L'extrémité de ce bouchon a été coupée à environ un demi-pouce, ce qui l'a effilé par rapport à l'étain. À l'autre extrémité, on installe un morceau de bois semblable, quoique un peu plus long, et qui ne doit pas être fixé, car il faut le retirer à chaque opération. L'extrémité extérieure de celui-ci est découpée en forme pour être prise dans la bouche ou fixée au tuyau d'un soufflet. (Je les ai montés dans le tour, mais je les ai vus très bien fixés sans.) Tout cela pourrait être en étain ; mais il faut alors utiliser de la soudure, qui risque de fondre et de provoquer des fuites.

FUMIGATEUR.

"Les boules de feuilletés ne doivent pas être trop blessées en restant dans les intempéries et doivent être cueillies, si possible, juste avant qu'elles ne soient mûres et éclatées. Lorsqu'elles ne sont pas complètement sèches, mettez-les au four une fois le pain sorti. " Lors de l'utilisation, la cuticule ou la croûte doit être soigneusement retirée ; allumez-le avec une lampe ou du charbon (il ne s'enflammera pas en brûlant), soufflez-le et faites-le bien démarrer avant de le mettre dans le tube. Mettez le bouchon et soufflez à travers ; si ça fume bien, vous êtes prêt à continuer. Lorsqu'il ne brûle pas librement, arrêtez-le et secouez-le. L'air sec vaut bien mieux qu'une haleine humide au début.

INSTRUCTIONS POUR RÉUNIR DEUX FAMILLES.

La ruche destinée à recevoir les abeilles est inversée, l'autre posée dessus à droite se retrouve, toutes les crevasses bouchées pour empêcher la sortie de la fumée. Insérez maintenant l'extrémité du fumigateur dans un trou sur le côté de la ruche (qui, s'il n'a pas été fait auparavant, devra l'être maintenant) ; soufflez à l'autre bout, cela force la fumée à entrer dans la ruche ; dans deux minutes, vous entendrez peut-être les abeilles commencer à tomber. Les deux ruches doivent être fumées ; celui du haut est le plus important, car nous voulons que toutes les abeilles en sortent. L' autre n'en a besoin que de suffisamment pour rendre l'odeur des abeilles similaire à celles introduites. Au bout de huit ou dix minutes, la ruche supérieure peut être soulevée et les abeilles coincées entre les rayons peuvent être brossées avec une plume. Les deux reines dans ce cas sont bien sûr ensemble ; on sera détruit et aucune difficulté ne surviendra. Mais si l'une d'elles est jeune et que vous avez été convaincu par un "médecin des abeilles" qu'elles sont beaucoup plus prolifiques, qu'elles savent quelle ruche la contient et que vous souhaitez que celle-ci soit préservée, vous pouvez le faire. en variant un peu le processus. Au lieu de renverser une ruche, placez-les toutes les deux sur un tissu, à l'endroit, et fumez les abeilles ; les reines sont faciles à trouver, alors qu'elles sont toutes paralysées ; puis rassemblez les abeilles. La ruche doit maintenant avoir un mince tissu noué sur le fond pour empêcher les abeilles de s'échapper. Avant d'être complètement rétablis, ils semblent plutôt désorientés et certains d'entre eux s'enfuient. Placez la ruche à l'endroit et soulevez-la d'un pouce ; les abeilles tombent sur le tissu et l'air frais qui passe en dessous les ravive bientôt. Dans douze à vingt-quatre heures, ils pourront être libérés.

Les familles ainsi constituées se disputeront rarement (pas plus d'une sur vingt), mais resteront ensemble, se défendant contre les intrus comme un seul essaim.

Autrefois, j'avais un cheptel presque dépourvu d'abeilles, avec des réserves abondantes pour hiverner une famille nombreuse. Je l'avais laissé tomber sur le plancher et j'étais à l'affût d'une attaque. Les autres abeilles découvrirent bientôt cette faiblesse et commencèrent à emporter le miel. J'avais ramené un essaim pour les renforcer la veille seulement, et je les avais immédiatement réunis au moyen du fumigateur. Le lendemain matin, je les ai laissés sortir, leur permettant de sortir uniquement par le trou sur le côté de la ruche. C'était amusant d'assister à la consternation apparente des voleurs qui étaient là pour encore plus de pillage ; ils n'y étaient que la veille et avaient été autorisés à entrer et à sortir sans même être interrogés. Mais voilà ! un changement était survenu en la matière. Au lieu de portes ouvertes et d'un passage libre, la première abeille qui touchait la ruche était saisie et très brutalement manipulée, puis finalement expédiée avec une piqûre. Quelques autres ayant reçu un traitement similaire, ils commencèrent à faire preuve d'un peu de prudence, puis essayèrent de trouver une entrée par l'arrière et ailleurs ; et en essayèrent un ou deux autres de chaque côté, pensant peut-être qu'ils s'étaient trompés dans la ruche ; mais ceux-ci, étant forts, les repoussèrent, et ils finirent par y renoncer. Je mentionne cela pour montrer combien il est facile, avec un peu de précaution, d'empêcher les vols en cette saison. Trop de plaintes sont déposées concernant le vol d'abeilles ; c'est très désagréable. Supposons *qu'aucun n'ait été pillé par négligence* ; cette plainte serait bientôt une chose rare.

S'UNIR AVEC LA FUMÉE DE TABAC.

Grâce à la fumée du tabac, les abeilles peuvent être unies avec presque le même succès. D'abord, fumez les deux pour qu'ils soient unis, à fond ; dérangez-les et fumez encore, afin que tous s'enivrent partiellement et acquièrent la même odeur. Ensuite, inversez les deux ruches et, avec vos outils de taille, coupez les rayons sur les côtés de la ruche et sur le dessus, retirez un rayon à la fois avec les abeilles dessus et brossez-les avec une plume dans l'autre. ruche; ils descendent aussitôt dans les rayons, sans avoir jugé une seule fois nécessaire de vous piquer. Une fois terminé, les abeilles doivent être confinées, comme dans l'autre méthode. Je n'aime pas cette méthode aussi bien que la première, et je n'y recourt pas lorsque je peux récupérer la boule-ballon. Les abeilles sont plus susceptibles d'être en désaccord, et cela m'oblige à sortir le peigne, ce que je n'aime pas toujours faire sur le moment. Pour l'éviter, j'ai essayé de les chasser, mais quand la ruche n'est qu'à moitié pleine de rayons, ou ne contient que peu d'abeilles, c'est un travail lent ; et encore plus par temps frais.

ETAT DES STOCKS EN 1851.

La dernière partie de l'été 1851 fut très sèche et froide ; le rendement du miel de sarrasin n'était pas le dixième de la quantité habituelle ; la conséquence était que seuls les premiers essaims avaient assez de miel pour l'hiver ; vingt-cinq livres sont nécessaires pour assurer la *sécurité* dans cette section. J'avais plus de trente jeunes essaims avec moins que cette quantité. J'évite de me nourrir pour l'hiver quand je peux ; ils n'hiverneraient pas comme ils étaient

; et pourtant j'ai profité de ces bons stocks pour l'été prochain par le plan suivant.

COMMENT ILS ONT ÉTÉ GÉRÉS.

J'avais une vingtaine de vieux cep avec du couvain malade, et peu d'abeilles, mais *assez de miel* . Or ce miel paraît assez sain pour les vieilles abeilles, et mortel seulement pour le jeune couvain.

J'ai transféré les abeilles de ces nouveaux essaims dans les anciens stocks à crête noire et à couvain malade. Les abeilles étaient ainsi hivernées avec du miel, de toute façon, pour peu de chose, et tout ce qu'il y avait dans les autres, nouveau et sain, était sauvé. Ces nouvelles ruches ont été installées dans un endroit froid et sec pour l'hiver ; *vers le haut* , pour empêcher une grande partie du miel de s'écouler hors des cellules ; certains fuiront alors, mais pas autant que lorsque la ruche est de bas en haut. Le miel qui s'écoule, lorsque la ruche est de bas en haut, va s'infiltrer dans le bois à la base des rayons ; cela aura tendance à desserrer les attaches et à les rendre susceptibles de tomber, etc.

Au mois de mars suivant, les abeilles furent à nouveau transférées des anciennes ruches vers les nouvelles. Ma méthode est la suivante : Comme les rayons de la ruche pour recevoir les abeilles sont plutôt froids, je les place au coin du feu, ou dans une pièce chaude, pendant plusieurs heures auparavant. Je prends une pièce chaude devant une fenêtre, et lorsque quelques abeilles s'envoleront, elles s'y rassembleront. La nouvelle ruche est retournée de bas en haut sur le sol ; le vieux sur un banc à côté, après avoir enfumé les abeilles pour les faire taire. Un rayon à la fois est retiré et les abeilles sont introduites dans la nouvelle ruche ; (un peu de fumée les y maintiendra). Une fois terminé, j'en mets quelques-uns sur la fenêtre, je les attache avec un tissu pour les confiner et les garde au chaud pendant quelques heures de plus. La paralysie avec des boules de poils répondra à la place, mais elles ne tombent pas toujours toutes des rayons lorsque la ruche est remplie jusqu'au fond, et il est possible que s'il en restait quelques-unes, la reine en serait une. En outre, très peu d'abeilles valent la peine d'être sauvées en cette saison et il faudra peut-être enfin briser les rayons à cet effet.

Lorsqu'une famille de bonne taille est placée dans une ruche contenant quinze ou vingt livres de miel et presque à moitié pleine de rayons neufs et propres, elle est à peu près aussi sûre de se remplir et de jeter un essaim, qu'une autre qui est pleine et a hiverné un essaim.

CAUSE DE LEUR ÉCONOMIE SUPÉRIEURE.

Une cause d'économie supérieure peut être trouvée dans le fait que tous les œufs et les vers de nuit sont morts de froid et que les abeilles ne sont pas inquiétées par un seul ver avant juin. Aucune jeune abeille ne doit être retirée pour les éliminer. Presque toutes les jeunes abeilles nourries et enfermées sortent parfaites et, bien sûr, font une grande différence dans l'augmentation.

LES ESSAIS PARTIELLEMENT REMPLIS PAYENT MIEUX QUE DE COUPER LE MIEL.

Quiconque désire augmenter ses stocks au maximum trouvera ce plan de sauvegarde de toutes les ruches en partie remplies, bien plus avantageux que de les mettre en vente. Supposons que vous ayez un vieux stock qui a besoin d'être taillé et que vous l'ayez négligé, ou qu'il ait refusé de pulluler, et vous donner une chance sans détruire trop de couvain. Vous pouvez laisser faire et mettre les cartons ; peut-être obtenir vingt-cinq livres de miel de chapeau ; puis hivernez les abeilles comme décrit et, au printemps, transférez-les dans les nouveaux rayons. Encore une fois, s'il n'y a pas de stocks à transférer au printemps, conservez-les jusqu'à la saison d'essaimage. Si un essaim placé dans une ruche vide pouvait juste la remplir, le même essaim placé dans une ruche contenant quinze livres de miel, semble-t-il, ferait ce nombre de livres dans des boîtes. L'avantage réside dans la valeur comparative du miel en boîte ou en bouchon par rapport à celui stocké dans la ruche ; la différence étant de trente à cent pour cent.

AVANTAGES DU TRANSFERT.

Je voudrais maintenant montrer les avantages que j'ai retirés du transfert des vingt essaims mentionnés ci-dessus. Supposons que chaque famille, du 1er octobre jusqu'en avril, ait consommé vingt livres de miel. Celui des rayons centraux , où il y a le plus de pain d'abeille, etc., est mangé en premier ; s'il en reste, c'est en haut et à l'extérieur. Si j'avais tenté de retirer et de filtrer ces vingt livres à l'automne, elles auraient été tellement mélangées de couvain mort et de pain d'abeille que j'en aurais probablement rejeté la majeure partie. Le reste, une fois tendu, aurait pu peser cinq livres, pas plus. Son prix sur le marché est d'environ dix cents la livre ; montant de cinquante centimes. Nous dirons que la nouvelle ruche entretenue pendant l'hiver pour recevoir les abeilles au printemps contenait quinze livres ; cela aurait également été en moyenne d'environ dix cents par livre, soit 1,50 $. Tout ce qu'un stock de ce type me coûte ne semble être que de 2,00 $ et vaut au moins 5,00 $. L'avantage en changeant vingt serait de 60,00 $. Le travail de transfert compensera les difficultés liées au filtrage, à la préparation et aux dépenses liées à l'acheminement du miel sur le marché.

UNE AUTRE MÉTHODE POUR RÉUNIR DEUX FAMILLES.

J'ai parfois adopté une autre méthode pour faire un bon stock à partir de deux mauvais, que le lecteur préférera peut-être. Lorsque tous vos anciens stocks qui en ont besoin ont été renforcés et qu'il vous reste encore quelques essaims avec trop peu d'abeilles et trop peu de miel pour des raisons de sécurité, deux ou plusieurs peuvent être unis. Le fait, qui a été minutieusement vérifié, que deux familles d'abeilles, lorsqu'elles sont réunies et hivernent dans une seule ruche, ne consomment que peu, voire pas plus, que chacune d'elles séparément, est un principe très important en cette matière. Si chaque famille devait avoir quinze livres de miel, elle consommerait tout, et finirait probablement par mourir de faim après avoir mangé trente livres. Mais si le contenu des deux se trouvait dans une seule ruche, ce serait largement suffisant, et il y en aurait en réserve au printemps.

UNISSANT LES PEIGNES ET LE MIEL AINSI QUE LES ABEILLES.

Le processus pour les unir est simple. Fumez soigneusement les bouillons ou les essaims et retournez-les. Choisissez celui qui a les rayons les plus droits, ou celui qui est le plus proche, pour recevoir le contenu de l'autre ; coupez les pointes des peignes pour les rendre carrés, et celui-ci est prêt ; retirez les bâtons de l'autre, et avec vos outils, retirez les rayons avec les abeilles comme indiqué précédemment, un à la fois, et placez-les soigneusement sur les bords de l'autre ; si la forme le permet, laissez les bords correspondre ; sinon, laissez-les traverser. Des petits morceaux de bois ou des rouleaux de papier seront nécessaires entre eux, pour conserver la bonne distance. Lorsque les deux ruches sont de même taille, les rayons transférés s'adapteront parfaitement, si vous prenez soin de les placer comme ils l'étaient auparavant. Vous voudrez maintenant savoir : « Qu'est-ce qui empêche ces rayons de tomber lorsque la ruche est retournée ? » Cette ruche doit rester de bas en haut dans un endroit sombre pendant un certain temps ou jusqu'au printemps. (Voir la méthode d'hivernage des abeilles.) Les abeilles rejoindront immédiatement et rapidement ces rayons ; la ruche étant inversée, le miel de ces rayons sera consommé en premier ; et lorsque la ruche sera de nouveau installée au printemps, il sera rare que des morceaux tombent. Si des morceaux dépassent du fond de la ruche, ils peuvent être coupés même après avoir été fixés, à tout moment avant le départ. Une croix supplémentaire peut passer sous le bas des peignes, pour faciliter leur maintien, si vous le désirez. Vous ne découvrirez probablement jamais de différence dans la prospérité ultérieure en raison de la jonction ou du croisement des rayons au milieu. Je les ai eus de cette manière, alors qu'ils étaient parmi les plus prospères de mes capitaux. Comme cette opération doit être renvoyée au mois de novembre, ce sera un autre avantage ; c'est-à-dire que les familles d'un même rucher peuvent être réunies et oublieront pour la plupart leur ancien emplacement au printemps, et aucune difficulté ne surgira en retournant à l'ancien stand, etc.

QUAND L'ALIMENTATION DOIT-ELLE ÊTRE FAITE POUR LES RUCHES DE STOCK.

Dans certaines régions du pays, le *miel* manque plus souvent que les abeilles ou les rayons, et à certaines saisons ; dans de tels cas, il sera avantageux de se nourrir jusqu'à ce qu'il y en ait suffisamment pour l'hiver. Cela devrait être fait en septembre ou octobre. Mais s'ils manquent de rayons en plus de miel, et que vous désirez essayer de les nourrir (ce que je fais rarement ces derniers temps), cela devrait être fait si possible par temps chaud, car ils ne peuvent pas tirer profit des rayons par temps froid. Lorsqu'on nourrit les abeilles, il faut faire preuve d'une grande prudence pour empêcher les autres de sentir le miel et leurs controverses à ce sujet. L'endroit le plus sûr est au sommet de la ruche, avec un bon chapeau dessus ; mais ils ne fonctionneront pas aussi vite, surtout si le temps est frais. Le deuxième meilleur endroit est sous le fond, de la manière décrite au chapitre IX.

Je condamne totalement le fait de mettre du miel pour se nourrir en même temps. Ces inconvénients l'accompagnent : les actions fortes qui n'ont pas besoin d'une once recevront deux ou trois livres, tandis que les actions les plus faibles, qui en ont davantage besoin, n'en obtiendront pas. Presque toutes les actions, dans peu de temps, seront en guerre. Il est probable que la première abeille qui rentre à la maison avec un chargement informera un certain nombre de ses congénères qu'un trésor est à portée de main. Un certain nombre sortira immédiatement, sans attendre des instructions particulières pour le retrouver ; et prenant d'autres ruches pour l'endroit, posés là, sont saisis et probablement expédiés. Dès que le miel qu'on leur a donné disparaît, le tumulte s'accroît considérablement et un grand nombre est détruit. Si l'un de vos voisins près de chez vous possède des abeilles, vous devez vous attendre à partager avec eux.

Si le miel à nourrir est dans le rayon et que vos ruches ne sont pas pleines et qu'elles doivent être hivernées dans la maison, de bas en haut, cela peut être fait à tout moment de l'hiver, simplement en déposant des morceaux de miel sur ces rayons. dans la ruche. Les abeilles enlèvent facilement le contenu dans leurs propres rayons ; lorsqu'ils sont vides, retirez-les et ajoutez-en davantage jusqu'à ce qu'ils soient pleins. Ils joindront ces morceaux de peigne aux leurs ; pourtant il n'y aura aucun mal à les libérer. La principale objection à cette alimentation résidera dans la tendance à les rendre inquiets et disposés à quitter la ruche, lorsque nous voulons qu'ils soient aussi calmes que possible. Un mince tissu de mousseline, ou d'autres moyens, sera nécessaire pour les confiner. à la ruche.

J'ai maintenant donné des instructions pour éviter de tuer toute famille d'abeilles méritant d'être sauvée, si nous le souhaitons.

Lorsque ceux qui ont besoin d'être nourris ont été nourris et que toutes les familles faibles ont été renforcées par des ajouts, etc., mais il ne faut guère plus de travail d'automne dans le rucher. Ce n'est que lorsqu'on dispose de

stocks faibles, impropres à l'hiver, qu'il faut être aux aguets chaque journée
chaude pour éviter le pillage.

CHAPITRE XXII.

L'HIVERNAGE DES ABEILLES.

Il existe presque autant de divergences d'opinions concernant les abeilles hivernantes que concernant la construction de ruches, et tout aussi difficiles à concilier.

DIFFÉRENTES MÉTHODES ONT ÉTÉ ADOPTÉES.

L'un vous dira de les garder au chaud, un autre de les garder au froid ; pour les garder au soleil, à l'abri du soleil, les enterrer dans le sol, les mettre dans la cave, la chambre, le bûcher et autres lieux, et aucun endroit du tout ; c'est-à-dire les laisser tels quels, sans aucune attention. Voici de quoi plonger les inexpérimentés dans le désespoir. Pourtant, je n'ai aucun doute que les abeilles ont parfois réussi à hiverner grâce à toutes ces méthodes contradictoires. Il n'est pas nécessaire de démontrer que certaines de ces méthodes sont supérieures à d'autres. Mais quelle *est la meilleure méthode* , c'est à notre province de se renseigner. Essayons d'examiner le sujet sans préjudice de biaiser notre jugement.

L'idée selon laquelle les abeilles ne gèlent pas a conduit à des erreurs dans la pratique.

En observant attentivement, nous découvrirons probablement que l'affirmation si souvent répétée, selon laquelle les abeilles n'ont jamais gelé que sans miel, a conduit à une pratique erronée.

APPARITION DES ABEILLES PAR TEMPS FROID.

Nous nous efforcerons d'abord d'examiner l'état d'un stock laissé à la nature, sans aucun soin, et de voir s'il nous donne des indications pour nous guider sur le moment où il convient d'aider et de protéger par des moyens artificiels.

La chaleur étant la première condition requise, une famille d'abeilles, à l'approche du froid, se rassemble sous une forme globulaire, dans un espace correspondant au degré de froid ; à zéro, il est bien moindre qu'à trente au-dessus. Ceux qui se trouvent à l'extérieur de cette grappe sont quelque peu raidis par le froid ; tandis que ceux à l'intérieur sont aussi vifs et animés qu'en été. Par mauvais temps, tous les espaces possibles à l'intérieur de leur cercle sont occupés ; même chaque cellule ne contenant ni pollen ni miel contiendra une abeille. Supposons que cet amas soit suffisamment compact pour une chaleur mutuelle, avec un mercure à 40, et qu'un changement soudain le ramène à zéro, en quelques heures, ce corps d'abeilles, comme la plupart des autres choses, se contracte rapidement par le froid. Les abeilles à l'extérieur, étant déjà refroidies, une partie d'entre elles qui ne suit pas la masse qui rétrécit, est laissée exposée à distance de ses congénères et ne profite que peu de la chaleur qui y est générée ; ils se séparent de leur vitalité et sont perdus.

COMMENT UNE PARTIE DE L'ESSAIM EST GELÉE.

Une bonne famille formera une boule ou un cercle d'environ huit pouces de diamètre, généralement à peu près égal dans tous les sens, et doit occuper les espaces entre quatre ou cinq rayons. Comme les peignes doivent les séparer en divisions, les deux extérieures sont les plus petites et les plus exposées de toutes ; ceux-ci sont souvent retrouvés morts de froid par mauvais temps. S'il manque des preuves provenant d'autres sources démontrant que les abeilles meurent de froid, ce qui précède semblerait les fournir. On dit « qu'en Pologne les abeilles hivernent dans un état semi-engourdi, à cause du froid extrême ». Il faut soit douter de l'exactitude de cette relation, soit supposer que l'abeille de ce pays est un insecte différent du nôtre, une sorte de demi-guêpe qui vivra tout l'hiver et ne mangera que peu ou rien. Le lecteur n'aura aucune difficulté à décider lequel est le plus probable, si *les abeilles sont des abeilles* partout dans le monde, dotées des mêmes facultés et instincts, ou si les faits tels qu'ils sont ne sont pas précisément donnés, surtout quand on voit ce que nos propres les apiculteurs nous parlent de leur ne jamais geler.

Ici, je pourrais utiliser un langage fort en contradiction ; mais comme je suis conscient qu'une telle solution n'est pas toujours la plus convaincante, je préfère l'épreuve de l'observation attentive. Si les abeilles gèlent, il est important de le savoir et dans quelles circonstances.

COMMENT UNE PETITE FAMILLE PEUT GELER TOUTE.

Supposons qu'un litre d'abeilles soit placé dans une boîte ou une ruche dont toutes les cellules sont remplies et allongées de miel ; les espaces entre les rayons seraient d'environ un quart de pouce, soit seulement de la place pour qu'une épaisseur d'abeilles puisse s'y propager. Les peignes auraient peut-être un pouce et demi ou deux pouces d'épaisseur. Toute la chaleur qui pourrait alors être générée proviendrait d'une rangée ou d'une couche d'abeilles, espacées d'un pouce et demi. Même si chaque abeille aurait de la nourriture en abondance sans changer de position, le premier épisode de temps violent détruirait probablement l'ensemble. Ceci, pourrait-on dire, « est une situation contre nature ». J'admets que c'est le cas ; le cas n'était censé qu'à titre d'illustration. Je sais que leurs quartiers d'hiver se trouvent parmi les rayons à couvain, où l'éclosion du couvain laisse la plupart des cellules vides ; et l'espace entre les peignes est d'un demi-pouce ; un arrangement sage et beau ; comme dix fois plus d'abeilles peuvent s'entasser dans un cercle de six pouces, comme c'est le cas dans l'autre cas ; et en conséquence le même nombre d'abeilles peut obtenir beaucoup plus de chaleur animale et supporter beaucoup mieux le froid ; mais une *petite* famille, même ici, se retrouve souvent gelée et affamée.

LE GEL ET LA GLACE ÉTOUFFENT PARFOIS LES ABEILLES.

Outre la congélation, d'autres phénomènes peuvent être observés dans les stocks conservés au froid. Si l'on examine l'intérieur d'une ruche contenant un essaim de taille moyenne, le premier matin très froid, sauf au voisinage immédiat des abeilles, on trouvera les rayons et les côtés de la ruche recouverts d'un givre blanc . Au milieu de la journée, ou dès que la température s'élève un peu, celle-ci commence à fondre, d'abord à côté des abeilles, puis sur les côtés. Une succession de nuits froides empêchera l'évaporation de cette humidité ; et ce processus de congélation et de décongélation, au bout d'une semaine ou deux, formera des glaçons parfois gros comme le doigt d'un homme, attachés aux rayons et aux côtés de la ruche. Lorsque le fond de la ruche est proche du sol, il forme un joint sur les bords, parfaitement étanche à l'air, et vos abeilles sont étouffées. J'ai souvent entendu des apiculteurs dire dans ces cas-là : « La tempête a soufflé, a formé de la glace tout autour du fond et a gelé mes abeilles à mort. » D'autres qui ont eu leurs abeilles dans une chambre froide, les trouvant ainsi, « ne pouvaient pas voir comment l'eau et la glace pouvaient y arriver d'une manière ou d'une autre ; étaient tout à fait sûrs qu'elles n'y étaient pas lorsqu'elles y étaient transportées », etc. Ils n'ont probablement jamais imaginé que cela puisse être expliqué philosophiquement, et analyser tout ce qui concerne les abeilles serait une mince affaire. Mais de quelle manière peut-on l'expliquer ?

GEL ET GLACE DANS UNE Ruche COMPTES.

Les physiologistes nous disent « que d'innombrables pores de la cuticule du corps humain rejettent continuellement des déchets ou des matières usées ; que chaque expiration d'air entraîne avec elle une partie de l'eau du système, inaperçue par temps chaud, mais qui sera condensée en particules suffisamment grosses pour être vues dans une atmosphère froide. Or, si l'analogie est permise ici, nous dirons de la même manière que l'abeille jette des déchets et de l'eau. Sa nourriture étant liquide, presque toute sera exhalée — par temps modéré elle passera, mais par temps froid elle se condensera — les particules se logeront sur les rayons sous forme de givre, et s'accumuleront aussi longtemps que le temps sera très rigoureux, un une partie fond dans la journée et gèle à nouveau la nuit.

L'EFFET DE LA GLACE OU DU GEL SUR LES ABEILLES ET LES PEIGNES.

Quand les abeilles ne sont pas étouffées, cette eau dans la ruche est la source d'autres méfaits. Les peignes sont tout à fait sûrs de moisir . La moisissure ou l'humidité présente sur le miel le rend liquide et malsain pour les abeilles, provoquant la dysenterie ou l'accumulation de matières fécales qu'elles sont incapables de retenir. Lorsque la ruche contient une très grande famille ou une très petite famille, il y aura moins de gel sur les rayons : la chaleur animale de la première la chassera ; dans ce dernier cas, il y aura peu d'expiration.

LE GEL PEUT PROVOQUER LA FAMINE.

Ce gel est souvent à l'origine de la famine par temps froid pour des familles petites ou moyennes, même lorsqu'il y a beaucoup de miel dans la ruche. Supposons que tout le miel dans le voisinage immédiat de la grappe d'abeilles soit épuisé et que les rayons dans toutes les directions soient couverts de givre ; si une abeille quittait la masse et s'aventurait parmi elle pour s'approvisionner, son sort serait aussi certain que la famine. Et sans l'intervention opportune d'un temps plus chaud , ils *périront* !

AUTRES DIFFICULTÉS.

S'ils échappent à la faim, une autre difficulté se présente souvent lorsqu'il fait toujours froid. J'ai dit que les petites familles exhalaient peu. Voyons si nous pouvons expliquer cet effet.

Il n'y a pas suffisamment de chaleur animale générée pour expirer la partie aqueuse de leur nourriture. La philosophie qui explique pourquoi un homme au sang chaud et en transpiration abondante rejette ou expire plus d'humidité que dans un état de calme, illustrera cela. Les abeilles, dans ces circonstances, doivent retenir l'eau avec la partie excrémentaire , ce qui distend bientôt leur corps à l'extrême, les rendant incapables de la supporter longtemps. Leurs habitudes de propreté, qui d'ordinaire évitent aux rayons d'être souillés, ne sont plus une protection sûre maintenant, et ils sont obligés de quitter la masse très souvent dans les temps les plus rigoureux, pour expulser cette accumulation anormale d' excréments . Il est fréquemment déchargé avant même de quitter le rayon, mais la majeure partie à l'entrée ; quelques-unes aussi étaient dispersées sur le devant de la ruche et à une courte distance de celle-ci. Par une journée modérément chaude, plus d'abeilles sortiront d'une ruche dans cet état que d'autres ; il semble qu'une partie d'entre eux ne puisse pas décharger son fardeau — son poids l'empêche de voler —, ils descendent et se perdent. Lorsque le froid dure trop longtemps, ils ne peuvent pas attendre que les jours chauds s'en aillent, mais continuent de sortir à tout moment ; et aucun d'entre eux ne peut alors revenir. Les grappes à l'intérieur de la ruche sont ainsi réduites en nombre jusqu'à ce qu'elles soient incapables de générer suffisamment de chaleur pour éviter le gel. Avec les indications qui accompagnent de telles pertes, ma propre observation m'a rendu quelque peu familier, comme l'illustrera la conversation suivante.

AUTRES ILLUSTRATIONS.

Un voisin qui désirait acheter des ruches de réserve à l'automne, m'a demandé de l'aider à les choisir. Nous nous sommes adressés à un parfait inconnu ; ses abeilles avaient passé l'hiver précédent en plein air. En regardant parmi eux, je découvris qu'il en avait perdu quelques-uns à cause de cette cause, car les excréments se trouvaient encore à l'entrée d'une vieille ruche battue par les intempéries, qui était maintenant occupée par un jeune essaim et était à moitié remplie de rayons.

Je vis immédiatement ce qui se passait et me sentis tout à fait sûr de pouvoir en donner à son propriétaire un historique exact. « Monsieur, lui dis-je, vous avez été malheureux avec les abeilles qui étaient dans cette ruche l'hiver dernier ; je pense pouvoir vous donner quelques détails à ce sujet.

" Ah, qu'est-ce qui vous fait penser cela ? J'aimerais vous entendre deviner ; pour vous encourager, j'avoue qu'il y a eu quelque chose d'assez particulier là-dedans. "

" Il y a un an, vous considériez qu'il s'agissait d'une bonne ruche ; elle était bien remplie de miel, une bonne famille d'abeilles, et âgée de deux ou trois ans ou plus. Vous aviez autant confiance dans son hivernage que n'importe quelle autre ; mais pendant l'hiver Par temps froid , d'une manière ou d'une autre, les abeilles ont disparu de manière inexplicable, ne laissant que très peu d'entre elles, et elles ont été retrouvées mortes de froid. Vous l'avez découvert vers le printemps, par une journée chaude. Lorsque vous avez retiré les rayons, vous avez probablement remarqué de nombreuses taches. des excréments se sont déposés sur celles-ci, ainsi que sur les côtés de la ruche, particulièrement près de l'entrée. De plus, la moitié ou plus des cellules reproductrices contenaient du couvain mort, dans un état putride, et cet été vous avez utilisé l'ancienne ruche pour un couvain ; nouvel essaim."

" Vous avez raison, monsieur, sur tous les points. Maintenant, j'aimerais savoir ce qui vous a donné l'idée que j'ai perdu les abeilles dans cette ruche ? Je ne vois rien de particulier dans cette vieille ruche, plus que celle-ci, " en désignant un autre qui contenait également un nouvel essaim. "Vous m'obligerez grandement si vous me signalez particulièrement les signes."

"Je le ferai avec plaisir" (bien disposé à lui donner l'impression que j'ai été "posté" sur ce sujet, même si cela avait un fort goût de vantardise).

J'ai ensuite dirigé son attention vers l'entrée sur le côté de la ruche, où les abeilles avaient déchargé leurs excréments , au moment de leur sortie, jusqu'à ce qu'elle ait près d'un huitième de pouce d'épaisseur et deux ou trois pouces de largeur ; cela restait encore et commençait tout juste à se séparer. "Vous voyez cette substance brune autour de ce trou dans la ruche ?"

"Oui, c'est de la colle d'abeille (*propolis*) ; c'est très courant sur les vieilles ruches."

"Je ne le pense pas ; si vous l'examinez de près, vous remarquerez qu'il n'est pas si dur et si brillant ; il commence déjà à s'effriter ; la colle d'abeille n'est pas affectée par le temps depuis des années."

"Juste comme ça, mais qu'est-ce que c'est, et qu'est-ce que cela a à voir avec tes suppositions ?"

"Ce sont les excréments des abeilles. En raison du grand nombre de cellules contenant du couvain mort, dans lesquelles les abeilles ne pouvaient pas pénétrer, elles étaient incapables de se serrer suffisamment près pour obtenir suffisamment de chaleur animale pour expirer ou chasser l'eau contenue dans leur nourriture. , il était donc retenu dans leur corps jusqu'à ce qu'ils soient distendus au-delà de leur endurance - ils ne pouvaient pas attendre une journée chaude - la nécessité les obligeait à sortir quotidiennement pendant les temps les plus froids, évacuant leurs excréments au moment de passer l'entrée, et une partie d'eux auparavant, ils ont été immédiatement refroidis et n'ont pas pu revenir ; la quantité laissée autour de cette entrée montre qu'un grand nombre ont dû sortir par temps froid, comme le prouve le fait qu'ils soient restés sur la ruche, car par temps chaud, ils ont été laissés dans la ruche. *quittez* la ruche à cet effet.

" C'est une idée nouvelle ; à présent elle semble exacte ; je vais y réfléchir. Mais comment saviez-vous que ce n'était pas un nouvel essaim ; qu'il était bien rempli ? "

"En regardant tout à l'heure dessous, j'ai vu que des peignes de couleur foncée avaient été attachés sur les côtés près du bas, en dessous de l'endroit où ils se trouvent actuellement ; cela indique qu'il était plein, et la couleur foncée qu'il n'était pas neuf. . De plus, un essaim suffisamment précoce et suffisamment grand pour remplir une telle ruche la première saison ne serait pas très susceptible d'être affecté par le froid de cette manière.

"Pourquoi pas ? Je pense que cette ruche était autant remplie d'abeilles que n'importe lequel de mes nouveaux essaims."

" Je n'ai aucun doute qu'ils le paraissent ainsi ; mais nous sommes très susceptibles d'être trompés dans de tels cas, par le couvain mort dans les rayons. Une famille de taille moyenne dans une telle ruche fera plus de spectacle que certaines plus grandes qui ont des cellules vides. " pour s'y glisser et pouvoir se rapprocher."

"Mais comment as-tu su pour la couvée morte ?"

"Parce que les anciens stocks sont ainsi souvent réduits et perdus."

"Quelles étaient les indications selon lesquelles il était rempli de miel ?"

"Les rayons sont rarement attachés au côté de la ruche plus bas qu'ils ne sont remplis de miel. Dans cette ruche, les rayons étaient attachés au fond, par conséquent ils devaient être pleins. Autre chose, à moins que la famille ne soit très réduite, le la ruche est généralement bien conservée, même lorsqu'elle est malade.

"Pourquoi as-tu supposé que c'était près du printemps avant que je le découvre ?"

"J'ai pris le risque de deviner. La majorité des apiculteurs, vous savez, sont plutôt négligents, et lorsqu'ils ont préparé leurs abeilles pour l'hiver, ils leur accordent rarement beaucoup plus d'attention, jusqu'à ce qu'elles commencent à s'envoler au printemps."

"Mais qu'aurais-je dû faire si j'avais découvert les abeilles qui sortaient ?"

"Comme il était atteint de couvain mort, il ne servait à rien de faire quoi que ce soit ; vous l'auriez éventuellement perdu. Mais s'il s'agissait d'un cheptel par ailleurs sain, et qu'il ait été affecté de cette manière uniquement parce qu'il s'agissait d'une petite famille, ou la rigueur du temps, on aurait pu l'emmener dans une pièce chaude, et la retourner de bas en haut ; la chaleur animale transformerait alors la plus grande partie de l'eau contenue dans leur nourriture en vapeur qui s'élèverait de la ruche et des abeilles ; pourrait retenir la partie excrémentaire sans difficulté jusqu'au printemps.

"Je suppose que vous devez vous en sortir sans en perdre beaucoup pendant l'hiver, si j'en juge par vos explications confiantes."

"Je peux vous assurer que je n'ai que peu de craintes à ce sujet. Si je peux avoir le privilège de sélectionner les actions appropriées, je m'engagerai à ne pas en perdre une sur cent."

"Comment faites-vous ? Je serais heureux d'obtenir une méthode dans laquelle je pourrais me sentir aussi parfaitement en sécurité que vous le paraissez."

"La première condition importante est d'avoir tous les bons pour commencer. Suffisamment de familles faibles sont unies jusqu'à ce qu'elles soient fortes, ou qu'une autre disposition soit prise entre elles." Je lui ai ensuite exposé brièvement ma méthode d'hivernage, que je peux recommander en toute confiance au lecteur.

ACCUMULATION DE FÆCES DÉCRITE PAR CERTAINS ÉCRIVAINS COMME UNE MALADIE.

Cette accumulation de matières fécales est considérée par de nombreux auteurs comme une maladie, une sorte de dysenterie. Il est décrit comme les affectant vers le printemps, et plusieurs remèdes sont proposés. Maintenant, si ce que je décris n'est pas la dysenterie, pourquoi je dois penser que je n'en ai jamais eu un cas ; mais je persisterai à supposer que c'est la même chose, et je supposerai que l'inattention de beaucoup doit être la raison pour laquelle on ne le découvre pas par temps froid, au moment où il a lieu. Certains stocks pourraient être gravement touchés, mais pas entièrement perdus, lorsque des conditions météorologiques modérées stopperont leur progression. Lorsqu'un remède est appliqué au printemps, longtemps après que la cause a cessé d'opérer, il serait singulier s'il n'était pas efficace. Je n'en doute pas, mais certains ont pris pour une maladie l'écoulement naturel des fèces , qui a toujours lieu au printemps, lorsque les abeilles quittent la ruche. D'autres, en recherchant une cause pour le couvain malade et en trouvant les rayons et la ruche quelque peu maculés, ont considéré cela comme suffisant ; mais selon moi, je l'ai inversé, donnant l'effet avant la cause.

LE RECOURS DE L'AUTEUR.

Pendant un certain temps, j'ai supposé que cette humidité sur les rayons se mélangeait progressivement au miel, le rendant plus liquide, et que les abeilles mangeant autant d'eau avec leur nourriture, les affecteraient comme décrit. Certaines expériences qui suivirent m'incitèrent à attribuer le froid comme cause, car je trouvais toujours, lorsque je les plaçais dans un endroit suffisamment chaud, qu'une guérison immédiate en était le résultat, ou du moins, cela leur permettait de retenir leurs fèces jusqu'à ce qu'elles soient prises. sortir au printemps.

Enterrer les abeilles.

Enterrer les abeilles dans la terre sous le gel a été recommandé comme méthode d'hivernage supérieure pour les petites familles. J'ai entendu dire avec assurance qu'elles ne perdraient rien de poids et qu'aucune abeille ne mourrait. J'ai constaté, en le testant, qu'une quantité moyenne de miel suffisait, et que très peu de miel étaient perdus, peut-être moins que par toute autre méthode. Pourtant, les peignes étaient moisis et impropres à une utilisation ultérieure. Il n'y avait aucune échappatoire pour la vapeur et l'humidité de la terre. Cela ne m'a pas satisfait ; il ne faisait que guérir « une maladie en en instituant une autre ». J'ai sauvé les abeilles (et peut-être un peu de miel), mais les rayons étaient abîmés.

EXPÉRIENCES DE L'AUTEUR POUR SE DÉBARRASSER DU GEL.

Je souhaitais les garder au chaud, et sauver les abeilles ainsi que le miel, et en même temps me débarrasser de l'humidité. J'ai trouvé qu'une famille nombreuse s'en sortait bien mieux que les petites ; et si tous étaient réunis dans une pièce fermée, la chaleur animale d'un grand nombre combiné serait au moins un avantage pour les plus faibles, ce qui s'est avéré utile. Pourtant, j'ai découvert sur les côtés d'une ruche en verre que de grosses gouttes d'eau restaient debout pendant des semaines.

SUCCÈS DANS CETTE AFFAIRE.

La suggestion suivante est alors venue à mon soulagement. Si cette ruche était conçue de bas en haut, qu'est-ce qui empêcherait toute cette vapeur issue des abeilles de se dissiper ? (Il s'élève toujours lorsqu'il fait chaud, si cela est permis.) La ruche était inversée ; en quelques heures le verre était sec.

C'était si parfaitement simple que je me demandais si je n'y avais pas pensé auparavant, et je me demandais encore plus si l'un des nombreux ruchers intelligents ne l'avait jamais découvert. J'ai immédiatement inversé toutes les ruches de la pièce et je les ai gardées ainsi jusqu'au printemps ; lorsque les peignes étaient parfaitement brillants, aucune particule de moisissure n'était visible, et j'étais très satisfait du résultat de mon expérience. Même si j'avais peur que davantage d'abeilles quittent les ruches une fois inversées plutôt que si elles étaient à l'endroit, le résultat n'a montré aucune différence. J'avais maintenant essayé les deux méthodes et disposais d'un certain moyen de juger.

LES ABEILLES DANS LA MAISON DOIVENT ÊTRE GARDÉES PARFAITEMENT OBSCURÉES.

Lorsqu'ils ne sont pas conservés dans une obscurité totale, quelques-uns quittent les ruches dans les deux cas. J'ai trouvé qu'il était bien préférable de rendre la pièce sombre pour garder les abeilles dans la ruche, plutôt que de les attacher avec un mince tissu de mousseline, car cela empêche le libre passage de la vapeur, et un grand nombre de stocks pleins n'étaient pas du tout. satisfait en confinement; et ils s'inquiétaient continuellement et mordaient le tissu, jusqu'à ce qu'ils y aient fait plusieurs trous pour sortir. Ainsi, le petit bien était accompagné d'un mal, en guise de compensation. Même une toile métallique appliquée pour les confiner, ce qui serait efficace, ne permettrait pas aux abeilles d'économiser suffisamment pour payer les dépenses. Je les ai donc hivernés pendant les dix dernières années et je doute énormément qu'une meilleure solution puisse être trouvée. [17] Pendant plusieurs années, j'ai utilisé une petite chambre à coucher de la maison, parfaitement obscure, dans laquelle j'ai mis environ 100 stocks. Elle était lattée et plâtrée, et aucun air n'entrait, sauf celui qui pourrait passer par le sol. Il était unique et assez rapproché, bien qu'il ne soit pas assorti.

UNE CHAMBRE CONÇUE POUR L'HIVERNAGE DES ABEILLES.

À l'automne 1849, je construisis une salle à cet effet ; la charpente mesurait huit pieds sur seize pieds carrés et sept de haut, sans aucune fenêtre. Une bonne couche de plâtre fut appliquée à l'intérieur, un espace de quatre pouces entre le parement et la latte fut rempli de sciure de bois ; sous le fond, j'ai construit un passage pour l'admission de l'air, du côté nord ; un autre au-dessus pour sa sortie, à fermer et à ouvrir à volonté, par temps modéré, pour leur donner de l'air frais, mais fermé par temps froid, et disposé de manière à exclure toute lumière.

Une cloison a été étendue près du centre . Il s'agissait d'éviter de perturber l'ensemble en laissant entrer la lumière lors de leur réalisation au printemps. En fermant la porte de cette cloison, il suffit de déranger immédiatement ceux qui se trouvent dans une pièce.

MANIÈRE DE RANGER LES ABEILLES.

Les étagères destinées à recevoir les ruches étaient disposées en gradins les unes au-dessus des autres ; ils étaient lâches, et pouvaient être démontés et remontés à volonté. Supposons que nous commencions par l'arrière : la première rangée est tournée directement sur le sol, une étagère est ensuite placée quelques centimètres au-dessus d'elles et remplie, puis une autre étagère, toujours au-dessus, lorsque nous recommençons au sol, et continuez ainsi jusqu'à ce que la salle soit pleine ; ou si la pièce ne doit pas être remplie, les étagères peuvent être fixées sur les côtés de la pièce en deux ou trois rangées. Cette dernière disposition permettra de les inspecter très facilement à tout moment de l'hiver, tout en les dérangeant le moins possible. La manière de ranger chacun est d'ouvrir les trous dans le dessus, puis d'y déposer deux bâtons carrés, comme ceux qu'on fabrique en divisant une planche, de longueur appropriée, en morceaux d'environ un pouce de large. La ruche est inversée sur celles-ci ; il donne une libre circulation à travers la ruche et emporte toute l'humidité aussi vite qu'elle est générée.

TEMPÉRATURE DE LA CHAMBRE.

La température d'une telle pièce variera selon le nombre et la solidité des stocks qui y seront installés ; 100 ou plus seraient sûrs de le maintenir au-dessus du point de congélation à tout moment. En mettre très peu dans une telle pièce, et dépendre des abeilles pour la réchauffer suffisamment, serait d'une utilité douteuse. Si ces moyens ne permettent pas de maintenir la température appropriée, une autre méthode serait probablement préférable. Tous les stocks complets feraient assez bien l'affaire, comme ils le feraient dans presque tous les cas. Pourtant, je recommanderai de les loger chaque fois que cela sera possible. Si le nombre d'actions est faible, laissez l'espace être proportionnellement petit. [18] Ce sont les plus petites familles qui posent le plus de problèmes : si elles ont trop froid, cela peut se manifester par des abeilles qui sortent de la ruche par temps froid et par des taches d'excréments sur les rayons ; ils devraient alors bénéficier d'une protection supplémentaire ; fermer une partie ou la totalité des trous du haut, couvrir partiellement ou entièrement le fond ouvert, et confiner autant que possible à la ruche la chaleur animale ; lorsque ces moyens échouent, il peut être nécessaire de les transporter dans une pièce chaude, pendant les temps les plus froids.

TROP DE MIEL PEUT PARFOIS ÊTRE STOCKÉ.

Après que les fleurs sont tombées et que tout le couvain a mûri et a quitté les rayons, il arrive parfois qu'un stock ait l'occasion de piller et de remplir rapidement toutes les cellules qui avaient été occupées par le couvain pendant la production de miel, et qui alors efficacement empêche leur stockage dans ceux-ci. Cela empêche donc un emballage serré, ce qui est essentiel pour la chaleur. Bien qu'il s'agisse d'une famille nombreuse, il faut autant de soins que pour les plus petites. De même, ceux qui souffrent de couvain malade devraient recevoir une attention particulière pour la même raison.

Certains apiculteurs ne veulent pas prendre le risque de renverser la ruche et se contentent d'ouvrir simplement les trous dans le haut ; c'est mieux que pas de ventilation, mais pas aussi efficace, car toute l'humidité ne peut pas s'échapper. Il y en a qui ne peuvent se départir de l'idée que si la ruche est retournée, les abeilles doivent aussi rester debout tout l'hiver !

Les rats et les souris, lorsqu'ils pénètrent dans une telle pièce, sont moins audacieux dans leurs méfaits que si la ruche est dans sa position naturelle.

GESTION DE LA CHAMBRE VERS LE PRINTEMPS.

Il arrive souvent que quelques jours chauds surviennent, vers le printemps, avant que nous puissions sortir nos abeilles. Dans ces cas-là, un boisseau ou deux de neige ou de glace pilée doivent être étalés sur le sol ; il absorbera et emportera en fondant une grande partie de la chaleur, qui est maintenant inutile, et les maintiendra tranquilles beaucoup plus longtemps que sans lui ; (il faudra prévoir l'évacuation de cette eau lors de la pose du sol.)

LE TEMPS DE L'IMPLANTATION DES ABEILLES.

La période de réalisation des abeilles est généralement en mars, mais quelques saisons plus tard. Une journée chaude et agréable est préférable, et une journée assez froide plutôt qu'une journée *modérément* chaude.

Après leur longue détention, la lumière les attire immédiatement (à moins qu'un air très froid ne l'empêche), et si les rayons d'un soleil chaud ne les maintiennent pas actifs, ils seront bientôt refroidis et perdus.

Certains apiculteurs sortent leurs stocks le soir. Si nous pouvions être toujours sûrs d'avoir le lendemain un jour équitable, ce serait probablement le meilleur moment ; mais s'il faisait seulement modéré ou nuageux, cela entraînerait des pertes considérables - ou si le lendemain devait être très froid, mais peu de gens partiraient, et alors le seul risque serait d'avoir *une bonne journée* , avant une qui soit juste assez chaud pour les faire quitter la ruche, mais pas assez pour leur permettre d'y revenir.

PAS TROP DE STOCKS SORTIS À LA FOIS.

Quand on en retire trop de ruches à la fois, la ruée de toutes les ruches ressemble tellement à un essaim qu'elle semble les confondre. De cette manière, certains stocks obtiendront plus d'abeilles qu'ils n'en possèdent réellement, tandis que d'autres seront proportionnellement peu nombreux, ce qui n'est pas rentable, et les égaliser est une tâche difficile ; pourtant cela peut être fait. Étant tous hivernés dans une seule pièce, l'odeur ou le moyen de distinguer leur propre famille des étrangers devient tellement semblable qu'ils se mélangent sans contestation.

LES FAMILLES PEUVENT ÊTRE ÉGALISÉES.

En profitant de cela immédiatement, ou avant que l'odeur ait encore changé et que chaque ruche ait quelque chose de particulier , on peut changer la situation des familles très faibles et très fortes.

Pour éviter, autant que possible, certains de ces effets néfastes, je préfère attendre qu'une belle journée commence, et ensuite seulement que la journée soit devenue suffisamment chaude pour la mettre à l'abri du froid.

LA NEIGE NE DOIT PAS TOUJOURS EMPÊCHER LES ABEILLES.

Je ne suis pas particulièrement soucieux de la disparition de la neige : si elle est restée suffisamment longtemps pour en faire fondre une partie, elle est « terre ferme » pour une abeille et répond aussi bien que la terre nue. Quand le jour est venu, vers dix heures, j'en mets douze ou quinze, en ayant soin que chaque ruche occupe son ancien emplacement, en tâchant en même temps d'en prendre ceux qui seront le plus éloignés possible ; (Pour rendre cela plus pratique, elles doivent être transportées de la manière dont vous souhaitez qu'elles sortent.) Lorsque la ruée vers ces ruches est terminée et que la majorité des abeilles sont reparties, j'en ai mis autant d'autres environ douze. heures, et quand la journée continue à être belle, encore beaucoup vers deux heures. Le matin, lorsqu'il fait frais, je me déplace de l'arrière au premier appartement, à peu près autant que je souhaite partir dans une journée, sauf quelques-uns au dernier.

Faire cela au milieu du jour, pendant qu'il fait chaud, inciterait un grand nombre d'abeilles à quitter la ruche, alors que la lumière était admise, et qui seraient perdues. On supposera généralement que leur longue détention les rend ainsi impatients de sortir ; mais j'ai souvent rendu des stocks par temps froid après qu'ils aient été épuisés, et j'en ai toujours trouvé aussi désireux de sortir que ceux qui avaient été confinés tout l'hiver ; sans les aérations, je les ai gardés ainsi confinés, pendant cinq mois, sans difficulté ! Les conditions importantes sont une chaleur suffisante et une obscurité parfaite.

UNE ANALOGIE NE PROUVE-T-ELLE PAS QUE LES ABEILLES DOIVENT ÊTRE GARDÉES AU CHAUD EN HIVER ?

L'opposition à cette méthode d'hivernage s'élèvera chez ceux qui ont toujours pensé que les abeilles devaient être gardées au froid ; "Plus il fait froid, mieux c'est." Je suggérerais à leur réflexion la possibilité d'une certaine analogie entre les abeilles et certains animaux à sang chaud - le cheval, le bœuf et le mouton, par exemple, qui ont besoin d'un approvisionnement constant en nourriture, afin de pouvoir générer autant de calories que nécessaire. jeté à l'air froid. Cela semble être réglé par le degré de froid, sinon pourquoi refusent-ils la grande quantité de nourriture alléchante pendant les chaudes journées du printemps et la dévorent-ils avidement pendant la tempête violente ? Le fait est assez bien démontré, que la quantité de nourriture nécessaire pour le même état au printemps est bien moindre lorsqu'on est protégé des intempéries que lorsqu'on est exposé au froid intense. L'abeille, contrairement à la guêpe, une fois pénétrée par le gel, est morte : *sa température doit être maintenue considérablement au-dessus du point de congélation, et pour ce faire, il faut de la nourriture* . Or, si les abeilles sont gouvernées par les mêmes lois, et que l'air froid transporte plus de chaleur que l'air chaud, et que leur source de renouvellement réside dans la consommation de miel proportionnellement au degré de froid, le bon sens dirait : gardez-les au chaud comme possible. Comme un certain degré de chaleur est nécessaire dans tous les stocks, il peut falloir environ une telle quantité de miel pour le produire, et cela peut expliquer pourquoi une petite famille a besoin d'à peu près la même quantité de nourriture que d'autres qui sont très nombreuses.

LE PROCHAIN MEILLEUR ENDROIT POUR L'HIVERNAGE DES ABEILLES.

Une cave *sèche* et chaude est le deuxième meilleur endroit pour les hiverner ; le rucher en ayant un parfaitement obscur, avec de la place libre, y trouvera un très bon endroit, à défaut d'une pièce hors sol. Si un grand nombre d'entre eux étaient installés, il faudrait prévoir des moyens de ventilation pour les températures chaudes. Je connais un apiculteur qui, par ma suggestion, a ainsi hiverné de soixante à quatre-vingts pieds, depuis six ans, avec un parfait succès, sans en avoir perdu un seul. Un autre en a hiverné trente avec la même sécurité.

Quant à les enterrer dans la terre, je n'ai pas le moindre doute s'il faut choisir un endroit sec, la ruche inversée et entourée de foin, de paille ou de quelque substance pour absorber l'humidité, et protégée de la pluie, au moment de l'enfouissement. en haut du revêtement, ce succès parfait accompagnerait l'expérience. Mais ce n'est qu'une théorie ; Lorsque j'ai tenté l'expérience de l'enfouissement et que j'ai fait mouler les rayons , les ruches étaient à l'endroit.

MAL DES HIVERNAGES EN PLEIN AIR CONSIDÉRÉS.

Comme un grand nombre d'apiculteurs trouveront cela incommode ou ne pourront pas profiter de ma méthode d'hivernage, il suffira de voir jusqu'où les maux du plein air, que nous avons déjà évoqués, peuvent être avec succès. évité. Ceux qui ont essayé de les hiverner dans des ruches de paille me disent qu'à cet égard ils sont beaucoup plus sûrs que ceux faits de planches ; la paille absorbera probablement l'humidité. Mais comme ces ruches sont plus difficiles à construire et que leur forme empêchera l'utilisation de boîtes appropriées pour le surplus de miel, ce seul avantage ne compensera guère la perte. On dit également qu'ils sont plus susceptibles d'être blessés par le papillon. Nous voulons une ruche qui réunira avantageusement le plus de points possible.

Il ne faut pas oublier que les abeilles ont toujours besoin d'air, surtout par temps froid. [19] Dans cette optique, nous essaierons d'éliminer la vapeur ou le givre. Si la ruche est suffisamment élevée pour la laisser sortir, elle laissera entrer les souris ; pour éviter cela, il ne faut le soulever que d'environ un quart de pouce. Le trou sur le côté doit être presque recouvert de toile métallique pour empêcher les souris d'entrer ; mais donnez un passage aux abeilles ; sinon, ils se rassemblent ici, s'efforçant de sortir, et restent jusqu'à ce qu'ils soient refroidis, et périssent ainsi par centaines. Les boîtes du dessus doivent être retirées, mais pas le capuchon ou le couvercle ; les trous étaient tous ouverts pour laisser passer la vapeur dans la chambre ; si celle-ci est faite avec des joints parfaitement serrés, de manière à ce que l'air ne s'échappe pas, il faut la soulever un peu ; sinon non. L'humidité se condensera sur les côtés et sur le dessus, lorsqu'elle fondra, suivra les côtés vers le bas et s'évanouira ; les feuillures autour du sommet de la ruche l'empêcheront d'atteindre les trous et de descendre parmi les abeilles. On comprendra facilement qu'un trou entre chaque deux rayons au sommet (comme mentionné au sujet de la mise en place des boîtes) aérera beaucoup mieux la ruche que là où il n'y en a qu'un ou deux, ou là où il y a un rangée de plusieurs, et tous sont entre deux peignes.

MAIS PEU DE RISQUE AVEC DE BONS STOCKS.

Tous *les bons stocks* peuvent être hivernés de cette manière, avec peu de risques dans la plupart des situations. Que ce soit dans le vent sombre du nord, enfoui dans un banc de neige ou dans un endroit chaud et agréable, cela ne fera pas une grande différence. Les souris ne peuvent pas entrer ; les trous leur donnent de l'air et évacuent l'humidité, etc. Mais les actions de second ordre ne sont pas aussi sûres par temps froid.

EFFET DE GARDER LES ACTIONS DE SECOND RAPPORT À L'ÉCART DU SOLEIL.

Il a été fortement conseillé, sans égard à la solidité du stock, de les garder tous à l'abri du soleil ; parce qu'une journée chaude occasionnelle appellerait les abeilles, lorsqu'elles monteraient sur la neige, et périraient ; c'est une perte, certes, mais il est possible d'en provoquer une plus grande en s'efforçant de l'éviter. J'ai dit ailleurs que des stocks de second ordre ou de mauvaise qualité pouvaient occasionnellement mourir de faim, avec de nombreuses provisions dans la ruche, à cause des rayons gelés. Si la ruche est protégée du soleil et du froid, les périodes de temps tempéré pourraient ne pas se produire aussi souvent, car les abeilles épuiseraient le miel dans leur cercle ou leur grappe. Mais au contraire, lorsque le soleil peut frapper la ruche, il réchauffe les abeilles et fait fondre le gel plus fréquemment. Les abeilles peuvent alors se rendre dans leurs réserves et s'approvisionner, généralement aussi souvent qu'elles en ont besoin. Nous avons rarement un hiver sans suffisamment de jours ensoleillés à cet effet ; mais si cela se produit, les stocks de cette classe devraient être amenés dans une pièce chaude, une fois tous les quatre ou cinq jours, pendant quelques heures à la fois, pour leur donner une chance d'obtenir le miel. Les stocks bien inférieurs au second ordre ne peuvent pas hiverner avec succès dans ce climat ; le seul endroit pour eux est la pièce chaude. J'ai connu des abeilles entièrement recouvertes d'une congère de neige, et leur propriétaire avait beaucoup de mal à enlever la neige, craignant qu'elle ne les étouffe. Ceci n'est pas nécessaire lorsqu'il est protégé des souris et ventilé comme il vient d'être indiqué ; un banc de neige est à peu près l'endroit le plus confortable qu'ils puissent avoir, sauf dans la maison. Lorsqu'on l'examine peu de temps après avoir été ainsi recouverte, la neige sur un espace d'environ quatre pouces de chaque côté de la ruche est trouvée fondue, et seules les souches assez pauvres seraient susceptibles de souffrir de cette protection. Un peu de neige au fond, sans évent sur le côté de la ruche, pourrait les étouffer.

EFFETS DE LA NEIGE CONSIDÉRÉS.

Quant aux abeilles qui se déplacent sur la neige, je crains qu'il n'y en ait pas beaucoup plus que sur la terre gelée ; c'est-à-dire dans le même genre de temps. Je les ai vus glacés et perdus sur le sol par centaines, alors qu'un observateur occasionnel ne les aurait pas remarqués ; alors que, si elles avaient été sur la neige, à la distance de plusieurs cannes, chaque abeille aurait été visible. La neige n'est pas autant redoutable que l'air froid. Supposons qu'une ruche soit exposée au soleil tout l'hiver, que les abeilles soient autorisées à partir quand elles le souhaitent, qu'une partie soit perdue dans la neige, et qu'il soit possible de dénombrer toutes celles qui ont été perdues en se refroidissant, tout au long de la saison, sur la neige. la terre nue - la proportion (à mon avis) perdue sur la neige ne serait pas d'une sur vingt. Une personne qui n'a pas observé de près par temps humide ou froid, en avril, en mai ou même pendant les mois d'été, n'a pas une idée adéquate du nombre. Pourtant, je ne veux pas qu'on comprenne que ce qui se perd dans la neige n'a aucune importance, en aucun cas. Au contraire, un grand nombre de personnes sont perdues et pourraient être sauvées avec des soins appropriés. Mais je voudrais souligner le fait que la terre gelée n'est pas sûre sans air chaud, pas plus que la neige, lorsqu'elle est en croûte ou un peu dure. Même lorsque la neige fond, elle reste une base solide pour une abeille ; ils peuvent en sortir et s'en élèvent avec la même facilité que depuis la terre. Les abeilles qui périssent dans la neige dans de telles circonstances seraient probablement perdues s'il n'y en avait pas.

STOCKS À PROTÉGER À CERTAINES OCCASIONS.

Le pire moment pour eux de quitter la ruche est immédiatement après la chute d'une nouvelle neige, car s'ils la tombent alors, elle ne supporte pas leur poids ; et ils s'épuisent bientôt à l'abri des rayons du soleil et périssent. Si le temps s'améliore, après une tempête de ce genre, un peu d'attention sera probablement récompensée. De plus, lorsque le temps est modérément chaud, et pas suffisamment pour être en sécurité, ils doivent être gardés à l'intérieur, qu'il y ait de la neige au sol ou non.

A cet effet, une large planche doit être installée devant la ruche pour la protéger du soleil, au moins au-dessus de l'entrée sur le côté. Mais s'il fait suffisamment chaud pour que les abeilles quittent la ruche lorsqu'elles sont ainsi ombragées, c'est un bon test pour savoir quand cela leur permettra d'avoir une bonne chance de sortir librement, sauf en cas de nouvelle neige, quand il est conseillé de les confiner à la ruche. La ruche pourrait être posée sur le plancher, et la toile métallique couvrirait le passage sur le côté et obscurcirait pour le moment ; élever à nouveau la ruche la nuit, comme auparavant. J'ai connu des centaines de plants hivernant avec succès sans qu'aucune précaution ne soit prise, et les abeilles étaient autorisées à sortir quand elles le souhaitaient. Leur santé et leur prospérité ultérieures prouvent qu'elles ne sont pas totalement ruineuses. Il a été recommandé d'entourer toute la ruche d'une grande boîte placée dessus et rendue parfaitement obscure, avec des moyens de ventilation, etc. (Un banc de neige conviendrait tout aussi bien, sinon mieux.) Pour les familles nombreuses, cela conviendrait assez bien, tout comme d'autres méthodes. Mais je préférerais de loin prendre le risque de les laisser tous debout au soleil et sortir à leur guise, plutôt que de voir la chaleur du soleil entièrement exclue des familles de taille moyenne. Je n'ai jamais connu la perte d'un stock entier à cause de cette seule cause. [20] Pourtant, j'en ai connu un grand nombre qui sont morts de faim, simplement parce que le soleil n'avait pas permis de faire fondre le givre sur les rayons et de leur donner une chance d'accéder à leurs provisions.

LES ABEILLES MANGENT-ELLES PLUS QUAND ON LES AUTORISE À SORTIR OCCASIONNELLEMENT EN HIVER ?

Outre la perte d'abeilles sur la neige lorsqu'elles se tiennent au soleil et s'aèrent de temps en temps, certains apiculteurs économes soulignent cet inconvénient, "que chaque fois que les abeilles sortent en hiver, elles rejettent leurs excréments et mangent plus de miel". en raison de la chambre vacante. Quelle ridicule absurdité ce serait d'appliquer ce principe au cheval, dont la santé, la force et la chaleur vitale sont entretenues par l'assimilation des aliments ! et il n'y a pas de fermier qui songerait à sauver sa fourrage par les mêmes moyens. Le fait que les abeilles soient soutenues par temps froid selon le même principe est une indication forte, sinon concluante.

N'est-il pas préférable (si ce qui a été dit au sujet des abeilles hivernantes est exact) de garder nos abeilles au chaud et à l'aise lorsque cela est possible, afin de conserver le miel ?

Pour hiverner les abeilles de la meilleure manière possible, des soins considérables sont nécessaires. Chaque fois que vous êtes disposé à les négliger, vous devez garder à l'esprit qu'un essaim précoce vaut deux essaims tardifs ; leur état au printemps décidera souvent de ce point. Comme un attelage de bétail ou de chevaux, lorsqu'ils sont bien hivernés, ils sont prêts pour une bonne saison de travail, mais lorsqu'ils sont mal hivernés, ils doivent être recrutés longtemps avant de valoir beaucoup.

CHAPITRE XXIII.

SAGACITÉ DES ABEILLES.

LES ABEILLES NE SONT-ELLES PAS DIRECTÉES SEULEMENT PAR INSTINCT ?

Sur ce sujet, je n'ai que peu de choses à dire, car je n'ai pas réussi à découvrir quelque chose d'extraordinairement remarquable, séparé et distinct dans un essaim, qu'un autre ne présenterait pas. J'ai trouvé un essaim guidé seul par son instinct, faisant exactement ce qu'un autre ferait dans les mêmes circonstances.

Les écrivains, non contents des résultats étonnants de l'instinct, de leur amour du merveilleux , doivent ajouter une bonne part de raison à leurs autres facultés, « une adaptation des moyens aux fins, que la raison seule pourrait produire ». C'est très vrai, sans une inspection minutieuse et en comparant les résultats de différents essaims dans des cas similaires, on pourrait arriver à une telle conclusion. Il est difficile, comme chacun l'admettra, « de dire où finit l'instinct et où commence la raison ». Des exemples de sagacité, comme les suivants, ont été mentionnés. "Quand il fait chaud et que la chaleur à l'intérieur est quelque peu oppressante, un certain nombre d'abeilles peuvent être vues stationnées autour de l'entrée, faisant vibrer leurs ailes. Ceux à l'intérieur tourneront la tête vers le passage, tandis que ceux à l'extérieur tourneront la leur dans l'autre sens. . Une agitation constante de l'air est ainsi créée, aérant ainsi la ruche plus efficacement." *Tous les stocks complets le font par temps chaud.*

CE QU'ILS FONT AVEC LA PROPOLIS.

"Un escargot était entré dans la ruche et s'était fixé contre la paroi vitrée. Les abeilles, ne pouvant y pénétrer avec leurs dards, les rusés économistes l'ont fixé de manière immobile, en cimentant simplement le bord de l'orifice de la coquille au verre avec de la résine, (propolis), et ainsi il est devenu prisonnier à vie." Maintenant, l'instinct qui pousse à cueillir de la propolis en août et à combler chaque fissure, défaut ou inégalité autour de la ruche, cimenterait les bords de la coquille d'escargot au verre, et une petite pierre, un bloc de bois, un copeau ou un morceau de bois. toute substance qu'ils ne pourraient pas enlever y serait attachée de la même manière. Les bords ou le fond de la ruche, lorsqu'ils sont à proximité du fond, y sont joints par cette substance. Quel que soit l'obstacle, il est presque sûr d'en recevoir une couche. Les bouchons des trous du haut sont maintenus en place selon le même principe ; et l'inexplicable sagacité qui fermait autrefois une petite porte n'était peut-être rien d'autre que le même instinct.

Je pense qu'un autre principe s'avérera universel chez eux, au lieu du raisonnement sagace.

Chaque fois que les rayons d'une ruche ont été cassés, ou lorsque des rayons ont été ajoutés, comme cela a été mentionné dans le chapitre sur la gestion des chutes, le premier devoir des abeilles semble être de les attacher tels quels ; lorsque les bords sont proches du côté de la ruche, ou que deux rayons sont en contact, une portion de cire est détachée et utilisée pour les réunir entre eux ou sur le côté.

RÉPARATION DES PEIGNES CASSÉS.

Là où deux peignes ne se touchent pas, et pourtant sont rapprochés, une petite barre est construite de l'un à l'autre, empêchant toute approche plus rapprochée. (Cela peut être illustré en tournant la ruche de quelques centimètres par rapport à la perpendiculaire après avoir été remplie de rayons par temps chaud.)

FAIRE DES PASSAGES À CHAQUE PARTIE DE LEURS PEIGNES.

Si presque tous les rayons de la ruche se détachaient pour une raison quelconque et restaient au fond dans un « grand fracas de ruine », leurs premiers pas seraient, comme nous venons de le décrire, des piliers les reliant les uns aux autres pour les maintenir tels qu'ils sont. Dans quelques jours, par temps chaud, ils auront fait des passages en mordant les rayons là où ils sont en contact, dans toutes les parties de la masse ; de petites colonnes de cire en bas, soutenant les peignes au-dessus, irrégulières, certes, mais aussi bien que les circonstances l'admettent. Pas une seule pièce ne pourra être retirée sans la briser des autres, et l'ensemble sera solidement cimenté. Un morceau de rayon rempli de miel et scellé peut être mis dans une boîte de verre avec les extrémités de ces cellules ainsi scellées, touchant le verre. Le principe de ne laisser aucune partie de leur immeuble se trouver dans une situation inaccessible se manifeste bientôt. Ils mordent aussitôt les extrémités des alvéoles, enlèvent le miel qui gêne et font un passage à côté du verre, en laissant quelques barres de celui-ci au rayon, pour le stabiliser et le maintenir dans sa position. Une seule feuille de rayon posée à plat sur le fond d'un essaim peuplé est découpée sous la face, pour un passage dans toutes les directions, de nombreux petits piliers de cire étant laissés pour son support. Il est quelque peu singulier qu'une personne habituée à observer leurs opérations, avec un certain degré d'attention, puisse arriver à la conclusion que les abeilles soulevaient un tel rayon par des moyens mécaniques et le plaçaient ensuite sous les étais pour le soutenir. Leurs efforts unis dans un but tel que des êtres raisonnables, je n'en ai jamais été témoin.

Ces choses, considérées comme l'effet de l'instinct, n'en sont pas moins merveilleuses pour cela. Je n'en suis pas sûr, mais la démonstration de sagesse est encore plus grande que si le pouvoir de planifier leurs propres opérations leur avait été donné.

Je les ai mentionnés pour montrer qu'une ligne de conduite provoquée par la situation particulière d'une famille serait copiée par une autre dans une situation d'urgence similaire, sans que l'on ait jamais conscience qu'elle ait jamais été mise en œuvre auparavant. Si j'étais engagé dans une œuvre de fiction, je pourrais laisser régner la fantaisie et m'efforcer d'amuser, mais ce n'est pas le but. Efforçons-nous donc de nous contenter de la vérité et de ne pas murmurer contre sa réalité. Lorsque nous examinons l'étonnante régularité avec laquelle ils construisent leurs peignes sans professeur, et que nous nous souvenons que la matière cireuse se forme dans les anneaux de leur corps, que pour la première fois de leur vie, sans la direction d'un chef expérimenté, ils appliquent une griffe pour le détacher, qu'ils vont aux champs et rassemblent des provisions sans y être invités par le mandat d'un tyran, et pendant tout le cycle de leurs opérations, une seule loi et un seul pouvoir gouvernent. Quiconque recherche l'esprit comme puissance directrice doit chercher au-delà du sensorium de l'abeille la source de tout ce que nous voyons en elle !

CHAPITRE XXIV.

FILTRER LE MIEL ET LA CIRE.

Lorsqu'il s'agit de retirer le contenu d'une ruche, je n'ai jamais jugé nécessaire de prendre toutes les précautions souvent recommandées pour empêcher l'accès des abeilles. J'ai vu dire qu'une pièce dans laquelle il y avait une cheminée ouverte ne conviendrait pas, car les abeilles sentiraient le miel et descendraient ainsi dans la pièce. Je n'ai jamais été aussi gêné par leur déplacement perpendiculaire. Il est vrai que si la journée était chaude et qu'une porte ou une fenêtre était ouverte, les abeilles trouveraient leur chemin en cas de pénurie de miel. Mais avec les portes et les fenêtres fermées, aucune difficulté n'est à craindre.

MÉTHODES DE RETRAIT DES PEIGNES DE LA RUCHE.

Le moyen le plus pratique d'enlever les rayons de la ruche est d'enlever un de ses côtés, mais cela risque de fendre les planches, si elle a été correctement clouée, et de la blesser lors d'une utilisation ultérieure. Avec des outils tels que ceux qui ont été décrits, cela peut être très bien fait et laisser la ruche entière. Le ciseau doit avoir le biseau sur un seul côté, comme ceux utilisés par les charpentiers. Quand vous commencerez, tournez le côté plat près du bord de la ruche, et le biseau encombré par les rayons le suivra de près sur toute la longueur ; avec l'autre outil, ils sont coupés sur le dessus et facilement retirés. Si vous préférez, ils peuvent être coupés près du centre et retirer une demi-feuille à la fois ; cela est parfois nécessaire à cause des cross-sticks.

DIFFÉRENTES MÉTHODES DE FILTRAGE DU MIEL.

Les rayons pris au milieu ou au voisinage des cellules de couvain sont généralement impropres à la table ; cela devrait être tendu. Il existe plusieurs méthodes pour le faire. La première consiste à écraser le rayon et à le mettre dans un sac, puis à le suspendre au-dessus d'un récipient pour récupérer le miel lorsqu'il s'écoule. Cela fera très bien l'affaire pour de petites quantités par temps chaud ou à l'automne avant qu'il n'y ait du confit. Une autre méthode consiste à mettre ces peignes dans une passoire, à la placer sur une poêle et à l'introduire dans un four une fois le pain sorti. Cela fait fondre les peignes. Le miel et une partie de la cire s'écoulent ensemble. La cire monte vers le haut et refroidit en un gâteau. Il est quelque peu susceptible de brûler et nécessite quelques soins. Beaucoup préfèrent cette méthode, car il y a moins de goût de pain d'abeille, aucune cellule qui le contient n'est perturbée, mais tout le miel n'est pas sûr de s'écouler sans le remuer. En cas de disposition, deux qualités peuvent être créées, en gardant la première séparée. Une autre méthode consiste simplement à casser finement les rayons et à les mettre dans une passoire, et à laisser le miel s'écouler sans trop de chaleur, puis à écumer les petites particules qui montent au sommet, ou, lorsqu'elles sont très particulières, à faire passer le miel à travers. un tissu ou un morceau de dentelle. Mais pour de grandes quantités, un moyen plus rapide consiste à disposer d'une boîte de conserve et d'une passoire, fabriquées à cet effet, dans lesquelles cinquante livres ou plus peuvent être travaillées à la fois. La boîte est faite d'étain, de douze ou quatorze pouces de profondeur , sur environ dix ou douze diamètres, avec des poignées de chaque côté au sommet, pour la soulever. La crépine est juste assez petite pour descendre à l'intérieur de la canette ; la hauteur peut être considérablement inférieure, à condition qu'il y ait des poignées de chaque côté pour sortir par le haut ; le fond est percé de trous comme une passoire, on y met des peignes, et le tout mis dans une bouilloire d'eau bouillante, et chauffé sans aucun risque de brûlure, jusqu'à ce que toute la cire soit fondue (ce qu'on peut s'assurer en la remuant). ,) quand il peut être retiré. Toute la cire, le pain d'abeille, etc., lèveront en quelques minutes. La crépine peut maintenant être soulevée du haut et placée sur un cadre à cet effet, ou simplement en l'inclinant légèrement d'un côté, elle reposera sur le dessus de la boîte. On pourrait le laisser refroidir avant de relever la passoire, s'il ne risquait pas de coller aux parois de la boîte ; le miel serait plein aussi pur et se séparerait presque aussi proprement de la cire et du pain d'abeille, etc. Une fois retiré avant refroidissement, le contenu doit être remué à plusieurs reprises, sinon une quantité considérable de miel restera. Deux qualités peuvent être obtenues en gardant la première qui traverse séparée de la dernière (comme en remuant, on obtient le pain d'abeille). On peut même obtenir une troisième qualité en ajoutant un peu d'eau et en répétant le processus. Cela ne vaut pas grand-chose. En faisant bouillir l'eau, sans la brûler, et en éliminant l'écume, cela suffira à nourrir les abeilles. En ajoutant de l'eau jusqu'à ce qu'elle porte juste une pomme de terre, en la faisant bouillir et en l'écumant, et en la laissant fermenter, elle produira de la méthegline , ou en laissant la fermentation se poursuivre, elle fera du vinaigre. Le miel qui a été soigneusement chauffé ne se sucrera pas aussi facilement que s'il était filtré sans chaleur. Un peu d'eau peut être ajoutée pour éviter qu'elle ne devienne trop dure ; mais si cela se produit par temps froid, on peut à tout moment le réchauffer et ajouter de l'eau jusqu'à ce qu'il ait la consistance désirée.

SORTIR LA CIRE—DIFFÉRENTES MÉTHODES.

Plusieurs méthodes ont été adoptées pour séparer la cire. Je n'ai jamais trouvé aucun moyen de m'en sortir *complètement* . Pourtant, je suppose que je m'en suis approché comme n'importe qui. Certains recommandent de le chauffer dans un four, de la même manière que pour filtrer le miel dans une passoire, mais j'ai constaté qu'il gaspillait plus que lorsqu'il était fondu avec de l'eau. Une meilleure façon, pour de petites quantités, est de remplir à moitié un sac grossier et épais avec un peigne à ordures et quelques pavés pour le couler, et de le faire bouillir dans une bouilloire d'eau, en le pressant et en le retournant fréquemment jusqu'à ce que la cire cesse de monter. Lorsqu'on vide le contenu du sac, en en pressant une poignée, on peut voir les particules de cire, et on peut ainsi juger de la quantité jetée. Pour de grandes quantités, le processus précédent est plutôt fastidieux. Cela peut être facilité en ayant deux leviers de quatre ou cinq pieds de long et environ quatre pouces de large, et fixés à l'extrémité inférieure par une solide charnière. Les peignes sont mis dans une bouilloire d'eau bouillante et fondront presque immédiatement ; il est ensuite mis dans le sac, et pris entre les leviers dans une cuve de lavage ou autre grand récipient et pressé, le contenu du sac secoué et retourné plusieurs fois au cours du processus, et si nécessaire est remis à l'ébullition. l'eau et pressé à nouveau. La cire, avec un peu d'eau, doit maintenant être refondue et filtrée à nouveau à travers un tissu plus fin, dans des récipients qui lui donneront la forme désirée. Comme les sédiments se déposent au fond de la cire une fois fondue, une partie peut être immergée presque pure sans filtrer.

Par temps frais, la cire peut être blanchie en peu de temps au soleil, mais elle doit être en flocons très minces ; on l'obtient facilement sous cette forme en ayant une planche ou un bardeau très mince, qui doit d'abord être soigneusement mouillé, puis trempé dans de la cire fondue pure ; suffisamment adhérera pour lui donner l'épaisseur désirée et refroidira instantanément une fois retiré. Dessinez un couteau le long des bords et il se détachera facilement. Exposée au soleil dans une fenêtre ou sur la neige, elle deviendra parfaitement blanche lorsqu'elle pourra être transformée en gâteaux pour le marché, où elle se vend à un prix bien plus élevé que le jaune. On dit qu'il existe un procédé chimique qui le blanchit facilement, mais je ne le connais pas.

CHAPITRE XXV.

ACHAT DE STOCKS ET TRANSPORT
D'ABEILLES.

Si le lecteur n'a pas d'abeilles, et pourtant a eu l'intérêt ou la patience de me suivre jusqu'ici, il est présomptif qu'il posséderait la persévérance requise pour s'en charger. Il serait bon cependant de se rappeler les inquiétudes, les perplexités et le temps nécessaires pour en prendre soin, ainsi que les avantages et les profits.

Mais si vous êtes disposé à tenter l'expérience, il est très probable que quelques indications pour commencer seraient acceptables.

POURQUOI LE MOT CHANCE EST APPLIQUÉ AUX
ABEILLES.

Il y a eu tellement d'incertitude dans les stocks de ce genre, que le mot *chance* a été trop exprimé. Certains ont réussi, tandis que d'autres ont complètement échoué ; cela a suggéré l'idée que *la chance* dépendait de la manière dont les stocks étaient obtenus ; et ici encore, il semble y avoir une variété d'opinions, comme c'est toujours le cas, lorsqu'on devine une chose. On affirmera que la « dame inconstante » est charmée en volant un stock ou deux pour commencer, et en les restituant après un début. Une autre, (un peu plus consciencieuse, peut-être) qu'il faut les prendre sans *liberté* , certes, mais en laisser un équivalent en argent sur le stand. Une autre, que le seul moyen d'obtenir un charme efficace est d'échanger des moutons contre eux ; et un autre encore dit que *les abeilles doivent toujours être un cadeau* . Toutes ces méthodes m'ont été proposées gratuitement, avec gravité, propres à faire impression. Et enfin, il existe encore une autre méthode qui a été découverte : lorsque vous voulez quelques stocks d'abeilles, allez les acheter, oui, et payez-les aussi, en dollars et en centimes, ou prenez-les contre une part de l'augmentation pour un temps, si cela convient le mieux à vos ressources pécuniaires. Et vous n'avez pas besoin de dépendre d'un quelconque *charme* ou d'un quelconque pouvoir mystique pour votre réussite ; si vous le faites, je ne peux éviter la prédiction défavorable d'un échec. Il est vrai que quelques-uns ont prospéré par hasard pendant quelques années ; Je dis par hasard, car lorsqu'ils n'ont pas de vrais principes de management, cela doit être le résultat d'un accident. Certains disent qu'« un homme ne peut avoir de chance que quelques années à la fois », et d'autres n'en ont aucune, bien qu'il essaie toute la routine des charmes. Il y a près de vingt ans, lorsque mon respecté voisin prédisait un « tournant dans ma chance, car il en a toujours été ainsi », je ne comprenais pas la force de ce raisonnement, à moins qu'il n'appartienne à la nature des abeilles de se détériorer, et par conséquent de s'épuiser. Je résolus aussitôt de vérifier ce point. Je pouvais comprendre qu'un agriculteur échoue souvent à produire une récolte, s'il comptait sur le hasard ou la chance pour réussir, au lieu de principes naturels fixes. Il était possible que les abeilles soient semblables. J'ai découvert que dans les bonnes saisons, la majorité des gens avaient de la chance, mais dans les mauvaises saisons, c'était l'inverse, et quand deux ou trois se succédaient, c'était alors le moment de perdre leur chance. Il était donc évident que si je pouvais passer en toute sécurité les mauvaises saisons par tous les moyens, je réussirais assez bien dans les bonnes. [21] Le résultat ne m'a donné que peu de raisons de me plaindre. Mon conseil est donc de s'appuyer sur une bonne gestion plutôt que sur la chance, découlant de la manière dont le premier stock a été obtenu. Si quelqu'un se sentait disposé à vous faire cadeau d'un stock ou deux d'abeilles, je vous conseillerais d'accepter l'offre et d'être reconnaissant, en écartant toute appréhension d'un échec à ce sujet. Ou si quelqu'un le souhaite, vous devriez en acheter sur des actions, c'est un moyen peu coûteux de démarrer et vous n'avez aucun risque de perte sur les anciennes actions. Pourtant, si les abeilles prospèrent, l'intérêt sur l'argent que coûtent les stocks n'est qu'une bagatelle en comparaison de la valeur de l'augmentation, et vous avez le même problème. En revanche, le propriétaire d'abeilles peut se permettre de s'occuper de quelques ruches supplémentaires, pour la moitié des bénéfices qu'il doit donner si un autre les prend ; c'est surtout le cas de ceux qui ne croient pas aux charmes.

RÈGLE DE PRENDRE LES ABEILLES POUR UNE PARTAGE.

La règle généralement adoptée pour prélever les abeilles est la suivante. Un ou plusieurs stocks sont pris pour une durée de plusieurs années, la personne qui les prend trouve des ruches, des caisses et leur accorde tous les soins nécessaires, et rend les anciens stocks au propriétaire avec la moitié de l'augmentation et des bénéfices.

UN HOMME PEUT VENDRE SA « CHANCE ».

Il y a encore quelques personnes qui refusent de vendre un stock d'abeilles, parce que c'est « de la malchance ». Il y a souvent des raisons à cette notion. Cela peut survenir dans les circonstances suivantes. Supposons qu'une personne possède une demi-douzaine de ruches, trois de très bonne qualité, les autres de l'extrême opposé. Il vend, pour meilleur prix, ses trois meilleurs ; il n'y a que peu de doute mais sa meilleure « chance » reviendrait aussi ! Mais si l'on prenait les plus pauvres, le résultat serait sans doute différent.

Mais il existe des cas où un apiculteur possède plus de stocks qu'il ne souhaite en conserver. (Cela a souvent été mon cas.) Les personnes qui souhaitent vendre sont celles qui doivent acheter. Les acheteurs veulent rarement des actions autres que des actions de premier ordre, qui sont finalement généralement les moins chères. Il y a généralement une différence d'environ un dollar entre les prix du printemps et de l'automne, et cinq et six dollars sont des frais courants. Je les ai vus se vendre aux enchères à huit heures, mais dans certaines sections, ils le sont moins.

DES ACTIONS DE PREMIER TARIF RECOMMANDÉES POUR COMMENCER.

Pour commencer, je recommanderais donc de n'acheter que des actions de premier ordre ; peu de différence dans le risque, que vous les obteniez au printemps ou à l'automne, si vous avez lu avec attention mes remarques sur la conduite hivernale ; J'ai déjà dit que les conditions requises pour avoir un bon cheptel pour l'hiver étaient une famille nombreuse et beaucoup de miel , et que la grappe d'abeilles devait s'étendre à travers presque tous les rayons, etc. Pour éviter autant que possible le couvain malade, trouvez un rucher où il n'a jamais fait son apparition, pour y faire des achats. Il y en a qui ont perdu des abeilles à cause de cela, et pourtant ils en ignorent totalement la cause. Il serait donc bon de rechercher si des stocks ont été perdus, puis d'en déterminer la cause ; veillez à ce que les causes secondaires ne soient pas confondues avec les causes primaires.

LES VIEUX STOCKS SONT BON COMME TOUT, SI SAIN.

Lorsqu'il apparaît que tous sont exemptés (par un examen approfondi, si vous n'êtes pas satisfait sans cela), vous n'avez pas besoin de vous opposer aux actions vieilles de deux ou trois ans ; elles sont aussi bonnes que les autres, parfois meilleures, (à condition qu'elles aient essaimé la saison précédente, selon un auteur ; car celles-ci ont toujours de jeunes reines, plus prolifiques que les vieilles, qui seront dans tous les premiers essaims).

Les vieilles souches sont aussi prospères que les autres, tant qu'elles sont saines, mais elles sont plus sujettes à tomber malades.

ATTENTION CONCERNANT LE COUGUÉ MALADIE.

Lorsqu'il n'est pas possible de trouver un rucher où acheter, mais que la maladie *a fait* son apparition et que vous êtes obligé d'acheter dans un tel rucher, ou pas du tout, vous ne pouvez pas être trop prudent à ce sujet. Il serait plus sûr dans ce cas de ne prendre que de jeunes essaims, car il n'est pas si fréquent qu'ils soient affectés dès la première saison, mais ils ne sont pas toujours exemptés. Mais là encore, vous n'êtes peut-être pas autorisé à prélever tous les jeunes plants ; auquel cas, que le temps soit assez froid, les abeilles seront plus haut parmi les rayons et donneront l'occasion d'inspecter les rayons. À cette saison, disons au plus tôt en novembre, toute la couvée saine éclora. Parfois, il reste quelques jeunes abeilles qui ont leur forme adulte et qui ont probablement été refroidies par un froid soudain. Elles ne sont pas le résultat d'une maladie, les abeilles les enlèveront la saison suivante et aucun mauvais résultat ne s'ensuit. Par temps chaud, une inspection satisfaisante ne peut être obtenue autrement qu'en utilisant la fumée de tabac. Soyez particulièrement attentif à rejeter tous ceux qui sont le moins du monde touchés par la maladie ; mieux vaut s'en passer que de prendre cela pour commencer. (Une description complète de cette maladie a été donnée ailleurs.)

RÉSULTAT DE L'IGNORANCE DANS L'ACHAT.

Un voisin acheta treize ruches ; six étaient des anciens, les autres des essaims de la saison dernière. Comme les vieilles ruches étaient lourdes, il les trouvait évidemment bonnes ; ou bien il ne savait rien de la maladie, ou bien il ne prenait pas la peine de l'examiner ; cinq des six anciens ont été gravement touchés. Quatre furent purement et simplement perdus, à l'exception du miel ; le cinquième a duré tout l'hiver, puis a dû être transféré. Il s'était flatté qu'ils étaient obtenus à très bon marché, mais lorsqu'il vérifia le prix de ses bons, il ne trouva à cet égard aucune grande raison de se féliciter.

TAILLES DES RUCHES IMPORTANTES.

Un autre point mérite d'être pris en considération : s'efforcer d'obtenir des ruches aussi proches que possible de la bonne taille, *à savoir.* , 2 000 pouces cubes ; mieux vaut trop grand que trop petit. S'ils sont trop gros, ils peuvent être coupés pour leur laisser la bonne taille. Mais pourtant, sa forme est souvent disgracieuse, car son carré est trop grand pour sa hauteur. Comme la forme ne fait probablement aucune différence dans la prospérité des abeilles, l'apparence est la principale objection, après avoir été coupée.

Une connaissance avait acheté un grand nombre d'abeilles dans de très grandes ruches et m'avait appelé pour savoir quoi en faire, car il craignait qu'elles n'essaiment pas bien en conséquence ; Je lui ai dit que ce serait douteux, à moins qu'il ne les coupe à la bonne taille.

"Coupez- les ! Comment faire ? Il y a des abeilles dedans . "

"C'est ce à quoi je m'attendais, mais cela peut être fait presque aussi bien que s'il était vide."

"Mais tu ne te fais pas terriblement piquer ?"

"Pas souvent : si c'est à faire par temps chaud, je les fume bien avant de commencer ; *par temps très froid* c'est le meilleur moment, alors ce n'est pas nécessaire ; il suffit de retourner la ruche de bas en haut, de marquer la bonne taille, et avec une scie bien aiguisée, enlevez-le sans problème.

"Certains sont remplis de peignes ; vous ne les coupez pas, n'est-ce pas ?"

"Certainement ; je considère que toute la place pour les rayons dans une ruche de plus de 2 000 pouces est pire que perdue."

" Que demanderez-vous pour me couper le mien ? Si je pouvais le faire une fois, je le ferai peut-être la prochaine fois. "

"La charge sera légère ; mais si vous avez l'intention d'élever des abeilles, vous devez apprendre à faire tout ce qui les concerne et ne dépendre de personne ; je l'ai fait avant même de voir ou d'entendre parler de cela." Je lui ai alors donné des instructions complètes sur la manière de se débrouiller, mais je n'ai pas pu le persuader d'entreprendre.

COMMENT LES GRANDES RUCHES PEUVENT ÊTRE RÉDUITES.

Peu de temps après, j'y suis allé, par une journée froide, avec une scie bien aiguisée, une équerre, etc. J'ai trouvé ses ruches de quatorze pouces carrés à l'intérieur et de dix-huit de profondeur, contenant environ 3 500 pouces. De ce carré, un peu plus de dix pouces de hauteur, ferait juste la bonne taille. Pour faciliter le travail, j'ai renversé la ruche sur un tonneau, je l'ai mise en place, j'ai marqué la longueur et je l'ai sciée, sans qu'une abeille ne parte. Il faisait très froid (mercure à 6 degrés). Les abeilles arrivaient aux bords des rayons, mais le froid les repoussait. En peu de temps, j'en avais enlevé six ; quatre une fois terminés étaient à peu près pleins ; les deux autres l'étaient au début, mais ils étaient marqués et sciés comme les autres ; lorsque les rayons étaient attachés, ils étaient coupés avec un couteau, et le morceau de ruche ainsi détaché était soulevé, laissant plusieurs pouces de rayons dépassant de la ruche. J'ai maintenant coupé le premier rayon, jusqu'au fond de la ruche. Sur le rayon suivant, il y avait quelques abeilles ; avec une plume, ils étaient jetés dans la ruche ; cette pièce a ensuite été retirée et les abeilles de l'autre côté ont également été brossées. De cette façon, tous les autres furent enlevés et laissèrent la ruche tout juste pleine. L'autre ruche pleine, après avoir été sciée de chaque côté, était passée à travers un petit fil parallèle aux feuilles, et coupait tous les rayons à la fois ; chaque morceau a été retiré et les abeilles qui y étaient regroupées ont été repoussées ; enlever la partie détachée de la ruche était la dernière chose à faire. Cette dernière méthode a été préférée à l'autre par mon employeur ; Pourtant, tout s'est déroulé à sa satisfaction, sans aucune douleur ni autre difficulté, à l'exception de la difficulté de réchauffer les doigts assez fréquemment. La fumée de tabac les aurait presque aussi fait taire pendant l'opération. Si vous préférez, une ruche peut se tenir à l'endroit pendant la sciage.

TEMPS MODÉRÉ IDÉAL POUR ÉLIMINER LES ABEILLES.

Lors du transport de vos abeilles, évitez si possible les deux extrêmes : un temps très froid ou un temps très chaud. Dans ce dernier cas, les rayons sont si presque fondus que le poids du miel les pliera, faisant éclater les cellules, renversant le miel et maculant les abeilles. Par temps très froid, les rayons sont cassants et se détachent facilement des parois de la ruche. Lorsqu'il est nécessaire de les déplacer par temps très froid, ils doivent être mis en place environ une heure avant de commencer. L'agitation des abeilles après avoir été dérangées va créer une chaleur considérable ; une partie de cela sera communiquée aux peignes et ajoutera à leur force.

PRÉPARATIONS POUR LE TRANSPORT DES ABEILLES.

Pour préparer leur déplacement, des morceaux de mousseline fine d'environ un demi-mètre carré conviennent comme n'importe quoi, fixés par des punaises pour tapis.

SÉCURISER LES ABEILLES DANS LA RUCHE.

La ruche est inversée et la toile posée dessus, soigneusement pliée et fixée avec une punaise aux coins et une autre au milieu. La punaise est repliée sur environ les deux tiers de sa longueur, elle présente alors la tête facile à retirer. Si les abeilles doivent parcourir une grande distance et doivent rester enfermées pendant plusieurs jours, la mousseline sera à peine suffisante, car elles mordront probablement pour s'en sortir. Il faudrait alors quelque chose de plus substantiel. Prenez une planche de la taille du fond, découpez un espace au milieu, recouvrez-la d'une toile métallique (comme celle recommandée pour la ruche) et fixez-la avec des punaises. Cette planche est à clouer sur la ruche. Une fois les clous enfoncés, avec le marteau, démarrez-les d'environ un huitième de pouce ; il laissera passer un peu d'air sur les côtés ainsi qu'au milieu, bien nécessaire pour les gros stocks. Mais les très petites familles pourraient être en sécurité sans la toile métallique ; suffisamment d'air passerait entre la ruche et la planche, sauf par temps chaud. Les nouveaux peignes se cassent plus facilement que les anciens.

MEILLEUR TRANSPORT.

Le meilleur moyen de transport est probablement un wagon à ressorts elliptiques. Mais un wagon sans ressorts est mauvais, surtout pour les jeunes animaux. Pourtant, j'ai vu qu'ils se déplaçaient en toute sécurité de cette manière, mais cela exigeait un certain soin pour mettre du foin ou de la paille sous et autour d'eux, et une conduite prudente. Une bonne luge répondra très bien, et certains pensent que c'est le meilleur moment.

Ruche à inverser.

Quel que soit le moyen de transport utilisé, la ruche doit être inversée. Les peignes reposeront alors tous étroitement sur le dessus et sont moins susceptibles de se briser que lorsqu'ils sont à droite, car alors tout le poids des peignes doit dépendre des attaches en haut et sur les côtés pour le support, et se détachent facilement et tombent. . Lorsque les abeilles se déplacent de manière inversée, elles rampent vers le haut ; dans les stocks en partie pleins, ils quittent souvent presque tous les rayons et montent sur le revêtement. Peu de temps après leur installation, ils reviendront, sauf par temps très froid, où quelques-uns gèleront parfois ; par conséquent, une pièce chaude est nécessaire pour les accueillir pendant une courte période.

Après les avoir parcourus quelques kilomètres, la tendance à piquer disparaît généralement, mais il y a quelques exceptions. Par temps modéré, lorsque les abeilles sont confinées, elles manifestent une détermination persévérante à trouver leur chemin, surtout après avoir été déplacées et quelque peu dérangées. Je les ai vus faire des trous dans de la mousseline en trois jours. La même difficulté se présente souvent lorsque l'on tente de les confiner dans la ruche avec de la mousseline lorsqu'ils sont dans la maison en hiver, sauf lorsqu'ils sont conservés dans une situation froide. Si des rayons se brisent ou se détachent de leurs attaches dans des ruches non pleines, par suite d'un déplacement ou d'un autre accident, les rendant susceptibles de tomber une fois installées, la ruche peut rester inversée sur le support jusqu'à ce que le temps chaud, si nécessaire, et les abeilles les ont de nouveau fixés, ce qu'ils font peu après le début des travaux au printemps. S'ils sont tellement brisés qu'ils se plient, des rouleaux de papier peuvent être placés entre eux pour conserver la distance appropriée jusqu'à ce qu'ils soient sécurisés. Lorsqu'ils commencent à fabriquer de nouveaux peignes, ou avant, il est temps de tourner le bon bout. Lorsque la ruche est inversée, il est essentiel qu'il y ait un trou sur le côté, à travers lequel les abeilles peuvent travailler. Une planche doit être bien ajustée sur le fond et recouverte, pour empêcher efficacement toute eau de pénétrer entre les abeilles, etc.

CONCLUSION.

En conclusion, je dirai que l'apiculteur qui m'a suivi attentivement et n'a rien ajouté de valeur à son stock d'informations possède une expérience enviable que tous devraient s'efforcer d'acquérir.

On a dit que « trois personnes sur cinq qui commencent un rucher doivent échouer » ; mais supposons que cela soit dû à l'ignorance ou à l'inattention, et que cela ne soit pas inhérent aux abeilles. Je dirai donc au débutant : si vous espérez réussir à obtenir l'un des bonbons les plus délicieux pour votre propre consommation, ou à en tirer un profit en dollars et en cents, vous trouverez quelque chose de plus requis que de simplement tenir le plat pour obtenir le bouillie. " VOYEZ SOUVENT VOS ABEILLES " et connaissez à tout moment leur état réel. Cette recette vaut plus que toutes les autres que l'on peut donner ; il est en tête de la classe des fonctions ; *tous les autres commencent ici* . Même le grand secret pour lutter avec succès contre les vers, à savoir GARDER VOS ABEILLES FORTES , doit prendre son envol à ce stade. Si la devise ci-dessus est respectée, appliquée pleinement et avec persévérance, vous ne pourrez manquer de réaliser toutes les attentes raisonnables. Évitez de trop vous inquiéter d'une augmentation rapide des stocks ; essayez de vous contenter d'un bon essaim d'un stock par an, vos chances sont meilleures qu'avec plus ; n'anticipez pas trop tôt la moisson dorée. Vous serez probablement amené à rejeter certains des rapports *extravagants* sur les bénéfices du rucher. Pourtant, vous constaterez qu'un titre triple, voire quadruple, son prix ou sa valeur en produits, tandis que celui à côté ne fait rien. Dans certaines saisons particulièrement favorables, vos actions collectivement rapporteront un ou deux cents pour cent. Dans d'autres, elles ne rapporteront pratiquement pas les ennuis. La bonne estimation ne pourra être faite qu'après un certain nombre d'années, lorsque, si elles ont été judicieusement gérées et si vos idées n'ont pas été trop extravagantes, vous serez pleinement satisfaits. J'ai connu qu'un seul stock en une saison produisait plus de vingt dollars en essaims et en miel, et quatre-vingt-dix stocks produisaient plus de neuf cents dollars, alors que quelques-uns de ce nombre n'ajoutaient pas un sou au montant. Je ne souhaite pas inciter quiconque à commencer l'apiculture et y mettre fin dans le dégoût et la déception. Mais j'encourage toutes les personnes compétentes à tester leurs compétences en matière de gestion des abeilles. Je dis des personnes convenables, car il y en a beaucoup, très nombreuses, qui ne sont pas qualifiées pour cette charge. L'homme insouciant et inattentif qui laisse ses abeilles inaperçues d'octobre à mai se plaindra probablement d'un mauvais succès.

Quiconque ne trouve pas le temps de donner à ses abeilles les soins nécessaires, mais peut passer une heure par jour à bavarder à la taverne du quartier, n'est pas apte à ce métier. Mais celui qui a un foyer et voit ses affections commencer à se diviser entre celui-ci et ses compagnons du bar, et souhaite retirer ses intérêts des associés non rentables, et pourtant n'a rien de suffisamment puissant pour rompre le lien, à quoi peut-il postuler avec de meilleures chances de succès que de s'engager dans l'élevage d'abeilles ? Ils rapportent largement pour chaque petit soin. Les avantages pécuniaires ne sont pas tout ce qu'on peut gagner : un grand nombre de points concernant leur histoire naturelle sont encore dans l'obscurité, et beaucoup sont controversés. Ne serait-ce pas une source de satisfaction que de pouvoir apporter quelques faits supplémentaires à cet intéressant sujet, en ajoutant à la science et en ayant une part dans le fonds général ? En supposant que tous les mystères relatifs à leur économie soient découverts et élucidés, excluant toute possibilité d'ajouts ultérieurs, l'étude serait-elle aride et monotone ? Au contraire, la vérification dont nous sommes témoins serait si fascinante et instructive que nous ne pouvons éviter de plaindre la condition de cet homme qui ne trouve de satisfaction que dans le grossier et le sensuel. On a remarqué que « celui qui ne trouve pas dans cette branche et dans d'autres de l'histoire naturelle un exercice salutaire pour ses facultés mentales, induisant une habitude d'observation et de réflexion, un plaisir si facilement obtenu, sans mélange avilissant, tendant à s'étendre et harmoniser son esprit, et l'élever aux conceptions des arrangements majestueux, sublimes, sereins et beaux institués par le Dieu de la nature, doit posséder une organisation tristement déficiente, ou être entouré de circonstances vraiment lamentables. Je recommanderais l'étude de l'abeille mellifère comme étant la meilleure méthode pour éveiller l'intérêt des indifférents. Qu'est-ce qui peut retenir l'attention comme leur structure - leur diligence à rassembler des provisions pour l'avenir - leur sécrétion de cire et leur moulage en structures avec une précision mathématique qui étonne les philosophes les plus profonds - leur affection maternelle et fraternelle à l'égard de tous les besoins de la mère, et leur assiduité. le soin apporté à nourrir sa progéniture jusqu'à la maturité - leur démonstration inexplicable d'instinct en cas d'urgence ou d'accident, remplissant le spectateur d'émerveillement et d'étonnement ? L'esprit, contemplant ainsi des opérations aussi étonnantes, ne peut éviter de regarder au-delà de ces résultats vers leur divin auteur. Par conséquent, que tout esprit qui perçoit un rayon de lumière provenant des transactions mystérieuses de la nature et qui est capable d'en recevoir le moindre plaisir, poursuive le chemin toujours invitant à la poursuite. Chaque nouvelle acquisition apportera une satisfaction supplémentaire et facilitera la prochaine tentative, qui sera commencée avec un enthousiasme renouvelé et sans cesse croissant ; et naîtra de la contemplation un être plus sage, meilleur et plus noble, bien supérieur à ceux qui n'ont jamais dépassé les gratifications du simple animal, rampant dans l'obscurité. Existe-t-il, dans tout le cercle des réserves inépuisables de la nature, une science plus attrayante que celle-ci ? Quoi de plus exaltant et raffiné, et en même temps de rapporter des bénéfices en guise de récompense pécuniaire ?

Quel serait le résultat total de tout le miel produit chaque année dans les fleurs des États-Unis ? Supposons que nous estimons la production d'un acre à une livre de miel, ce qui ne représente qu'une petite partie du produit réel dans la plupart des endroits ; pourtant, comme de nombreux hectares sont couverts d'eau et de forêt, [22] cette estimation est probablement suffisante pour la moyenne. Cet État (New York) couvre 47,000 milles carrés ; 640 acres dans un mile carré se multiplieront en un peu plus de 30 000 000, et chaque acre produisant sa livre de miel, nous obtenons le grand résultat de 30 000 000 livres. de miel. Si l'on ajoute les États de Pennsylvanie, de l'Ohio et du Michigan, nous obtenons une quantité de plus de 126 000 000 de livres. Ce que cela pourrait être en incluant tous les États, ceux qui en disposent peuvent le vérifier. Cela suffit pour atteindre notre objectif, c'est-à-dire qu'un petit objet seulement sur une quantité énorme est désormais sécurisé.

Notes de bas de page

[1] Les opposants à cette hypothèse se trouveront généralement parmi ceux qui sont incapables de donner une explication plus plausible. Ceux qui s'opposent au fait qu'une abeille soit la mère de toute la famille seront probablement dans la même classe.

[2] Voir l'Annexe de l'Apiculteur Cottage, page 118.

[3] Lorsque M. Miner a écrit son manuel recommandant cette taille, 1 728 pouces, pour toutes les situations, il ne faut pas oublier qu'il vivait à Long Island. Depuis qu'il a déménagé dans le comté d'Oneida, dans cet État, soit sa propre expérience, soit *une autre cause,* a changé son point de vue, puisqu'il recommande désormais ma taille, à savoir 2 000 pouces.

[4] J'ai ajouté une boîte latérale de temps en temps, mais cela m'a rarement payé pour la peine.

[5] Une ligne de cire d'abeille faite avec une plaque de guidage ou d'autres moyens se révèle de peu d'utilité.

[6] Lorsque le rayon de notre ruche en verre est neuf et blanc, ces opérations peuvent être vues plus distinctement que lorsqu'il est très vieux et sombre.

[7] On dit que les abeilles dévoreront aussi ces œufs.

[8] J'en ai eu plusieurs. Cela ne faisait aucune différence que les œufs soient dans les cellules d'ouvrières ou de faux-bourdons, le couvain était entièrement composé de faux-bourdons. Lorsqu'ils se trouvaient dans les cellules ouvrières (et la majorité était là), il fallait les allonger d'environ un tiers. Dans un cas de ce genre, la colonie d'ouvrières diminuera rapidement en nombre, jusqu'à ce qu'il en reste trop peu pour protéger les rayons du papillon. Cela

survient le plus souvent au printemps, mais j'ai déjà eu un cas le dernier de l'été. Les premières indications sont un nombre inhabituel de chapeaux, ou couvertures de cellules, se trouvant sous et autour de la ruche ; les ouvriers, au lieu d'augmenter, diminuent en nombre. Lorsque vous craignez cet état de choses, faites un examen approfondi, soufflez sous la ruche de la fumée de tabac, comme indiqué pour la taille, retournez la ruche, écartez les rayons jusqu'à ce que vous puissiez voir le couvain ; si les cellules ouvrières contiennent des drones, ils sont facilement perçus, car ils dépassent de la surface plane habituelle, étant très irréguliers, quelques-uns ici et là, ou peut-être un seul qui dépasse. Le couvain des ouvrières, lorsqu'il est dans ses propres cellules, forme une surface presque plane ; donc des drones. Le seul remède que j'ai trouvé est de détruire cette reine et de lui en substituer une autre, qu'on peut obtenir dans la saison d'essaimage, ou à l'automne, mieux qu'à d'autres époques. Pour trouver la reine, paralysez avec une boule de souffle, etc. Pour les directions, voir gestion d'automne.

[9] Les noms botaniques proviennent du Wood's Class-Book.

[dix] Dans le Class-book of Botany de Wood, "Ordre CII.", dans une planche montrant les parties de cette plante, il est ainsi décrit : "Fig. 11, une paire de masses de pollen suspendues aux glandes à un angle de l'anthéridie, " etc.

On, en lisant cette simple description botanique, et en voyant l'assiette, ou le botaniste avec ses lunettes, quand il inspecte minutieusement les pièces, n'en soupçonnerait rien de mortel pour les abeilles.

[11] L'histoire des insectes, telle que publiée par Harpers, donne plus de détails sur cet intéressant sujet.

[12] Depuis que ce qui précède a été écrit, j'ai fait quelques observations supplémentaires à ce sujet. En août 1852, je remarquai, en passant sous quelques saules (*Salix Vitellina*), que les feuilles, l'herbe et les pierres étaient couvertes d'une substance humide ou luisante. En regardant parmi les branches, j'ai trouvé que presque toutes les plus petites étaient couvertes d'une espèce de gros *pucerons noirs* , apparemment occupés à sucer les sucs et à

rejeter occasionnellement une infime goutte d'un liquide transparent. J'ai *deviné* que ça pourrait être le miellat. Comme c'était tôt le matin, je résolus de visiter à nouveau cet endroit, dès que le soleil se serait levé assez loin pour permettre aux abeilles de sortir et de voir si elles en récoltaient. A mon retour, je trouvai non seulement des abeilles par centaines, mais aussi des fourmis, des frelons et des guêpes. Certains étaient sur les branches avec les *pucerons* , d'autres sur les feuilles et les branches plus grosses. Certains d'entre eux étaient même sur les pierres et l'herbe sous les arbres, pour les ramasser.

[13] Cela s'est produit fin juillet.

[14] Le brevet de M. Gillman pour nourrir les abeilles est basé sur le principe d'un changement chimique. On dit que la nourriture qu'il donne aux abeilles, versée dans les alvéoles, devient du miel de première qualité. Cela semble extrêmement mystérieux ; car il est bien entendu que lorsqu'une abeille a rempli son sac, elle ira à la ruche, déposera sa charge et reviendra immédiatement en chercher davantage ; et continuera son travail tout au long de la journée, ou jusqu'à ce que l'approvisionnement échoue ; chaque charge n'occupant que quelques minutes. Le temps nécessaire pour passer de la mangeoire à la ruche est si court qu'un changement aussi important n'est pas du tout probable. La nature des abeilles semble être de *récolter* du miel et non de le *fabriquer* ; c'est pourquoi nous constatons que, lorsque les abeilles cueillent du trèfle, elles stockent un article tout à fait différent de celui du sarrasin, - ou lorsque nous donnons du miel des Indes occidentales, en quantités suffisantes pour le conserver *pur* dans les boîtes, nous constatons qu'il a perdu. aucun de ses mauvais goûts en passant par les sacs de nos abeilles du Nord.

Il semble très probable que, si le miel du Sud et le sucre bon marché constituent la base de sa nourriture (ce qui est dit-on), ils sont aromatisés avec quelque chose pour dissimuler les qualités désagréables du composé. Si tel était le secret, il semblerait inutile de le donner aux abeilles : une partie en serait donnée au couvain, et peut-être que les vieilles abeilles ne s'abstiendraient pas toujours de siroter un peu de ce nectar tentant. Pourquoi ne pas, lorsque le composé était prêt, -- au lieu de le gaspiller par ce procédé -- le mettre directement sur le marché ? Ou est-il nécessaire de l'avoir dans les rayons pour aider à psychologiser le consommateur en lui faisant croire qu'il s'agit d'un miel de qualité pure ?

¹⁵ Peut-être que la ruche à barres transversales de Miner ferait l'affaire.

¹⁶ Toutes les reines étrangères, introduites dans un troupeau ou un essaim, sont sécurisées et retenues de cette manière par les ouvrières, mais qu'elles *les* expédient ou que ce soit un moyen adopté pour les inciter à un conflit mortel, les écrivains ne sont pas d'accord, et je le dirai. Je ne tenterai pas de prendre une décision, car je n'ai jamais vu les abeilles relâcher volontairement une reine ainsi confinée. Mais j'ai vu des reines, alors qu'aucune abeille n'intervenait, se précipiter ensemble dans une rencontre fatale , et l'une d'elles fut bientôt victime de la lutte. On dit qu'il *n'arrive jamais* que tous deux soient tués dans ces batailles, peut-être pas. Comme je n'ai jamais vu *tous* ces combats royaux, je ne peux bien sûr pas me décider.

¹⁷ J'étais si satisfait de mon succès, en particulier auprès des petites familles, que j'en ai détaillé les points les plus importants dans une communication au Dollar Newspaper de Philadelphie, publiée en novembre 1848.

¹⁸ Comme preuve supplémentaire que cette méthode d'inversion des ruches dans la maison pour l'hiver est précieuse, je dirais que M. Miner, auteur de l'American Bee-Keeper's Manual, semble l'apprécier pleinement. Dans. à l'automne 1850, je lui communiquai cette méthode ; donnant mes raisons de la préférer à la méthode à froid recommandée dans son Manuel. L'essai d'un hiver, semble-t-il, l'a convaincu de sa supériorité, à tel point que moins d'un an après, il publia un essai le recommandant ; mais conseilla de confiner les abeilles avec de la mousseline, etc.

¹⁹ On suppose que les inexpérimentés apprendront bientôt à distinguer les abeilles qui meurent de vieillesse ou de causes naturelles, de celles affectées par le froid.

²⁰ Voir les autres causes de sinistre, quelques pages en arrière.

²¹ Il y a des régions du pays où la différence entre les saisons est moindre que celle-ci.

²² Il ne faut pas oublier que les arbres forestiers sont précieux, surtout lorsqu'il y a du tilleul, voire de l'érable.